普通高等教育“十四五”规划教材

石油化工装备管理

赵 斌 高殿奎 姜文全 主编
任建民 郭俊峰 主审

中国石化出版社

内容提要

本书系统介绍了石油化工装备的管理理论和方法，并将最新的理念、标准及方法融入到石油化工装备的管理中。全书共分9章，主要介绍石油化工装备管理的背景和意义、石油化工装备的前期管理方法、石油化工装备的使用和维护管理方法、石油化工装备的故障诊断方法、石油化工装备的检修管理方法以及石油化工装备的安全管理方法。

本书可作为高等院校过程装备与控制工程等相关专业教材，也可以供石油化工企业装备管理人员学习参考。

图书在版编目（CIP）数据

石油化工装备管理/赵斌，高殿奎，姜文全主编．—北京：中国石化出版社，2022.1
ISBN 978-7-5114-6535-1

Ⅰ.①石… Ⅱ.①赵… ②高… ③姜… Ⅲ.①石油化工设备-设备管理 Ⅳ.①TE65

中国版本图书馆CIP数据核字（2022）第018027号

中国石化出版社出版发行
地址：北京市东城区安定门外大街58号
邮编：100011　电话：(010)57512500
发行部电话：(010)57512575
http://www.sinopec-press.com
E-mail:press@sinopec.com
北京科信印刷有限公司印刷
全国各地新华书店经销
*
710×1000毫米 16开本 16印张 248千字
2022年2月第1版　2022年2月第1次印刷
定价：48.00元

前　　言

本书是为高等工科院校过程装备与控制工程专业“石油化工装备管理概论”课程编写的教材，主要内容包括石油化工装备的管理理论和方法，内容丰富，深入浅出，突出基本概念和管理理念，展现了石油化工装备管理的最新成果。

本书编写过程中收集了大量的文献资料，吸收了国内外相关教材和著作优点，征求了相关专家的建议，旨在达到强化基础，扩展知识，增强实效性的目的。本书是编写组长期从事教学、研究的结晶。本书的编写特点如下：

1. 本书在编写过程中关注学科的最新进展，编写的内容是本学科的最新成果，能够开拓学生的视野。

2. 本书以提高学生的石油化工装备管理技能为宗旨，使学生具备良好的石油化工装备管理素质，能够在以后的实际工作中确保石油化工装备的良好运行，从而能够有利于石化企业生产的顺利进行，提高石化企业的经济效益，并且能够确保石化企业的安全和有利于环境保护。

3. 本书关注学生的工程实践能力培养，在编写过程中，提出了许多实际工程问题，从而使学生能够明确所学理论知识的应用价值。

4. 本书重视学生的自主学习能力培养，配套习题，留给学生独立思考的空间。同时，让学生体会本书内容中蕴含的爱国情怀、爱岗敬业等思政元素，不仅传授知识，而且提高育人效果。

本书可以作为高等院校过程装备与控制工程等相关专业的教材，也可以供其他相关专业师生以及石油化工企业装备管理人员、工程技术人员阅读参考。

本书是辽宁石油化工大学校级规划教材，得到了学校的大力支持，全书由辽宁石油化工大学任建民教授，中国石油天然气集团公司辽河石化分公司高级工程师郭俊峰主审，在此表示衷心的感谢。由于编者水平有限，不妥之处在所难免，敬请读者指正。

目　　录

第 1 章　石油化工装备的管理

石油化工装备在石油化工行业中占据着十分重要的地位，它的发展直接影响到我国石油化工业发展的进程，同时也会影响到我国整体综合国力的提升。目前我国石油化工装备技术正处于快速发展阶段，很多专业人员持续对石油化工装备技术开展研究，积极采用国外先进装备技术，对于所发现的问题以及科技难题，寻找新的解决方式以及解决方案，这些都成为了当代社会发展中所要研究的新领域以及研究热点。

石油化工装备制造业的发展历史，实际上是中国整个装备产业发展的一个缩影。从 1983 年设立“重大技术装备领导小组办公室”至今，中国装备制造国产化进程已经有 30 多年，从最初的进口、仿制到今天的出口、创新，展现的是整个中国装备制造业的发展历程。中国石油化工装备“走出去”也历经了同样的过程。20 世纪 50～70 年代油气勘探开发主要是利用国外装备，为了尽可能地降低中国经济发展成本，20 世纪 80 年代我国陆续引进了多项技术，开始了艰难的国产化进程，在满足石油工业发展需要的同时，奠定了中国石油化工装备行业发展的基础。中国的石油化工装备产业经过近十年高速发展已经形成了巨大规模，不仅满足国内油气勘探的需求，而且还能大规模地出口。中国石油化工装备的“走出去”战略大体为两种模式，一是以质量技术为依托，价格为基础，通过货物贸易实现装备出口；二是通过承揽国际石油工程技术服务和海外并购带动装备出口。

1.1　石油化工装备的特点

石油化工装备指流程性工业企业的生产设备，包括静设备、动设备、仪器、炉窑、车辆、施工机械及工业设施等。动设备如泵、压缩机；静设备如塔器，换热器。特点：大型化、高速化、精密化、电子化及自动化。

石油化工行业进行生产的过程中所使用的机械设备和其他行业相比具有较大的区别，石油化工行业的机械设备往往具有复杂性和操作繁琐性。其中会涉及热换交替设备、储存机械设备、反应机械设备、信号设备等，这些机械生产设备均是根据阀门控制以及管道控制等工作环节进行相互连接和搭接，把所有的机械生产设备进行关联，使之形成一个完整，具有综合化性质的生产体系。石油化工行业的生产过程具有持久性和延续性，所以在使用这些机械设备的过程中会较容易产生爆炸、燃烧，如果长期处于高温高压的工作状态下，还会产生一些有毒物质，长期持续使用还会让机械设备发生热传导现象。所以，要对石油化工行业所使用的机械设备进行定期检查、维护和保养工作，以保证机械设备的使用寿命和可靠性，确保石油化工企业能够正常运行，与此同时，还要使石油化工企业的生产效益得到进一步的加强。

石油化工装备包括以下几类：

（1）油罐/储罐附件

油罐必须装设一些附件，以便做好油品的安全收发和储存，以及油罐本身维修。油罐/储罐附件的特点如下：

①保证完成油料收发、储存作业，便于生产、经营管理；

②保证油罐使用安全，防止和消除各类油罐事故；

③有利油罐清洗和维修；

④降低油品蒸发损失。

油罐附件有如下几种：机械呼吸阀/呼吸阀、阻火器/防火器、人孔、透光孔、带芯人孔、排污孔、液位计等。

（2）储运设备

储运设备包括：立卧式储罐、管道过滤器、鹤管、内浮顶等。

（3）消防安全设备

消防安全设备主要针对罐区消防安全，因为部分介质易燃、易爆。主要包括储罐冷却水喷淋装置/喷淋装置、空气泡沫产生器、储罐压力式空气泡沫比列混合装置、泡沫消防栓、水幕喷头等。

（4）排水阻油设备

油库排水是一个大问题，做好这一点可以节省下来很多的能源。排水阻油设备主要包括截油排水阀/截油排水器、排水阻油器、紧急排水装置、浮球单向阀、自动脱水器等。

（5）压力容器

压力容器是指盛装气体或者液体，承载一定压力的密闭设备。储运器、反应容器、换热容器和分离容器均属压力容器。为了与一般容器（常压容器）相区别，只有同时满足下列三个条件的容器，才称之为压力容器：

①工作压力大于或者等于0.1MPa。[工作压力是指压力容器在正常工作情况下，其顶部可能达到的最高压力（表压力）]；

②工作压力与容积的乘积大于或者等于2.5MPa·L（容积是指压力容器的几何容积）；

③盛装介质为气体、液化气体以及介质最高工作温度高于或者等于其标准沸点的液体。

压力容器的用途十分广泛。它是在石油化学工业、能源工业、科研和军工等国民经济的各个部门都起着重要作用的设备。压力容器一般由筒体、封头、法兰、密封元件、开孔和接管、支座等六大部分构成容器本体。此外，还配有安全装置、表计及完成不同生产工艺作用的内件。压力容器由于密封、承压及介质等原因，容易发生爆炸、燃烧起火而出现危及人员、设备和财产的安全及污染环境的事故。世界各国均将其列为重要的监检产品，由国家指定的专门机构，按照国家规定的法规和标准实施监督检查和技术检验。

石油化工装备的结构特点：设备的主体结构以回转形壳体为主；设备的主体尺寸与局部尺寸相差悬殊；壳体上有较多的开孔和接管；设备大量采用焊接结构；广泛采用标准化、通用化和系列化的零部件；选材要求高；密封结构性能好。

1.2　石油化工装备发展趋势

（1）石油石化装备制造业的发展设想

能源发展趋势指明为石油石化装备制造业的发展指明了方向。从整个能源结构来说，石油石化产品短时间内无法被取代，更多地会向清洁能源转移，比如石油天然气。另外，随着常规油气田开发逐渐进入后期，深海勘探开发和非常规油气开采也逐渐被重视。从发展潜力方面来看，已成规模的产油国经济严重依赖石油，比如中东地区相关国家和俄罗斯；欠发达国家继续增加产能寄希望通过石油摆脱贫困，比如委内瑞拉和中亚各国。从以上两个方面分析可以看出，尽管国际需求在减缓，但不会消失。中国石油化工装备制造企业要做好产品定位和开发，积极地开拓细分市场。

（2）转变发展思路

装备制造企业在发展过程中存在一些不足，比如行业竞争加剧、品牌形象无法转化为企业利润、制造大国非制造强国等。拓宽发展思路后，利用现有资源完全可以走一条合作共赢的道路。

首先，应该摒弃“大而全”的思路，形成适当精简、互补共赢的产业链利益共同体。据统计，2012 年全球油田服务市场规模 3604 亿美元，中国石油和天然气开采业领域的投资也达到了 3077 亿元人民币，但随着全球经济的不景气，勘探开发投资进一步缩减，要想在有限的市场里攫取更大的份额，产业链整合是一个可以考虑的选择。在“大而全”的发展思路中，以往很多企业开展了一些项目，产量优势无法转换成产能优势，甚至开工不足，反而成了累赘。因此，要通过产业链合作弥补供货缺口，通过生产线整合，剥离不良资产，进行主辅分离，集中资源加强主业经营。

其次，对产品进行质量提升和技术升级，但要避免盲目追求国产化率。我国油气装备制造业还处于中低端位置，高端产品的设计制造技术主要掌握在国外公司手里，尤其是国内外勘探开发逐步向深海、深层、常规等地质条件复杂、环境敏感和开发难度大的领域延伸，技术装备也应当相应发展。当然，对传统装备的技术升级是产业发展的必然和关键。比如加快自动化钻机、先进钻井工具、高可靠性能柴油机和超大功率压裂设备等高端新产品研发和产业进程，尽快形成规模化生产能力。在这些高投入高风险领域，产品质量的可靠性甚至比技术先进性更重要。因此，除依赖制造企业自身的质量控制体系控制产品质量外，引入设备监理可以为生产加入双保险。

此外，国内装备制造水平同先进国家相比还存在一定的差距，国产化率高不等同于质量可靠，也不等同于成本合理。部分零部件，应当采用全球供应的思维，可以避免不必要的投入，节约成本，提高产品可靠性。同时，加大技术创新力度。一直以来，“短、平、快”发展是大部分石化企业的思路，缺乏长远战略眼光。然而，创新是石化企业生存发展的关键，要想在未来竞争中占有一席之地，必须加快完善技术创新体系，加大科研投入，培育领军人物，弥补创新能力不足的短板。如可以发挥行业协会的作用，按照产品大类以骨干企业为主体整合研发资源，对石油化工装备产品研发进行整体规划，企业分工协作和成果有偿使用，减少重复研发，避免资金和时间浪费。

最后，主动邀请第三方参与提升产品影响力。设备监理在石油石化装备生产和贸易领域的作用已不言而喻，石油装备领域的佼佼者主动邀请国内外知名度较高的第三方参与控制产品质量，从而提升贸易中的产品形象。

(3) 积极拓展业务形式

首先，油田服务与设备租赁业务的结合。从目前的形势看，许多石油企业都在向油田企业转型，机械设备等专业都已经剥离主体，而装备制造公司又向石油技术服务公司转变。当前的问题是装备制造公司既做石油技术服务又做装备。从合作模式看，石油技术服务公司普遍重视并强化与油田企业的合作，纷纷与油公司建立稳定的合作伙伴或战略联盟关系，延伸服务业务，完善产业链，提高服务质量，推行交钥匙工程。采用风险共担、利益共享的形式，降低油田企业的风险和成本，扩大自身的市场份额，促进石油技术服务公司与油田企业的互利双赢。例如，斯伦贝谢与阿莫科公司在北海的西北赫顿油田的深度合作。由此得到启示，石油石化装备制造企业可以借鉴石油技术服务公司和油田企业的合作模式，通过设备租赁等业务，展开深入共赢的合作。

其次，积极开展工程采购与施工（Engineering Procurement Construction，简称 EPC）总包业务。中亚、南亚、东南亚等产油国急需资金支持进行油气田开发建设，同时该地区相关国家油气田勘探开发技术能力有限，EPC 总包有着广阔的发展前景。EPC 总包并非是新鲜事物，目前中国在海外承包的路桥、建筑工程、水利工程等都是采用这种形式，并且很多都是国家开发银行发放的贷款。中国的石油企业从 20 世纪 90 年代开始“走出去”，一定程度上也是采用的这种方式。随着主权投资基金（丝路基金）、亚洲基础建设投资银行、金砖国家开发银行等金融机构提供资金支持，金融环境势必更加宽松，相关国家可以在考虑更多本国利益的情况下启动区块的开发，增加勘探开发投资，这也是中国石油石化装备制造业的一次发展机遇。另外，经济带国家的发展也势必会带动能源消耗的增加，可以间接地使企业受益。

1.3 石油化工装备管理的意义

石油和石化行业是一个高投入高产出的行业，如果长期大量进口国外装备，由于价格昂贵，经济上难以承受。因此降低投资成本，提高投资效益，更多采用国产设备，成为石化行业的共识。

石油和石化装备一般工作在高温、高压、易燃、易爆、腐蚀和有害条件下，其中石油机械长期暴露在野外运转，工作环境恶劣；石化设备要求连续化生产，运转周期不少于 1.6 万小时，而且多套生产装置连续运转，如果一台设备发生问题，便会出现大面积停车，甚至造成人身和财产的巨大损失。因此设备的质量和可靠性一直是石化企业关注的主要问题之一。现在有的制造企业往往对第一台攻关设备十分重视，出厂后一般不会发生问题，但此后产品的质量问题就频频出现。有的机械产品中的老毛病，例如，制造精度差，检验不严格，凑合出厂；易损件寿命低，更换频繁；外购配套件质量差，主机厂又不检验等，这些问题经常在设备运行时暴露出来，特别是在现场发生问题时，有的制造企业售后服务滞后，导致生产不能尽快恢复，给生产带来很大损失。因此，从制度上解决工作马虎、凑合、不在乎的老毛病，完善质量控制体系，是今后制造企业应该认真解决的大问题。

为了提高石化产品的性能、质量，增加品种牌号，降低能耗、物耗，符合环保要求，需要不断更新石油和石化工艺技术，而新的生产工艺又会对装备提出新的要求。石化工艺技术进步很快，每4~5年就有新的技术出现并实现工业化，所以装备技术必须跟上石化工艺技术的发展，满足石化生产工艺变化的需求。目前国内机械制造企业和用户的联系不是十分密切，相互之间信息沟通不畅，脱节现象严重。机械制造企业不知道石化企业需要什么，石化企业不知道机械制造企业能干什么。国内的装备攻关一般都需要1~2年时间，推广应用后，机械制造企业又很难继续跟踪研究改进和系列化。当新的石化生产工艺被采用时，现有的装备技术不能满足需要，结果使用单位又要引进。装备攻关研制的速度赶不上石化技术进步的速度，应该引起机械制造企业的高度重视。机械制造企业在产品开发上要花大力气，跟踪国内外技术发展和水平，开发新品种，实现系列化。例如，富拉尔基第一重型机器厂研制的2.25－Mo钢加氢反应器投入应用后，跟踪国际技术发展情况，又开发出3Cr－1Mo－0.25V钢加氢反应器，性能更加优良，而且降低了制造成本。现在该厂又在开发2.25Cr－1Mo－V钢加氢反应器，以满足石化生产工艺的不同需要。“十五”期间新建和改造的40多套加氢装置所需的加氢反应器，基本上可以不再进口。遗憾的是，有的制造企业往往不能迈出这一步。例如，在研制成功炼油用的真空转鼓过滤机后，没有继续研究原理和结构相似的合成树脂和合成纤维生产中用的真空转鼓过滤机设计制造技术，结果仍然需要继续进口。

机械制造企业应特别重视设备的交货进度，坚持按合同交货期完成制造任务。有的企业往往前期不抓紧，后期又日夜加班，以致质量和交货进度都受到影响，给用户造成很大损失。一项大型石化工程，往往投资几十亿到上百亿元，工程网络控制计划确定后，因一台设备迟迟不交付，施工队伍的误工损失、大型施工机具的台班费损失、贷款利息的损失和晚投产的经济损失等便难以计算。为此，希望机械制造企业在合同签订后，对制造周期长的重大设备，要制订制造网络计划，采取措施保证每个工序都按时完成，滞后的要千方百计补回来。重合同，守信用，这也是一个企业生存的关键。

1.4　设备管理的发展历史

自从人类使用机械以来，就伴随着设备的管理工作，由于初始的设备简单，管理工作单纯，仅凭操作者个人的经验行事。随着工业生产的发展，设备现代化水平的提高，设备在现代大生产的作用与影响力日益扩大，加上管理科学技术的进步，设备管理也得到了相应的重视和发展，以致逐步形成一门独立的学科——设备管理。其发展过程，大致可分为四个阶段。

（1）设备维修阶段

资本主义工业生产刚开始时，由于设备简单，修理方便，耗时少，一般都是在设备使用到出现故障时才进行修理，这是事后修理制度，此时设备修理由操作人员承担。随着工业生产的发展，结构复杂的设备大量投入使用，设备修理难度不断增大，技术要求也越来越高，专业性越来越强，于是，企业主，资本家便从操作人员中分离一部分人员专门从事设备修理工作。为了便于管理和提高工效，把这部分人员统一组织起来，建立相应的设备维修机构，并制定适应当时生产需要的最基本管理制度。在西方工业发达国家，这种制度一直持续到20世纪30年代，而在我国，则延续到20世纪40年代末期。

（2）设备预防维修管理阶段

机器设备的完好程度对生产的影响越来越大。任何一台主要设备或一个主要生产环节出了问题，就会影响生产的全局，造成重大经济损失。1925年前后，美国首先提出了预防维修的概念，对影响设备正常运行的故障，采取“预防为主”“防患于未然”的措施，以降低停工损失费用和维修费用。主要做法是定期检查设备，对设备进行预防性修理，在故障处于萌芽状态时加以控制或采取预防措施，避免突发事故。苏联在20世纪30年代末期开始推行设备预防维修制度。苏联的计划预防制度除了对设备定期检查和计划修理外，还强调设备的日常维修。预防修理比事后修理有明显的优越性。预先指定检修计划，对生产计划的冲击小，采取预防为主的维修措施，可减少设备恶性事故的发生和停工损失，延长设备的使用寿命，提高设备的完好率，有利于保证产品的产量和质量。20世纪50年代初期我国引进计划预修制度，对于建立设备管理体制，促进生产发展起到了积极的作用，经过多年的实践，在“以我为主，博采众长”精神的指导下，对引进的计划预修制度进行了研究和改进，创造出具有我国特色的计划预修制度。20 世纪 60 年代，我国许多先进企业在总结实行多年计划预修的基础上，吸收三级保养的优点，创立了一种新的设备维修管理制度——计划保养制。主要特点是：根据设备的结构特点和使用情况的不同，定时或定运行里程对设备实施不同规格的保养，并以此为基础制定设备的维修周期。这种制度突出了维护保养在设备管理与维修工作中的地位，打破了操作人员和维修人员之间分工的绝对化界限，有利于充分调动操作人员管好设备的积极性，使设备管理工作建立在广泛的群众基础之上。

（3）设备系统管理阶段

随着科学技术的发展以及系统理论的普遍应用，1954 年美国通用电气公司提出了“生产维修”的概念，强调要系统地管理设备，对关键设备采取重点维护政策，以提高企业的综合经济效益。20 世纪 60 年代末期，美国企业界又提出设备管理“后勤学”的观点，它是从制造厂作为设备用户后勤支援的要求出发，强调对设备的系统管理。设备在设计阶段就必须考虑其可靠性、维修性及其必要的后勤支援方案。设备出厂后，要在图样资料、技术参数、检测手段、设备供应以及人员培训方面为用户提供良好、周到的服务，以使用户达到设备周期费用最经济的目标。日本首先在汽车工业提出了可靠性和维修性观点，以及无维修设计和无故障设计的要求。至此，设备管理已从传统的维修管理转为重视先天设计和制造的系统管理，设备管理进入了一个新的阶段。

（4）设备综合管理阶段

体现设备综合管理思想的两个典型代表是“设备综合工程学”和“全员生产维修制”。英国在 1971 年提出的“设备综合工程学”是以设备寿命周期费用最经济为设备管理目标。20 世纪 70 年代初期，日本推行“全员生产维修制”，这是一种全效率、全系统和全员参加的设备管理和维修制度。它以设备的综合效率最高为目标，要求在生产维修过程中，自始至终做到优质高产低成本，按时交货，安全生产无公害，操作人员精神饱满。全系统一是对设备寿命周期实行全过程管理，从设计阶段起就要对设备的维修方法和手段予以认真考虑，既抓设备前期阶段的先天不足，又抓使用维修和改造阶段的故障分析，达到排除故障的目的。全员参加是指上至企业最高领导，下到每位操作人员都参加生产维修活动。

在设备综合管理阶段，设备维修的方针是建立以操作工点检为基础的设备维修制；实行重点设备专门管理，避免过剩维修；定期检测设备的精度指标；注意维修记录和资料的统计及分析。

1.5 石油化工装备的管理模式

（1）石油化工装备管理现状

石油化工企业在生产时，具有较强的自动化水平和连续性，而且也经常存在着易燃、易爆、高温、高压的生产特点。因此一旦设备出现了安全问题，将会为企业带来严重的影响，严重时，还会导致环境污染及人员财产损失等情况。此外，伴随着设备水平逐渐提升以及规模的日益扩大，当前的各种生产设施及设备等越来越复杂化、连续化、大型化、精密化，为了极大地提升设备对于一些复杂和严峻环境的适应能力，石化企业需深化改革当前的设备管理模式。

案例：一家大型化的石油化工公司，主要经营业务有炼油、化工、化肥等。该企业采用传统的设备管理模式，在正常的生产和运营过程中，经常存在着设备因出现故障而停机的情况，且设备由于搁置和空转经常会造成大量的经济损失，设备的运行具有较大的能耗，并且在维修管理方面，需要耗费大量的人力和财力资源，也隐藏着较大的安全隐患。此外，该公司以往对于各项生产设备中出现的故障情况，都有详尽的介绍和排除故障的记录，但由于缺乏完善的数据库，导致无法就设备维护经验进行有效分享和交流，而且在该企业内部，维修人员具有较大的工作流动性，最后导致了信息的丢失和浪费。以上这些都表明，该石油化工企业亟待创新和改进当前的设备管理模式。

（2）石油化工装备管理的重要性

①有助于保障企业稳定生产。

随着科学技术水平的不断提升，不同的行业在生产和经营模式方面，都发生了很大的转变，大都采取先进的自动化生产设备，来代替以往的人力操作。因此，在企业的生产过程中，设备发挥出了尤其重要的作用。然而，在购买和选用各项生产设备时，需要考虑设备的选型、维修、预算等问题，为了确保设备的选型更加科学，预算更加合理，设备维护工作更加高效等，需要加强对设备的有效管理，保障企业的稳定生产。

②有助于提高企业的生产质量。为了确保石油化工企业生产的产品具有较高的质量，需充分发挥企业管理人员以及生产人员的作用，加强对生产过程的高效管理，确保企业的各种硬件具有较高的运转效率。只有在充分保证设备运转更加科学、有效的基础上，才可以更好地保障生产产品的质量。化工设备管理人员在维护设备时，需确保其具有一个良好的运行状态，从而确保设备在运行时，可以

生产出质量更加稳定的产品，促使其具有较好的市场反响。

③有助于确保企业的生产安全。在石油化工企业开展生产加工的过程中，需始终坚持“安全第一”的原则，从而确保企业的生产效率较高，并且具有较高的生产效益。因此，石油化工企业需将安全生产理念贯穿于生产的全过程，而加强对设备的有效管理和维护，则可以更好地践行安全生产工作。石油化工企业作为一个特殊的行业，与其他行业相比，在生产时所使用的设备具有很大不同。如果对设备的管理不到位，则会导致较大的安全问题，并且造成极其严重的后果。因此，为了确保企业的生产过程更加安全，需充分注重对设备的管理。

（3）强化石油化工企业设备管理的新思路和新方法

①采用 TPM（全员生产维修）设备管理模式。TPM 作为一种新型的设备管理模式，是指为了确保企业的正常生产，将预防和维护系统作为一种载体，根据生产人员的工作环节，采取现代化的管理方式以及先进的科学技术，来加强对设备的生产管理，减少设备发生空转、故障、闲置的情况，从而极大避免各种损失的产生，确保企业可以取得较大的经济效益，设备具有较长的使用寿命和较好的使用性能等，并且强调全员参与的一种综合化的管理模式。将这种管理模式有效地运用到设备的管理工作中，有利于确保设备具有较低的运行能耗，并且减少维修设备的费用问题，确保设备具有较长的使用寿命和较高的技术性能。在实际运用时，可依据以下几方面来进行：一是创建严格的管理制度。对于设备故障的检查工作，可以创建完善的监测制度，并且运用“三级四检”的故障检查方式。三级即企业、车间及班组，四检即企业展开月检、车间进行周检、相关的维修人员和设备管理人员进行每天检查，岗位操作人员定期巡检。二是针对设备管理工作，创建有效的信息化系统。当前的自动化水平逐渐提升，在进行设备管理时，需通过企业局域网，创建完善的数据库来管理设备相关信息，然后据此来完成设备管理信息系统的创建工作，以便在局域网上发布设备的故障情况、维修经验等，便于今后维修工作的顺利开展。

②确保收集的设备信息质量。关于设备的管理工作，石油化工企业在执行时，需建立有效的责任制，针对机、电、仪三方面采取分开管理的方式，并且将工作目标、内容和职责等，具体划分给相关的负责人员，并且创建完善的检查制度，加强对电气及仪表人员的管理，促使其在定期检查各项仪器设备时，严格遵守相关的规章制度。此外，在管理设备时，还需根据预案来排查设备故障、根据制定的方案，对设备展开检修工作，严格监督设备的运行情况，采取一定的措施来加强维护，并且依据以往的信息记录指导各项设备的运行等。最后，还需针对

设备在生产过程中出现的故障以及对设备的维护情况进行分析和讨论，进而对设备的运行和常见故障信息进行整理和归纳，以便指导今后设备维护工作的开展。

③更新思想观念，提升管理人员的综合素质。当前形势下，由于资产经营承包制的推行和实施以及对经济核算单位的影响大大降低，人们的思想观念也发生了很大转变，不再投入大量的财力来购买各种生产设备，逐渐转变为合理配置相关专业化设备的方式，来建立功能完善的租赁中心及租赁市场等，从而促使企业具有较高的经济效益，企业的设备也具有较高的利用率。此外，伴随着科学技术的逐步提升，各项生产设备也具有更加复杂的结构和功能，对设备管理人员的管理能力和综合素质也提出了更高的要求，为此，企业需投入大量的资金，加强对技术人员的理论教育和技能培训，促使他们对于各项设备的类型、工作环境及运行特点等有更加系统和充分的掌握，确保他们对于设备中存在的各种故障具有较强的维修和排除能力，并且在操作设备方面具有较高的技术水平，从而确保设备在企业生产的过程中，具有高效、稳定的工作性能，保障石油化工企业中各项生产活动的顺利进行，最终促进企业的设备管理工作越来越高效化、科学化和现代化。

（4）石油化工装备管理的任务

①装备管理是企业内部管理的重点。企业内部管理是指企业为了完成既定生产经营目标而在企业内部开展的一切管理活动，包括企业的计划管理、质量管理、装备管理、财务管理、班组管理、现场管理等。人们常把加强企业内部管理称作练内功。内部管理水平的高低，体现了企业内功的强弱。内功强，企业抗风雨的能力就强，市场竞争力就强，生存和发展的能力就强。因此，企业在生产经营过程中，应当经常开展各项活动，管理工作常抓不懈，千方百计地提高内部管理水平。在各项基础管理工作中，任何一项管理对于提高企业的综合素质都是非常重要的。而企业内部管理是一项复杂的工作，只有选择好内部经营管理工作的切入点和突破口，抓住重点，以点带面，才能提高企业的整体素质。装备管理就是企业内部管理的重点之一。

生产装备是生产力的重要组成部分和基本要素之一，是企业从事生产经营的重要工具和手段，是企业生存与发展的重要物质财富，也是社会生产力发展水平的物质标志。生产装备无论在企业资产的占有率，还是在管理工作的内容，以及企业市场竞争能力的体现上，都占有相当大的比重和十分重要的位置。管好用好生产装备，提高装备管理水平对促进企业进步与发展有着十分重要的意义。

②装备管理是企业生产的保证。在企业的生产经营活动中，装备管理的主要

任务是为企业提供优良又经济的技术装备，使企业的生产经营活动建立在最佳的物质技术基础之上，保证生产经营顺利进行，确保企业提高产品质量，提高生产效率，获得最高经济效益。企业根据市场需求和市场预测，决定进行产品的生产经营活动。在产品的设计、试制、加工、销售和售后服务等全过程的生产经营活动中，无不体现出装备管理的重要性。为赢得和占领市场，降低生产成本，节约资源，生产出满足用户需求的高质量产品，装备管理是保证。装备管理水平是企业的管理水平、生产发展水平和市场竞争能力的重要标志之一。

“工欲善其事，必先利其器”，开发生产先进产品，必须建立在企业具备先进装备及良好的管理水平之上。若疏于管理，用先进装备生产一般产品，会使生产成本增加，失去市场竞争能力，造成极大的浪费；有的先进装备带病运转，缺零少件，拆东墙补西墙，不能发挥全部装备的效能，降低了装备利用率；有的装备损坏，停机停产，企业虽有先进的装备，但没有发挥出优势，反而由于装备价高，运转费用大，成为沉重的包袱，致使企业债台高筑，生产经营步履维艰。而一些装备管理好的企业，虽然没有国外的先进装备，由于管理水平高，装备运转状态良好、效率高，一样能生产出高质量的产品，市场竞争能力强，企业效益也稳步增长。

装备管理是企业产量、质量、效率和交货期的保证。在市场经济条件下，企业往往是按合同组织生产，以销定产。合同一经签订，即受到法律保护，无特殊情况不能变更，违约将受严厉的经济制裁。如果没有较高的装备管理水平和良好装备运转状态做保证，是不可能很好地履行合同规定的。一旦违约，给企业带来的就不仅仅是经济上的损失，还会失去市场，对企业的发展带来严重的影响。

装备管理是企业安全生产的保证。安全生产是企业搞好生产经营的前提，没有安全生产，一切工作都可能是无用之功。所以从中央到地方各级政府和部门，无不强调安全生产，要紧抓常抓安全生产。安全生产是强制性的，是必须无条件服从的，企业的任何生产经营活动都必须建立在安全生产的基础之上。根据有关安全事故的统计，除去个别人为因素，80%以上的安全事故是装备不安全因素造成的，特别是一些过程装备、动力运转装备、电器装备等管理不好更是事故的隐患。要确保安全生产，必须有运转良好的装备，而良好的装备管理，也就消除了大多数事故隐患，杜绝了大多数安全事故的发生。

③装备管理是企业提高效益的基础。企业进行生产经营的目的，就是获取最大的经济效益，企业的一切经营管理活动也是紧紧围绕着提高经济效益这个中心进行的，装备管理是提高经济效益的基础。提高企业经济效益，简单地说，一方

面是增加产品产量，提高劳动生产效益；另一方面是减少消耗，降低生产成本，在这一系列的管理活动中，装备管理占有特别突出的地位。

首先，提高产品质量，增加产量，装备是一个重要因素。加强装备管理是提高质量、增产增收的重要手段。因此党和政府多次提出贯彻国务院《设备管理条例》，加强装备管理一定要与企业开展双增双节活动相结合，应用现代技术，开展技术创新，确保装备有良好的运转状态；对于新装备要充分发挥其先进性能，保持高的装备利用率，预防和发现装备故障隐患，创造更大的经济效益；对于老装备要通过技术改造和更新，改善和提高装备素质，增强装备性能，延长装备使用寿命，从而达到提高效益的目的。

其次，提高劳动生产率，关键是要提高装备的生产效率。企业内部多数人是围绕装备工作的，要提高这些人的工作效率，前提是要提高装备生产效率、减少装备故障、提高装备利用率。

最后，减少消耗、降低生产成本更是装备管理的主要内容。原材料的消耗大部分是在装备上实现的。装备状态不好会增大原材料消耗，如出现废品，原材料浪费更大。在能源消耗上，装备所占的比重更大。加强装备管理，提高装备运转效率，降低装备能耗是节约能源的重要手段，也是企业节能降耗永恒的主题。在装备运转过程中，为维护装备正常运转，本身也需要一定的物资消耗。装备一般都有常备的零部件、易损件，装备管理不好，零部件消耗大，装备维修费用支出就高。尤其是进口装备，零部件的费用更高。装备运转一定的周期后还要进行大修，大修的费用在装备管理中也是一项重要的支出，装备管理抓得好，装备大修理周期就可以延长，大修费用在整个装备生命周期内对生产成本的影响，所占的比重就可以下降，从而为降低生产成本打下基础。

1.6 石油化工装备管理的基本理论

现代石油化工装备管理是比较复杂的工作，因为涉及的面比较广，涉及企业内不同部门及各种工作比较多。同时各个行业在设备管理工作的内容和要求上又有着一定的差别，再加上我国企业的设备管理工作的开展有着自己的情况和特点。因此，装备管理要从设备最早的维修谈起，从发展过程的变化和每个时期的情况再到今后的发展谈起。

（1）维修的形成及相应的维修方式

从产生机械设备以来，设备的运转产生了磨损、故障及修理，这是自然规律。但当时并未认识到，更谈不到对磨损的补偿。在这一阶段设备出现故障就要修理，而修理的时间影响了生产也是正常的。此时是由操作工人来进行修理，自己的设备自己修。这就是全部进行事后修理的时代。随着设备的发展以及生产方式的进步，这种方式的问题开始暴露。停机就影响了生产收入，而修理又产生了费用，操作工人又不全会修理。这些问题需要有解决的方法，一方面开始有了专业的维修工，在操作者配合下进行修理服务；另一方面开始探讨如何进行预防维修，以减少事后维修的损失。

当时各国的企业都在考虑预防维修来代替事后维修，以解决事后维修给企业带来的问题。开始想到的方法，预防故障的产生。但如何定时也各有想法，开始是初步的，后来不断完善。另一种是先检验再维修，也就是根据检查的情况来进行修理。当然可能还有组合式的方法，但主要是前两种。苏联一些企业在1932年左右采用了先检查再根据检查情况修理的方式，起步较早。1936年苏联的另一些企业（主要是机械制造业）开始推出定时维修的预防维修方式。经过几年的相互比较，他们认为检查的结果不能反映设备存在的问题，缺少如定额等数据，效果不好，决定从国家层面推广应用以时间为基础的修理制度。经过试行、讨论、研究、完善后，形成一套完整的以定时为主的预防维修体系，名称为计划预修制。在实行过程中也进行了不少改进。这一套体系在20世纪50年代传入我国，作为我国统一的一套维修体系推广执行。当然还有一些其他国家的企业采用定时维修的方式，根据企业生产及设备的情况来安排时间间隔，没有一套很具体的内容。与苏联的这一套方式有所不同，这种方式目前在一些企业仍有应用。

美国及欧洲的一些企业在这方面也有较多的进展，推出了有计划的检查，根据检查结果采用预防维修方式，并定名为PM系统。这一系统只是工作的指导原则，并没有详细的实施细则，各企业根据自己的情况来确定。因此，各企业有很多不同的做法，对检查有了更多的研究和分类，也有了进一步的探讨。

各国对设备日常维护工作的认识不同，发展也不同，苏联对此比较重视，在其标准中有一定的安排。我国的维修工作主张发动群众，发动广大操作者参加维护工作是我国企业很重要的一项工作，也取得了较好的效果。西方一些企业把重要的日常维护看作是清洁工作，交由清洁工来完成，削弱了日常维护功能，影响了设备的正常使用和可持续发展。

（2）设备综合工程学的产生

20世纪60年代，英国政府有关部门看到英国企业在维修中存在着很多问题，需要进行调研并提出改进方案。他们组织了一个以丹尼斯·巴克斯为首的专家小组进行调查研究。调查认为英国全国的维修总费用过高，并且有相当的一部分是可以节约的。英国政府统计的英国制造业在 1968～1970 年间总维修费用为 11 亿英镑左右，同时由于停机造成 10 亿英镑的损失，这就是由于故障带来的直接损失和间接损失。他们经过调查认为，所有花费的维修费用中大部分都是维修经理所不能控制或掌握的，维修经理能够掌握的只占全部维修费用的 20% 左右，其余的大部分是由企业的物资、财务、技术及其他部门造成的。在这个基础上，他们从系统论出发并且借鉴了后勤工程学提出的寿命周期费用的概念，在 1970 年提出设备综合工程学的新概念，由牛津大学命名。1971 年提出了正式的定义，经过几年的讨论和交流，1974 年提出了修改后的定义。设备综合工程学的主要论点包括以下几个方面：

①把设备的一生作为一个系统来考虑，甚至涉及对最初的设计及制造工艺提出的修改意见，这样把选型、订购、验收、安装、试运行到正式投产以及生产中的运行、维护和修理、配件、改造和更新均作为设备一生中的一部分，各个环节要作为系统的一部分来统一考虑和安排。这一考虑对处于全寿命周期各环节的不同部门从资金、制度、技术和人力等方面的运作均有相当的制约，需要有一定程度的协调和妥协。企业的高层需要有长远的眼光和魄力来应对面临的问题。

②追求经济的寿命周期费用（LCC）。谈到费用一般说要追求其最经济或最小化等，并经常作为方向或目标。此处说的经济是说必需的费用要用够，能省的要省，追求的是经济性，实际的概念是优化。这个观点很关键，避免了过度压缩费用的问题，同时也要尽量节约。

③把维修从一个生产技艺发展为一门跨管理和技术的综合实用的科学。从选型到购置涉及投资及今后企业的发展；从购置、安装到试车验收又是不同的内容；日常管理和维修也是不同的技术和管理；到后期的更新改造又涉及技术经济及今后的发展和投资。设备综合工程学的突出之处在于把这些不同阶段的内容用系统论的观点综合起来管理，是一门有前景的综合性学科，做好这一学科的工作难度也很大。1986 年国家批准成立的中国设备管理培训中心就是基于促进设备管理学科发展的考虑，在一所重点大学中成立，含工程与管理两部分内容。后来因故归入管理学科，效果不佳。1986 年这一学科的成立讨论会上有关工程和管理两种不同的观点，争论了一段时间未能一致，最后一位知名的教授提出了“设备工程与管理”这一折中意见，被教育部采纳，实际上也反映了这个学科的复杂性。

从 1970 年提出设备综合工程学到 1974 年提出修改后的完整定义后，受到国际上的高度认可与欢迎。各国的设备管理与维修组织通过各种渠道了解和接触到这一学科。欧洲在有关组织的支持下成立和发行了《设备综合工程》（TERO-TECHNICA）杂志。后来因这个名称不容易被接受，改名为《国际维修管理》。1980 年巴克斯先生在欧联会上的发言中说，看到几年的时间这一学科及精神已经较快地传播到国际比较多的方面，应该说这是比较大的一项成果，也应该看到这是在英国政府部门的推动下产生的结果，不能忽视政府主导的作用。

设备综合工程学的提出是设备管理与维修的一大突破，影响深远。

我国从 20 世纪 70 年代末开始通过各种渠道向国内介绍国际上有关设备管理与维修方面的理论和经验。开始是派出人员学习，此后通过与国际组织合作，派人员参加一些国际会议和培训活动，邀请国外的专家来华举办讲座，同时通过出版发行《国外设备工程译文集》等方式尽快向国内介绍了国际上有关设备管理学科的发展。通过设备综合工程学的引入，推动了我国在设备管理和维修方面的改革和发展，逐步接近当前国际水平。就设备综合工程学来说，从 1979 年开始了解到 20 世纪 80 年代在国内介绍推广，很多企业接受了这个概念，一些大学增设了这门课程，各工业部门也陆续开办了这一学科的讲座，发展态势很好。在这一时期，国务院颁发了《全民所有制工业交通企业设备管理条例》，推动了全国各企业的设备管理工作的开启。这与英国政府推动提出设备综合工程学的方向是一致的，《条例》中用综合管理这一名词概括了设备综合工程学的内容，把我国的设备管理现代化向前推动了一大步。

设备综合管理学对装备进行综合管理，紧紧围绕四方面内容展开工作：

①以工业管理工程、运筹学、质量管理、价值工程等一系列工程技术方法，管好、用好、修好、经营好机器装备。对同等技术的装备，认真进行价格、运转、维修费用、折旧、经济寿命等方面的计算和比较，把好经济效益关。建立和健全合理的管理体制，充分发挥人员、机器和备件的效益。

②研究装备的可靠性与维修性。无论是新装备设计，还是老装备改造，都必须重视装备的可靠性和维修性问题，因为提高可靠性和维修性可减少故障和维修作业时间，达到提高装备有效利用率的目的。

③以装备的一生为研究和管理对象，即运用系统工程的观点，把装备规划、设计、制造、安装、调试、使用、维修、改造、折旧和报废一生的全过程作为研究和管理对象。

④促进装备工作循环过程的信息反馈。装备使用部门要把有关装备的运行记录和长期经验积累所发现的缺陷，提供给维修部门和装备制造厂家，以便他们综

合掌握装备的技术状况，进行必要的改造或在新装备设计时进行改进。

思考题

1. 石油化工装备发展的趋势是什么？
2. 石油化工装备管理的意义是什么？
3. 简述设备管理的发展历史。
4. 石油化工装备管理的重要性有哪些方面？
5. 石油化工装备管理的任务有哪些？
6. 设备综合工程学的主要论点包括哪些内容？

第 2 章　石油化工装备的前期管理

2.1　石油化工装备前期管理的意义

石化企业装备主管部门积极参与装备前期管理工作，提高了装备的可靠性、维修性和可利用率，确保了企业经营目标的实现。为了把企业建设成世界级工厂，必须持续推进“四个一流”，即一流的产品、一流的装备、一流的技术、一流的管理。

随着石油化工装备管理现代化的发展，一个以追求设备寿命周期费用经济性为目的的设备综合管理体系正在逐步形成，而石油化工装备的前期管理成为关键的一环。其重要性体现在：

①前期管理决定了设备全部寿命周期的 90% 费用，直接影响着企业产品成本和利润。

②前期管理决定了企业装备的技术水平和系统功能，直接影响到石化企业生产的效率和产品的质量。

③前期管理决定了装备的适用性、可靠性、可维修性、先进性和经济性，直接影响了石油化工装备效能的发挥和效益的提高。

在制订企业发展规划和装备更新改造计划时，装备前期管理工作必须瞄准世界先进水平，要具有系统性与前瞻性。

在选购装备时，特别是在数控装备的系统配置方面，要主动跟踪世界先进的主流数控系统，使企业的数控系统配置不但先进可靠，而且更利于维修备件的采购、储备及资金的合理使用，装备的可维修性、可靠性、经济性等都有很大的提高，加工车间形成优质高效的生产线。

装备部门配备有高级工艺工程师、装备工程师，直接参与从装备规划方案制订到装备投产的装备前期管理工作，包括装备的规划决策、外购装备的选型采购、自制装备的设计制造和安装、调试、投入使用等。针对企业的产品要求，在大量调研和考察后，结合企业的发展特点，制订了装备采购计划，综合考虑使用更经济、性价比更优、工作效率高、精度等级高的装备，满足装备可靠性、维修性、安全性及环保等各方面的要求。

装备前期管理是装备全寿命周期管理的前提和基础，是决定后期装备运行的关键。装备前期管理工作要做到既“管前”，更“管后”，应将装备的全寿命周期管理纳入装备前期管理的考量范畴。

装备选型时要对全寿命周期费用（Life Cycle Cost，简称 LCC）进行考量。不仅要考虑装备购置成本，还要考虑装备运维费用。另外，我国对特种装备和特种设施的管理有明确的政策法规，其与安全、环境保护和能源消耗等关系密切，要将装备全寿命周期费用最经济贯穿于装备一生的综合管理中，以期取得最佳的经济效益和社会效益。在装备选型时，还要考虑制造商、供应商是否具有完善的售后市场服务，如是否具有完善的人员培训、运行维修及改造升级服务等。

2.2　石油化工装备前期管理内容

石油化工装备前期管理的内容包括设备规划方案的调研、制定、论证和决策；设备市场货源调查和信息收集、整理、分析；设备投资计划的编制、费用预算、实施程序；招评标、设备采购、订货、合同管理；设计、制造、安装、调试运转等的监理或组织；设备初期使用管理、效果分析、评价、信息反馈等。

按照设备综合工程学的理论，实际上石油化工装备生命周期可分为两个阶段，以设备开始使用为分界点。开始使用之前的阶段主要内容是设备的选型、购置、运输、安装、调试等工作，这一阶段的管理称之为设备前期管理。开始使用后的阶段的主要内容是设备的使用、维修、保养、维护、改造等工作，对这一阶段的管理称之为设备的后期管理。设备前期管理的主要内容如下：

（1）石油化工装备选型

设备选型的重点要考虑设备的使用性能、经济性、可靠性、可维修性等。

随着科学技术进步，装备性能、价格等不断变化，以及在引进国外装备时要考虑外汇汇率及贷款利率变化等诸多因素的影响，装备前期管理工作不但要了解世界最新技术的发展情况，更要选择先进适用的工艺装备来提升企业的核心竞争力。为此，可通过实地考察、用户调查、展览会等做到货比三家，并可利用现代网络技术广泛收集资料，在专家对性价比进行评审后作出正确的选择。

论证会（评审会）是装备前期管理行之有效的方法之一。邀请各方面的专家出席论证会是企业装备部门积极参与装备前期管理工作的有效方法，也是装备全寿命周期管理中重要的一环。装备管理维修协（学）会有很多专业人才和专家队伍，积累了丰富的经验，可为缺乏专业技术人员的中、小企业提供装备前期管理技术支持和服务，如咨询、评估、监理等，提高“专、精、特、新”中小企业的市场竞争力。

另外，签订技术协议合同也是装备前期管理的重要环节。对于重点领域的高端装备项目，装备前期管理工作还可扩展到组织制造企业和使用单位联合制定装备攻关方案。同时完善招投标制度，加强对招投标工作的指导和监管。

（2）石油化工装备订货

设备订货管理包括设备订货的依据与订货前的准备、设备订货的形式、设备订货合同的管理、设备的验收内容如下：

①完善石油化工装备竞争性采购制度。首先，从理念上树立起反对垄断、鼓励竞争的意识。企业的竞争是市场经济的重要前提和基础，也是促进经济发展、科技创新的强大动力。而垄断行为则是计划经济的产物，会导致石化企业不思进取、效率低下。为保持世界科技、经济强国地位，美国设有专门的反垄断法，强行扼制某一行业、某一部门形成一家垄断行为的现象，从立法上确保了同行业竞争格局的形成。一个行业中，企业无论如何兼并、合并，最终同行企业不得少于势均力敌的两家。其次，在实际运作上选择招标制。招标制是规范市场经济的有效手段，招标又是目前装备研制、订货中最能够体现石化企业经营目标的一种竞争方式。这种方式已普遍被世界各国石化企业采用。为此，在石油化工装备上可以考虑：把竞争择优作为今后装备预研、型号研制、订货工作的主要形式，除达不到竞争条件的个别采购项目外，其余均采用公开招标等竞争性采购方式，特别应以石油化工装备科研阶段为重点。最后，要逐步减少单一来源采购的项目，并加大分系统和配套产品的竞争力度，鼓励科研单位与生产单位甚至鼓励国际科研生产机构联合参与竞争。

②依法推进采购合同制。多年来，石油化工装备（包括零部件）订货管理一直采用传统的订货合同的方式来落实装备采购计划，这一方式在过去计划经济年代曾发挥了积极作用。引入竞争机制，装备订货计划对企业而言不再具备指令性特征，而只是一份“订单”。由订单向石油化工装备转化的途径，只能是经济技术合同。在合同制下，石化企业与供货企业将形成新型的订货关系、商品交换关系和经济契约关系。即双方在平等互利、协商一致的基础上订立合同，以合同的方式明确供需双方的责、权、利，用经济的、法律的手段约束对方履行合同，以保证订货计划的最终实现。从这种意义上说，实行合同制是完善竞争性采购的

核心内容和关键举措。

从目前订货工作实际情况看，完善石油化工装备采购合同制还必须从以下方面加强，一是强化合同在石油化工装备预研、科研、订货阶段的法律地位，维护合同的法律效力，充分发挥石油化工装备采购合同对合同双方的约束作用；二是建立健全适应石油化工装备采购特点的合同法律体系和装备采购合同仲裁制度，依法履行合同、依法变更合同、依法处理合同违约行为。

③积极培育装备采购的竞争环境。首先，逐步扩大装备科研订货竞争范围。石油化工装备是石化企业的核心，在装备订购工作中，必须紧紧抓住这个特点和竞争这个核心，逐步扩大研制订购竞争的范围，扩大研制生产资格认定的范围，拓展选择承包商的视野，同时，应尽快研究制定石油化工装备订购竞争分类、分级的办法以及类别和范围。其次，完善相应的配套制度和法规。在国家和国防宏观政策的调控下，结合石油化工装备建设的特点和具体情况，逐步建立完善落实“四个机制”的制度和法规体系，比如建立装备承制单位资格审查制度，建立竞争性装备采购信息发布制度等。同时，要加大装备采购透明度，吸引更多的企业参与竞争，减少采购风险。也可以通过立法手段建立竞争的保护机制。

④建立和完善装备采购的评价机制。在建立竞争机制的同时，必须尽快建立起装备预研、科研、采购全系统、全寿命的评价机制。首先，尽快建立起装备采购评价制度。参照国外先进国家的做法，并考虑到我国历史和现实情况，以研制单位资格审查和承制单位两方审核为重点，对承制单位研制生产能力、质量保证能力、经济财务状况以及合同履约情况等方面进行综合审查评估，建立装备研制、生产合格厂商名录。同时，规范装备的立项、阶段审查、定期审查、试验与鉴定等研制生产过程的综合评价工作，形成相应的评价制度、评价体系和标准规范。其次，建立相对独立的装备采购评价机构，发挥院校、研究所、专家参加装备评价结论的公正性评价。最后，加强装备采购评价技术研究和手段建设，提高装备采购评价工作的公正性、科学性和有效性。

⑤建立和完善装备采购的监督机制。健全监督机制的目标是充分发挥石油化工装备领导机关的现场监督把关职能作用。从机关到基层共同实施由生到死的全过程管理和监督，当前应突出做好以下几方面的工作：首先，强化石油化工装备采购的内部监督机制。一是进一步调整订货业务部门工作职能，完善石油化工装备采购的管理体制，建立决策、执行、监督相对独立，既运转高效又便于相互监督和制约的采购管理制度。可试行石油化工装备管理部门对装备采购过程实行分段、转换管理，避免权力过于集中和时间过长；二是充分发挥行政、审计、纪检

监督的作用，加强对石油化工装备采购工作的监督检查，建立和健全行政、审计、纪检等多种监督检查方式，要严格对各级装备采购管理部门和装备采购主管人员实施责任审计和离任审计，防止装备采购违规行为的发生；三是提高石油化工装备采购的透明度，防止任何形式的“暗箱操作”。

(3) 石油化工装备安装调试

石油化工装备安装调试是指待安装设备从出库、安装、单体试车、无负荷联动试车以及由生产人员参加操作的负荷试车合格，到办理竣工结算和固定资产移交的全过程。设备试运转是检验设备安装是否合格、考核设备性能是否符合要求的重要阶段，一般分为单体试车、无负荷联动试车和负荷联动试车三个阶段。单体试车要对设备组成的各个部分分别进行运转调试；无负荷联动试车及负荷联动试车是考验生产系统连续运转能力的过程，无论是单机或无负荷、有负荷联动试车，都要对设备的振动、压力、温度、功率、噪声等各项指标进行测试并做好记录。

①控制作业环境。作业环境作为一种外部因素，会直接对安装与调试的质量造成影响。石油化工企业的设备种类较多，并且大部分需要保持长时间满荷载状态，因此提高外部环境的质量，能够维护设备运作的稳定性。但如果施工现场中材料摆放随意、地面环境脏乱、设备应用后随处乱放，势必会导致施工场面混乱。项目设备的调试也难以展开。控制作业环境时，要结合实际项目设备的安装计划进行，在安装前，要确认场地内所有土木工程已经完成，然后检测施工现场的粉尘含量是否超标，因为石油化工企业生产中，很多精细设备的调试对粉尘含量有严格的标准，如果由细微粉尘进入到石油化工装备，会影响到设备的运行。因此，在处理粉尘问题时，可以使用空气净化装置，减少现场的粉尘含量，为设备安装与调试提供良好的空间。

②精细流程分析。在进行石化企业项目设备的安装时，技术人员要根据设计图纸、文件资料以及设备规格参数来进行验收，保证施工质量符合国家标准，严格控制施工材料的质量，做好分类的取样调查工作。电气调试是由专业人员按照设备型号参数以及对应的技术资料对设备进行规范的试验检查，并对相关保护装置和自动装置进行整定，以确保石油化工装备在投入使用后能够发挥其应有的功能和作用。为了实现这一目标，首先应做好图纸的分析与检验，按照流程逐一核对工作内容，控制进场材料质量是否符合工程参数的要求。另外，要配备质量监督人员，做好现场的安全管理工作，确保安装施工作业能够精准按照图纸流程操作，规避安装风险以及错误操作的发生，如果在工作过程中发现问题需要及时纠

正与处理。

③设备安全调试。安全是石油化工企业生产的第一要素，在进行项目设备的安装与调试时，同样要注重安全管理。做好施工现场的宣传工作，使工作人员具备缜密的安全意识。落实安全管理时，要严格遵循《项目管理法》的要求。项目监督人员要按照《项目管理法》来进行管理，另外，在落实石化企业石油化工装备的安装及调试管理工作时，应该将《项目管理法》深入应用到每一个工作环节中，并且，按照施工项目的具体情况，针对性调整管理的内容。

④加强人员配合。一直以来，石化企业中的建设项目安装与调试工作都呈现出相对独立的状态。无论是施工，还是管理，相互沟通交流的频率较低。但是从实际生产情况来看，设备的安装与调试之间存在必然的联系。如果石油化工装备在安装时出现问题，那么调试工作必然会受到影响。因此安装与调试工作必须综合考虑，集中管理。目前我国很多石化企业中的安装人员与调试人员之间缺少必要的沟通，设备安装交给施工单位，而设备调试则由运维部门完成。这样一来，两项工作之间就出现了脱节和断层的问题，不利于设备后期的投入使用。首先应将分散管理模式改变为集约管理模式，强制要求安装人员与调试人员之间做好技术交底与图纸交接工作。在确保各环节在权威性得到保障的基础上接受监督与管理，提高相互之间的配合度。例如：石化企业在最初进行设备安装时，需要使用大量安装施工人员，而对于调试人员的需求量比较低。这时，可以要求其余调试人员去辅助安装工作，一方面，这样不仅减少了设备安装的工作压力，而且能够让调试人员更加深入地了解到安装知识，扩充知识储备量，提高实战经验，打破职业壁垒，帮助自身总结出更多的设备性能要点，提高设备调试的质量。另一方面，调试人员进入安装环节后，也是对安装工作进行监督，以免施工单位为了盲目追赶工期而导致安装质量不合格。只有将安装与调试综合起来，才能够使项目建设成为一个真正意义上的整体。

⑤专业技术培训。人才是驱动工作顺利进行的基础，在开展石化企业建设项目的安装与调试时也不例外。完成安装与调试管理的工作人员必须具备专业化的电力生产知识，并且可以熟练使用施工技术，有充分的实践经验。例如：在处理不同类型的项目设备时，要及时判断出对应的安装方法，准确分析设备型号及调试要点。如果开展项目设备安装调试管理的工作人员，专业素质与职业技能都比较匮乏，那么会给石化企业生产造成较大的安全隐患。因此，为了提高设备安装与调试的质量，需要做好工作人员的专业技术培训工作，组建一支高水平、高质量、高能力的人才队伍。为了扩充工作人员的知识储备，在开展实际工作前，应

要求其了解工厂内投入使用的设备型号、对应性能、操作要求等内容，以免在施工时出现判断错误的问题。确保施工操作与施工顺序的科学性，确保安装质量达到生产标准。与此同时，工作人员还应该从自身做起，培养自我学习意识，积极学习国内外先进设备安装技术，企业应为其提供专业化的培训渠道或培训课程，加大对人员技术培训的重视，使其能够在保证质量的基础上，加快安装与调试的工作进度，发挥出人力资源的最大价值。

2.3 石油化工装备前期管理的措施

石油化工装备是关乎企业进行生产的重要工具，是保证产品质量、降低成本消耗、实现经济效益的物质基础。随着社会的不断发展和进步、对设备的技术质量、性能等提出了更高的要求。当前，在我国从事设备管理工作的一些企业只重视设备中期管理工作，而忽视了设备前期管理这一重要环节，往往因设备技术资料和市场信息掌握不够或规划购置、设备选型不当，造成新购设备不能满足企业生产需要或闲置不能投入使用，给企业造成严重的影响。按照设备管理的要求，企业必须做好设备规划、购置、安装、调试和验收工作，加强设备的前期管理。要做好设备的前期管理工作，可以采取以下一些措施：

（1）明确责任、集中管理

石油化工装备前期管理需要各级领导重视，各有关部门通力协作和密切配合，各单位要认真学习国务院颁发的《全民所有制工业交通企业设备管理条例》，统一思想认识，管好现代化设备，协调好工作关系，确定设备前期管理的各项主要工作任务，明确规定设备管理对设备前、中、后期实行统一归口管理，把设备前期管理的各个阶段工作与中、后期管理有机结合起来，克服设备选型、购置、安装同操作使用、维修保养相脱节的弊病。

（2）建立健全管理制度

石油化工装备前期管理涉及面广，工作量大，必须有一套健全的设备前期管理制度，让设备管理人员在设备前期管理的各项工作中有章可循，严格按设备管理制度开展工作，确保设备前期管理工作的顺利进行，使得设备管理部门对本单位新购置的设备进行统一编制购置计划，并报主管领导审核，充分考虑所购设备的经济性、适用性、维修性，从选型、订货、购置、安装、验收到投入使用都要有设备管理人员参与，严格把关，确保新购置的设备在质量、价格、交货期、售后服务等方面择优选择。

（3）设备的选型

石化企业需要石油化工装备时，应由使用部门会同设备管理部门提出增置设备的技术要求，在石油化工装备选型上要注意考虑生产效率、工作精度、可靠性、实用性，设备投资的经济效益，制造厂的产品质量、价格、劳动保护、技术安全，环保要求，维修性、标准化程度，设备的相互关联性和成套性，石油化工装备生产厂家的信誉和售后服务。合理选择设备，可使有限的投资发挥最大的效益。

（4）合同的签订

签订石油化工装备合同这项工作在设备前期管理中是十分重要的，各单位应根据实际情况成立购置设备领导小组，由有关业务部门人员组成，分头把关，对设备的名称、型号、规格、供货范围，交货方式、时间、地点，主要技术性能、参数和设计、制造工艺要求，安装、调试、验收的技术要求以及备品备件、技术资料的要求、售后服务、保修期限等要全面、具体、详细地在合同书中写清楚，以免造成损失。

（5）到货验收

首先，做好设备到货的查验。设备运到卸货地点，购方工作人员必须协调装卸部门、货运公司、供货方一同查验设备的外观包装是否完好无损，清点数量是否齐全，对提货单清楚、外观包装完好无损的，应当及时验收并妥善保管，如有损坏、受潮、设备残损、数量不够等情况，要做好记录，并要求供货方及货运公司签字确认，分清责任，避免扯皮。

其次，及时安装调试和验收。对验收符合要求的设备，及时安装，安装过程中需要设备生产厂进行技术指导的，应及时与生产厂家取得联系，在设备生产厂家技术人员指导下进行安装，避免出现安装中的技术问题。对安装好的设备要进行验收，检验设备的各项技术性能是否符合技术要求，认真记录清楚验收时间、地点、参加人员、检验结果等，由购方和供方签字认可，作为执行合同的凭证，存入设备档案。

最后，对验收遗留问题应及时解决。在验收中发现设备存在质量问题，如备品备件技术资料短缺和其他不影响设备规定技术性能的一般性技术问题，购方应督促供货方及时给予处理解决；不能及时解决的，应在验收记录中做详细记录，并规定解决限期，购方可根据合同或验收纪录的要求向供货方提出索赔。若经检验发现设备存在严重质量问题，不能达到原有技术指标或已不能修复使用的，购方拒绝验收，并根据合同要求向供货方提出更换设备或退货处理。

(6) 验收交接制度

新置设备进厂后，经过检查验收、安装调试，由有关单位根据规定的验收内容做出安装调试记录，经共同鉴定和有关人员签证后，移交设备管理部门进行设备编号，建立设备台账及设备档案；财务部门办理转入固定资产手续；按规定程序交付生产使用。

总之，石油化工设备的前期管理工作包括规划、实施和总结三个阶段。规划阶段：主要是根据石化企业发展情况、结合生产需要确定设备的名称、规格、型号。规划阶段很重要，规划正确与否关系到企业的发展前途和命运。实施阶段：主要是把规划内容付诸实施，包括设备选型、招标采购、安装调试和验收交货等。其中，设备选型、招标采购工作繁琐，专业性强，是实施设备规划发展的关键，应予高度重视。总结阶段：主要对实施阶段工作进行总结。也就是说，每完成一项设备的招标采购工作，就要进行一次工作总结，找出不足，以便改正。只有不断地进行计划—实施—分析—总结，形成良性的工作循环，才能促进设备管理水平的不断提高。

2.4 石油化工装备前期管理方法

在石油化工建设项目的设备前期管理中，对所需石油化工装备，不仅要考虑功能适应性，还要考虑经济性和先进性、可靠性，以期获得良好的系统性价比。重点要解决好如下问题：一是功能满足生产工艺要求；二是可靠性高，可维修性好；三是性价比高；四是设备之间匹配良好；五是备件供应渠道有保障；六是设备采购方式的选择；七是售后服务良好，有较好的技术支持。为做好设备前期管理工作，通常采用以下一些方法。

(1) 分类法

根据石油化工装备在石化企业中的作用及对石化企业生产的影响，将石化企业的设备分为关键设备、动能设备。

①关键设备：主要指储存设备、反应设备、换热设备和搅拌设备四大类。关键设备的投资占全部石油化工装置投资的比例较大，而且直接影响到工艺参数、厂房设计和车间配置及起重设备的选择，对石油化工装置今后的生产影响较大。对这类设备要逐台分析论证，尤其对生产能力要认真考察，既要参考供应商的资料，也要参照其他用户的使用情况，对于关键设备进行半工业或工业试验，以验证所考察设备的适用性，并要对考察石油化工装备的经济性、可靠性、可维修性

等多方面对比论证。

②动能设备：一般指泵、压缩机等耗能设备。这类设备对生产的连续性有很大影响，而且它们的能耗较高，在设备配置时都要考虑一备一用。对这类设备重点要考虑能耗水平、可靠性、泵及压缩机过流件的耐磨性和使用寿命，要选择节能型设备。

（2）比较法

具备相同功能的设备、生产厂商比较多，可选择的余地大，同时各厂商的设备质量、售后服务等良莠不齐，采用比较法往往能排除一些不适应本企业实际情况的设备。通常要采用三种不同的比较：一是与同类企业所用的石油化工装备进行比较；二是不同的制造厂家的同类产品之间比较；三是在不同结构、相同功能的产品之间比较。在不同结构、相同功能的产品之间比较，可以了解设备的性能差异、可靠性、可维修性以及不同结构的优越性和使用条件等情况。随着科技的发展，各种新设备、新材料不断出现，例如，同样是分离机，就有阔选挤压式分离机、斜筛式固液分离机、微滤式固液分离机等不同的结构，但它们的功能是一样的，对它们之间的比较要注意适用性分析，在石油化工装置的应用中，还需要进一步对不同类型的分离机进行考察研究。

（3）寿命周期费用评价法

这是从经济角度对所购石油化工装备进行对比选择的一种方法，在选购设备前要进行设备的寿命周期费用计算，做出比较。根据瑞典设备维修协会乌尔曼教授的研究，设备寿命周期内各阶段的费用变化情况如图 2.1 所示。

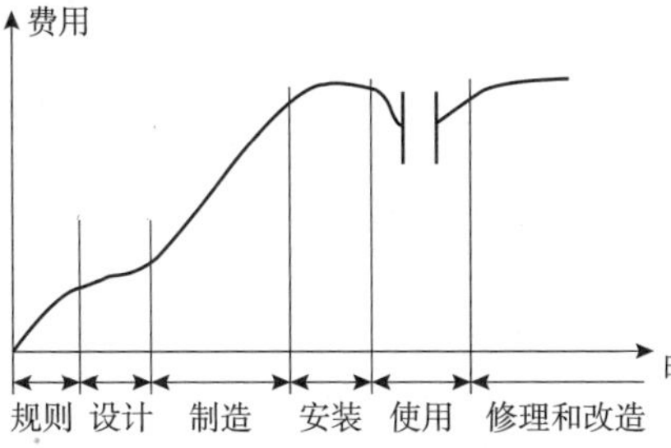

图 2.1　设备寿命周期费用分布图

图 2.1 表明，一般情况下，设备在规划、设计、制造阶段的费用是逐渐上升的。到了安装阶段，费用开始下降。进入正常开始运行阶段，费用保持在一定水平，这个阶段经历的时间最长。到了使用后期，设备严重磨损，性能劣化，维修费用增加，维持费急剧上升，表明设备已需更新。

设备寿命周期费用 = 购置费 + 维持费

其中：购置费 = 设备价款 + 运输费 + 安装调试费；

维持费 = 能耗费 + 维修费 + 人工费 + 后勤支援费 + 报废费。

进一步研究发现，设备规划、设计、制造阶段对寿命周期费用有决定性的影响。当设备的规划、设计阶段完成时，虽然实际上只花费了寿命周期费用的5%，但此时已把未来寿命费用的85%确定下来了。

思考题

1. 石油化工装备前期管理的意义是什么？
2. 石油化工装备前期管理的内容有哪些？
3. 石油化工装备安装调试包括哪些内容？
4. 石油化工装备前期管理的方法有哪些？

第3章　石油化工装备的使用和维护管理

3.1　石油化工装备的正确使用和精心维护

（1）石油化工装备的合理使用

合理使用石油化工装备应该做好以下几个方面的工作：

①合理配置装备。根据生产过程、工艺特点、安全要求等合理配置、安置各类型装备，并认真把好选型和石化装置安装关，做到使用条件与生产要求相适应。

②培养合格的岗位工。根据装备的技术要求和复杂程度，配备相应的工种和经培训能胜任的操作者。因此，必须加强技术培训和素质教育，使操作者既能熟练安全操作装备，又能精心维护保养装备。设备是由工人操作和使用的，充分发挥工人的积极性是用好管好石油化工装备的根本保证，因此，企业应该经常对员工进行爱护设备的宣传教育，积极吸收员工参加设备管理，不断提高员工爱护设备的自觉性。石化企业应该根据石油化工装备的技术要求和复杂程度，配备相应的工种和胜任的操作者，并根据石化设备的性能、精度、使用范围和工作条件安排相应的加工任务和工作负荷，确保化工过程生产的正常进行和操作人员的安全。

③为装备提供良好的工作环境。根据装备作用和维护的具体要求，设施采取必要的防护、防震、防潮、防尘等措施，具备良好的照明和通信等设施。工作环境不但影响石油化工装备的正常运转，影响石油化工装备的使用寿命，而且对操作者的情绪也有很大的影响。因此，应安装必要的防腐、防潮、防尘、防震装置，配备必要的测量、保险用仪器装置，还应有良好的照明和通风等。

④严格执行装备使用程序。培训—教育—考核—操作，这是石化企业新工人使用装备的培训程序。培训内容除安全教育、安全法、安全基础知识外，还包括装备的结构、性能、安全操作规程、维护保养、润滑等技术知识和操作技能的训练。经考试后，合格者获操作许可证方可独立使用装备。

石油化工装备是科学技术的物化，随着石油化工装备日益现代化，其结构和原理也日益复杂，要求具有一定技术水平和熟悉设备结构的工人来掌握使用，因此，必须根据石油化工装备的技术要求，采取各种形式，对职工进行相关专业理论的教育，帮助他们熟悉石油化工装备的构造和性能。

⑤一丝不苟地执行装备管理规章制度。首先严格定人定机制，严格岗位责任制。按照装备操作维护规程，根据装备的操作技能与维护的技术性能，装备的结构、运行特点，设定操作人员必须遵守的事项及程序。这是实行规范化管理的前提。保证石油化工装备正确使用的主要措施：制定石油化工装备的使用程序；制定石油化工装备操作维护规程；建立石油化工装备使用责任制；建立石油化工装备维护制度，开展维护竞赛评比活动。还需要注意的是，为了合理地使用石油化工装备，还必须创造一定的条件，比如：根据石油化工装备的性能、结构和其他技术特征，恰当地安排工作任务和负荷；要为石油化工装备配备相应技术水平的操作工人；要经常进行爱护设备的宣传和技术教育。

（2）石油化工装备的维护管理

我国石化行业正在积极推动设备基础管理工作，将世界先进的设备管理理念与已有的经验和特色做法相结合，基本完成了从体系构建到不断完善以及理论方法总结的过程，结合国内石化企业传统有效的设备管理经验，初步建立起具有我国石化特色的、先进的设备管理体系。例如，中国石化发布了炼化企业设备完整性管理体系文件，以 KPI（关键绩效指标）为引领，依托信息技术，梳理标准化业务流程；中国石油建立了较为系统完善的炼化设备可靠性管理体系，提升设备本质安全治理体系；中国海油推行了以管理完整性、技术完整性、经济完整性、全生命周期管理为核心内容的炼化设备完整性管理体系；等等。

石油化工装备维护工作按时间可分为日常维护和定期维护；按维修方式可分为一般维护、区域维护和重点装备维护。日常维护，要求做到班前对装备的传动机构、润滑、连接等严密检查，再开动装备；班中严格按操作规程使用装备，发现问题及时进行处理，下班前按“整齐、清洁、润滑、安全”四项要求进行维护，使日常维护工作做到经常化、制度化。装备定期维护则是有计划地对装备进行局部或重点部位拆卸和检查，消除装备隐患。

在石化企业中，泵和压缩机是使用频率最高的设备之一，为了保证泵和压缩机的长期稳定运行，就必须根据泵和压缩机的特性而制定完善的维护保养计划。

①日常维护检查。在开展日常维护检查工作时，维护人员至少需盘车 3 周，检查泵和压缩机是否存在故障，转动时是否存在阻碍以及转动的灵活性。检查方

式以听杂音、闻异味为主，确保泵和压缩机能够保持良好的运行状态，不得“带病”工作。当泵和压缩机存在超温、超压现象时，则应当及时暂停运行，并查明造成异常现象的原因，及时采取相应的处理措施。

②压缩机的维护。当压缩机处于工作状态时，需要每隔 2h 对压缩机的排气、进气、润滑系统进行简单的检查，检查项目主要以温度和压力为主，并要做好检查记录，便于在压缩机出现问题时提供数据依据。压缩机的转子和机壳之间的间距较小，在实际操作过程中需要避免杂质进入。当杂质进入这一区域后，压缩机往往会表现出异响的情况，故操作人员应当及时停止压缩机运行，并检查排除故障。同时，压缩机更换润滑油的周期需要固定，根据实际工作负荷决定换油周期，一般为 1 ~2 个月清理一次润滑油过滤器。从影响因素的角度来看，不同的施工环境、空气湿度、空气气体含量以及颗粒物含量均会影响到润滑油的使用寿命，为保证润滑油的基本质量，应当定期通过取样化验的方式来决定是否更换润滑油，理论上润滑油需要每年更换一次，但必须根据润滑油质量决定。更换润滑油时应当检查压缩机内部是否存在润滑油泄漏的问题，尤其是需要重点检查油箱，分析是否存在介质进入油箱的情况。换油时应当对压缩机的整个润滑系统进行全面的清洁处理，并要注入全新的润滑油。当因为工作计划要求决定暂时停运压缩机，且停运时间超过 6 个月以上时，则需要清除压缩机内的全部润滑油，注入防锈油，并运转 10min 左右，确保防锈油可以进入整个润滑系统，避免压缩机在停运过程中出现润滑系统锈蚀的情况。

③泵的检查和维护。泵的工作原理和工作环境决定了其出现损坏的可能性较高。在开展维护保养工作时，维护人员首先需要明确泵输送的介质类型、性质、来源以及注意事项，确保泵输送介质能够与泵运行标准相互吻合。主要检查内容包括进出管线、阀门、压力表接头处是否存在漏油情况，泵机的稳定性以及连接件的稳定性，接地线和压力表的安装是否符合标准规范等。同时，维护人员需要定期检查润滑油的乳化情况、油位是否异常等，当泵设置了视油镜时，正常油位应当维持在 1/2 ~2/3。泵的漏油问题时有发生，故检查泵的密封状况也就成为了日常维护的一大要点。业内对于泵的漏油情况划分为两个等级，轻油的泄漏需要控制在每分钟 10 滴，重油的泄漏则需要控制在每分钟 5 滴。当泵的实际漏油状态远超过了标准范围时，则需要对泵进行拆解处理，查明漏油原因后重新进行密封处理。泵的运行控制必须严格维持在标准范围之内，不得超温、超压、超速运行，当维护人员发现泵的实际运行情况与正常运行情况之间存在较大偏差时，应当及时停止泵的运行，并及时进行检查维护。为避免造成严重的事故或者经济损

失，一般的技术操作人员有权暂停泵的运行。操作人员、维护人员以及管理人员需要构建三位一体的检查体系，不同岗位的工作人员需要负责相应的检查内容，并将检查结果记录在册。若发现泵存在问题，则应对问题情况进行评级，根据实际生产要求决定处理方式。在问题较轻，且不会对泵运行造成安全性和质量性影响时，可以暂时维持运行。若所发现的问题无法及时处理，则需要采取相应的预防措施，并暂停泵运行后排除问题，问题排除之前不得运行泵。

④油罐的日常管理与维护保养。油罐是现阶段我国存储油气资源的主要设备。油罐的设计必须严格按照国家要求的相关标准进行，设计时可以优先考虑先进的设计理念和设计技术，且日常管理与维护保养工作也需要针对油罐的设计特点而开展。在实际中，油罐的日常管理与维护保养主要有：一是日常检查。日常检查工作主要针对油罐的完整性进行检查，如检查油罐是否存在变形、鼓包、凹陷等，油罐的外侧一般会设置防腐层、保温层以及防水檐。由于外界环境可能会对油罐造成腐蚀影响，故维护人员需要重点检查油罐外表是否存在腐蚀的情况，并做好相应的工作记录。二是测厚检查。测厚检查的周期较长，其一般以 3 年为一个周期，测厚内容包括油罐顶、油罐壁，测厚时首先需要分别选择两个测量点，且测量点应当尽量保持固定。测厚检查的第二个环节为全面测厚检查，其一般 6 年一次，主要针对油罐整体进行检查。从某种角度来看，测厚检查的本质就是对油罐的受腐蚀情况以及防腐措施的应用状态进行检查，相关单位需要重视对于油罐的防腐保护，并要重视容易被腐蚀的区域。三是防雷和防静电检查。防雷和防静电检查一般会在每年的雷雨季节来临之前，其目的是检查防雷和防静电设施是否运行良好，是否存在安全隐患。

3.2 石油化工装备运行的经济性分析

（1）装备的经济寿命

过程装备的经济寿命又称为价值寿命，是指装备平均每年使用代价最低的年数。装备经济寿命期满后，若不进行改造或更新，就会影响企业的经济效益，因此，要从经济角度来选择最佳使用年限。过程装备的技术寿命是指装备从开始使用的技术落后而被淘汰所经过的时间。科学技术的发展，使装备的技术寿命趋向缩短，要延长装备的技术寿命就必须用新技术对装备加以改造。

（2）装备的维修费用管理

编制装备维修费用预算是一项在规定时间内所完成装备工作的费用目标。通常装备维修预算主要有：为保持装备处于良好状态运行所需维修费用，为装备维修工作服务的本部门的生产作业和维修费用以及公用系统费用等三部分。

各部门预算的依据一般采用按年单位产量表示的维修费用，这适用产品品种固定而产量稳定的企业，这种预算包括固定项目和可变项目两个部分的预算。使用这种预算时，随着产品销售价格变化，需要做更多的分析调整，采用以单位产值表示的维修费用是万元产值需要的费用，是指企业在报告期内为保证生产和工艺要求，保障装备完好状态所消耗的费用（包括在大修费用和日常维修费之和）与报告期的产值成正比。

编制预算的方法主要是依据过去的历史统计资料，即以前一时期维修实际消耗费用为基础，并考虑多种条件变化，如生产水平、装备役龄、劳务、备品配件等情况的变化，进行某些增减来估算下期预算。

装备维修费用的使用与控制装备维修费用的使用与控制的目的，是以尽可能低的费用达到规定的生产效率水平，同时也要防止装备故障的发生，而投入过多的维修工作量，花费过多的维修费用。最好是花费在装备维修上适当的费用，使用维修延误而造成损失较低。因此，要衡量维修费用与停工损失两者的均衡关系，即考虑不应由于维修不善而致减少产量和降低品质所造成损失。

3.3 石油化工装备的适应性设计

化工工业生产需要借助“软系统”“硬系统”两种技术的支持。软系统指的是化工工艺，它是化工工业应用发展的技术支撑。硬系统为化工生产提供环境的石油化工装备，两者是化工工业发展的基础。随着人们各项物质需求的不断提升，传统的化工工业需要不断进行创新完善，借助化工工艺改进与设备更新，实现长远发展，比如化工工艺参数修改、材料损耗、有害物质排放、设备安全、结构力学等方面需要根据化工生产的要求进行同步改进。

（1）化工工艺与化工设备适应性设计的意义

化工工艺就是化学生产中所用的元素、技术、方法总称，借助化学反应将普通的原材料进行质变反应为化学用品的过程，包括反应过程中所需要的各种外界因素，主要有原材料的准备、反应方式、外界因素的支持三方面。

化工设备就是在化学生产过程中所必须借助的外界环境，一方面为化学反应提供稳定、安全的场所，包括了静止机械与动态控制两类设备；另一方面就是为化工生产提供外界支持，比如分离器、加热加压器、成品结晶、废料收集等专业处理设备。

①通过化工工艺与化工设备适应性设计可以使设备实用性提高。传统的化工工业生产中化工设备与化工工艺缺乏对应性，严重影响了化工设备应用的效果，也难以发挥工艺生产的本身效果，两者的适应性设计就是为了最大程度发挥化工设备的使用效果，并确保化工工艺应用的安全性与稳定性。对于化工企业来说可以提升自身的生产效益，保障在化工生产中实现生产需求与经济效益的同步发展。

②通过化工工艺与石油化工装备适应性设计能够提高化工检修速度。化工工业一直都是我国经济发展与物质生活的重要保障，平常生活中见到的各种物品都离不开化工生产，一般石化企业都会涉及多个生产业务。石油化工装备的有效性直接影响到企业在生产过程中的业务拓展，化工设备长期在高温、高压、高腐蚀的环境中需要时刻做好对应的安全保障，比如化工生产设备中都会用到浮头式换热器，如果能够随时把握浮头式换热器的细节效果，则可以保证设备的长期稳定性运行。

③通过化工工艺与石油化工设备适应性设计能够降低环境污染。化工工业虽然是国家经济发展的支柱，但也是一个高能耗、高污染的制造业。近几年我国不断鼓励绿色生产与可持续发展方式，这就要求化工生产在工艺上与生产设备上进行同步改进，需要化工工艺采用更为高效绿色的反应过程，对于化工设备来说也需要对生产的有效物质进行绿色处理，通过两者密切配合提升化工生产效率与产品质量，并实现化工行业更加绿色环保的低耗能发展。

（2）石油化工设备适应性设计

①安全性生产的物质基础是石油化工装备。石油化工装备是化工生产中最直接、最关键的安全保障。由于化学反应中都会有温度变化、压力升高、腐蚀性物质等，在这些因素长期影响下最容易造成石油化工装备出现变形、泄漏、裂缝等问题，所以对于化工设备来说安全系数就成为了第一要点。根据化工工艺生产的需求要能够充分满足其性能要求，对于其温度、压力、腐蚀要做好足够的抵抗性，在设备上做好温度、压力、密封传感器的防护设计，通过安全稳定的化工设备来提升化工生产的稳定性。通常情况下，为了满足化工生产的需求，设计人员会采用一些与反应流程互不干扰的元素作为防护材料，这样就能够在化工生产时不会担心反应过程本身对于设备的持续伤害，真正实现化工设备适应性的目的。

②化工设备的环保性要加强。当前一方面是我国对绿色环保与可持续发展的不断促进，另一方面是化工生产中不可避免的污染因素产生。为了能够保证化工

生产的发展与绿色环保的要求，可以将化工反应中的有害物质通过化工设备进行反应外收集。增加石油化工装备后续的反应物收集处理环节，及时对化工设备进行改造与优化来满足化工生产中有害物质的处理要求。另外，化工生产过程中的噪声也是一大污染因素，如果接近居民生活区会严重干扰居民的生活，根据噪声控制标准要保证化工生产噪声在 80dB。一般会采用 U 形管束排除反应位置的噪声干扰，如果是石油化工装备本身的晃动问题就要进行结构加固。

③石油化工装备耐用性的提高。对于化工企业来说，石油化工装备更新是一项巨大的花费，而且很多化工生产都需要保证不间断操作，所以化工设备的耐用性是设备质量的重要要求。应充分对反应设备组震动位置的结构起到支撑作用，同时及时做好设备组零部件的保养工作，对于一些受压、受热、受腐蚀的设备零件，在达到要求的使用时间内进行及时更换，严禁石油化工装备本身与化工生产流程出现干扰反应。

3.4 石油化工装备的密封管理

石油化工装备的安全性及可靠性问题一直是困扰炼化装置安全长周期运行的关键因素，而其中众多密封装置的失效，由此而导致的介质泄漏轻则浪费能源，污染环境，影响文明生产，重则危及生产，造成事故。目前国内各炼化厂几乎从未对密封系统进行过综合评价研究，密封件的管理也仅仅停留在 EXCEL 的报表管理阶段，还未进行数据库管理。可以用概率论和模糊数学理论对各密封系统进行综合评价研究，同时基于 ASP. NET 和 SQLSERVER 开发出一套可以直接挂在 INTERNET 上的密封件评价管理系统，从而为提高装置的安全运行周期提供可靠的技术支持。

（1）管道的密封管理

天然气易燃、易爆的特性使得管道设备对密封的要求越来越高。静密封是天然气装置中最常见的密封形式，而泄漏是生产过程中设备最为普遍的失效形式。据统计，在管道设备系统中，非计划维修量的60% ~70%是针对密封点和泄漏点进行的。加强密封管理是设备管理的重要内容也是企业安全生产和经营管理中的一项重要工作。在天然气专业化管理中，与防腐、计量、润滑、备品配件等相比，密封管理专业化程度还不高。

①管道的密封原理。密封是防止流体泄漏（内漏、外漏）或防止杂质、空气、水等从外部浸入介质系统内的机构。在相互接触的密封面间总是存在着细微

的间隙，在其间放置密封件（如垫片）并施加压紧力，填塞这些缝隙，从而阻止泄漏，如图 3.1 所示。

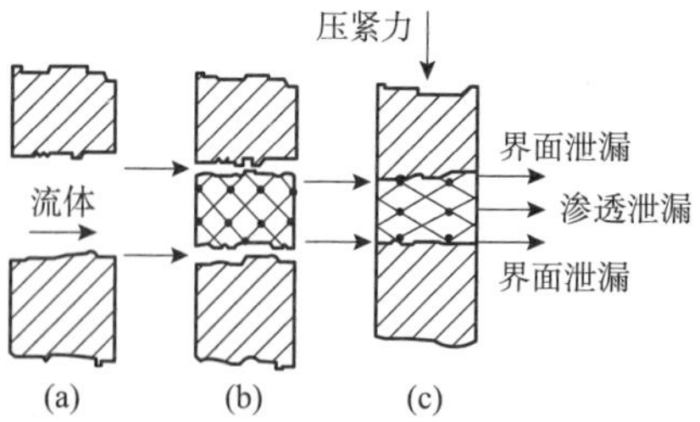

图 3.1　静密封原理

密封可以分为静密封和动密封两大类。静密封是指密封表面与接合零件间无相对运动的密封。静密封一般由连接件（螺栓）、被连接件（法兰）、密封元件（垫片）组成，如图 3.2 所示。典型的静密封结构：平面型钢制管法兰平垫密封；凹凸面法兰；榫槽面法兰；金属透镜垫；金属八角垫；容器的大盖、机器的端盖；机器上的接口管；活接头；阀门填料，阀芯与阀座。

密封还可以分为阻塞密封和节流密封。一次阻止为阻塞密封，多次阻止就是节流密封。动密封的基本原理是阻塞密封和节流密封，静密封是阻塞密封。

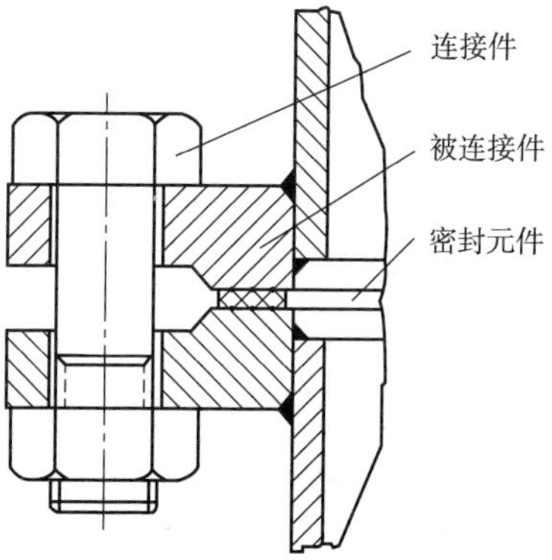

图 3.2　管道法兰平垫密封

②静密封材料。密封及密封材料的基本要求：密封性能好，不泄漏；长期可靠工作，耐磨、耐温、耐蚀，抗老化；摩擦小，兼有自润滑功能；对零件安装误差或变形有适应性；易加工；经济。

密封材料的性能指标：耐油及耐化学品性能；机械、力学性质；耐热性；耐低温性能；抗老化与耐候性；透气性。

静密封的分类：根据密封结构的类型、密封机理、密封件形状和材料等分类，主要有垫密封、密封胶密封和直接接触密封三大类；根据工作压力分为中低压密封和高压密封；按材料分为非金属、金属、复合材料密封；按材料性质又可分为塑性密封和弹性密封；按密封表面分为圆周密封、端面密封和混合密封。

静密封分类材料：圆周密封材料使用聚四氟乙烯生料带、密封胶等。

端面密封，如管道、压力容器、阀门以及壳体接合面的平垫密封。主要包括非金属类、金属类和半金属类，非金属类包括耐油橡胶石棉板、橡胶皮、聚四氟乙烯垫、高强石墨垫、青壳纸及橡胶 O 形圈。金属类为碳钢、铝、紫铜，多用于高温高压等条件下。常见截面形状有平面形、齿形、透镜形、八角形、椭圆形，特殊截面可确保密封，并使螺栓预紧力不至于很大。半金属类垫片由非金属和金属两种材料组合而成，如缠绕垫片和金属包覆垫等。

填料密封常用于阀门，材料如石棉盘根等。

③静密封材料。密封装置设计选择考虑要点：工作压力、温度、工作环境；介质特性；运动速度；行程；工作频度；偏心、振动；摩擦副表面粗糙度。

对密封装置的基本要求如下：在工作压力下良好密封，并随着压力的增加能自动补偿和提高密封性能；工作寿命长，耐蚀性好；运动件摩擦小，摩擦系数稳定，不出现卡或运动不均现象；既要防止填料发热，又要防止填料孔深处压紧不足的现象发生；便于安装维修；制造简单；成本低。

垫圈、垫片的原则：应根据介质性质、温度、压力、公称直径、密封面形式、密封表面粗糙度、装卸要求而定。一般常温低压选非金属软密封垫；中压高温选非金属与金属组合密封垫或金属密封垫；在低温、腐蚀性介质或真空条件下应考虑密封垫的特殊性能；在温度、压力有较大波动时，选用弹性好的或自紧式密封垫；软密封泄漏少但不耐磨，从泄漏小、密封面可靠耐磨的双重标准来看，阀芯硬密封好；金属密封件硬度应低于本体密封面硬度。

垫圈尺寸选择：静密封接触面应小，垫圈宽度不宜大；内压较高可选厚垫圈；若压紧面加工质量好，则垫圈不宜过厚。

垫片安装五要点：选得对、查得细、清得净、装得正、上得均。

密封材料的保管：存放在常温通风干燥处，忌高温、潮湿、雨水淋；不得在有酸、碱等腐蚀性物品附近存放；防止沙尘等杂物黏附在密封材料上；避免严重、折断。

④静密封与无泄漏管理措施。泄漏与设备状况、工艺操作、维护保养及管理有关。因此，企业安全生产首要的任务是对密封的管理，实现无泄漏。要管理好所有密封点、控制泄漏，应做好以下工作：

组织管理

首先，密封管理职责明确，行为规范，有章可循，可操作性强。建立《密封管理岗位责任制》《管道设备无泄漏管理目标责任制》，制定《管道设备密封件管理办法》《防腐蚀管理办法》《现场标准化管理办法》《管道设备检查评级管理办法》等管理文件，编制《工程质量控制实施细则》《天然气计量及输差管理实施细则》《天然气管道设备密封、无泄漏管理实施细则》。

其次，管理方法得当。比如说对泄漏的检查不能单靠闻、听、看，因每个人敏感性不一样；气质不同有些方法就不适用；密封结构、材料、使用时间不同，操作、维护、检查的方法和周期也不一样。对泄漏的预见性和前瞻性要强：操作及管理人员定期进行专门的技术培训、应急演练有没有？

整个站、段有多少密封、位置、密封方式、材料、安装、运行清楚吗？

哪些地方容易漏、为什么会漏、何时漏、怎样漏、会漏多少、有什么危害？

怎样维护、监控、怎么能知道漏气、用什么方法处置、预案？

密封件、易损件等物资储备没有？

谁来做这些工作，会不会做，责任落实没？都需要事前考虑。开展和巩固无泄漏活动，查漏、消漏、堵漏及考核、评比工作经常化、具体化、制度化。

技术措施

首先，在优化设计上，按程序设计。设计天然气泄漏报警、故障自检、自动紧急切断气源装置及远程监控装置。减少法兰连接和螺纹连接，减少静密封点。静密封表面应有粗糙度。排污阀和放空阀可双阀设计。小半径弯头改为大半径弯头。设备、管道吹扫、放空与排液口的设置合理，能完善地处理废气和废液；污水或冲洗水应能全部排净，不能存储主管内、设备内。

其次，在安装上，严格施工、保证质量，特别监控焊接、密封点、防腐、绝缘等地方。密封点不得暗埋。在非正常工作状态，如切换、备用、维修、清洗时，碟阀、球阀、截止阀的方向应有利于密封。少用自制垫片、自缠绕垫圈或代用材料，多用成型垫片。阀门安装前进行强度和密封试验。

接着，生产运行上，组织各种密封技术的分析与研究，推广应用成熟密封新技术、新材料。配备泄漏检测仪，经常巡查。截断阀、球阀、放空阀、排污阀、快开盲板等重要设备应定期操作，灵活且不漏。使用年限超过 10 年的管道，每年应进行在线检查、检测。对超过使用期或有安全隐患的管道应实施大修。加强介质管理，定期检测天然气分离、过滤效果，适时清除管内杂质。在吹扫、置换、水洗、初进气或液时，为了避免颗粒、粉尘对密封面的损坏，应尽量少开关阀门。停车后开车、停气后恢复供气及日常生产中，加强工艺操作，防止介质温度、压力、流量、流速忽高忽低。严格遵守操作规程，不超压、超温。实行 24h 值班。终端公司接到泄漏的报警，要坚持“宁可信其有、不放过一个”的原则，及时赶到现场，实施处理。

再次，在安全检查上。管道的外部管理方面：外单位施工时，易造成天然气管道设施损坏、管道腐蚀、阀室泄漏、占压管道、与其他地下设施交叉，这些是监控的关键，实施重点管理，制止违章行为。加强天然气设施巡检，实行定人、定段、定时的巡查责任制。新通气的管道在 24h 之内检查 1 次，并应在通气后的第一周进行 1 次复查。终端公司对于商业、集体、工业、采暖等非家庭用户每年至少检查一次。对于居民用户每两年至少检查 1 次。恢复通气，应有效地通知下游场站或用户后进行，并应在 24h 内对相关管道、设备进行巡查。压力 > 0.4MPa 的管道每年无泄漏检查不得少于 1 次；聚乙烯管或设有阴极保护的≤0.4MPa 的钢管，每 2 年不得少于 1 次；未设阴极保护的≤0.4MPa 的钢管，每年不得少于 2 次。终端用户的安全管理方面：重视室内的安全教育、宣传、检查，杜绝私拉乱接。

资料档案

凡投入运行的生产装置、设备、管路都必须建立静密封档案和台账。密封档案一般应包括：带控制点工艺流程图，设备结构图，地下管道 X、Y、H 三维坐标地理信息系统图；管道设备静密封点登记表，密封点分类汇总表。泄漏台账：泄漏时间、泄漏部位、泄漏大小、泄漏点数、危害程度、治漏情况、泄漏率等。暂不能现场立即消除的泄漏点要记录在案，做出消除计划，做到“小漏不过班、大漏不过天”。

工作标准

首先，管道设备静密封检验标准：用肉眼观察密封点，不结焦、不冒烟、无漏痕、无渗迹、无污垢；用肥皂水试漏，无气泡（真空部位用吸薄纸条的方法）或用精密试纸试漏，不变色；氧气、氮气、空气系统，用宽 10mm、长 100mm 的薄纸试漏，无吹动现象或用肥皂水检查，无气泡。

其次，无泄漏标准：认真贯彻管道设备管理制度，密封管理保证体系、密封管理组织机构健全，有密封管理专责制，职责明确，管理完善；静密封档案、管理台账、消漏堵漏记录等密封管理技术基础资料齐全完整，密封点统计准确无误；保持静密封点泄漏率在 0.2‰以下，并无明显的泄漏点；全部管道设备完好率达到 90% 以上，主要管道设备完好率达到 95%。

（2）离心泵机械密封的维护管理

①离心泵机械密封失效的原因。

腐蚀：一是表面腐蚀。腐蚀介质具有侵蚀作用，会导致机械密封件表面出现腐蚀的情况，弹簧件极易出现腐蚀问题。随着不锈钢构件的使用日渐广泛，表面腐蚀现象已经大大减少。二是点腐蚀。在离心泵机械密封的弹簧套部位常出现点蚀甚至穿孔，点腐蚀对密封的影响较小，但会随着腐蚀面积的扩大而使密封实效，因此要在大修时进行更换。三是应力腐蚀。在介质腐蚀和应力的作用下，金属焊接弹簧等构件可能出现断裂，进而引起密封失效，可通过增加弹簧丝径等措施进行处理。四是电化学腐蚀。介质中的异种金属可能引起电化学腐蚀，导致镶环松动，进而影响密封效果，可将黏结剂涂抹在镶接处进行解决。

炭化：若离心泵机械密封的工作环境超出了石墨环的许用温度，就会在其表面析出树脂，树脂会在摩擦面周围出现炭化，若遇到黏结剂，则会产生软化发泡现象，增加密封面的泄漏量，导致密封失效。倘若长期在超出许用温度的情况下使用，会进一步加速橡胶龟裂、老化和变硬失弹。所有因热损导致的密封失效现象，最主要的解决办法是减少摩擦热，加大散热量，避免密封面出现温度上的巨大变化。

磨损：摩擦副的摩擦因数大、材料不耐磨、固体颗粒进入密封面、端面比压太大等都会导致密封面磨损，进而造成密封失效。使用平衡性机械密封能降低弹簧压力和端面比压，减少由于磨损造成的密封失效。另外，使用优质材料制作的摩擦副能有效降低磨损程度，一般来说，不同材料的耐磨性可由弱到强排列如下：硬质合金 - 碳石墨、喷涂陶瓷 - 碳石墨、高速钢 - 碳石墨等。

振动：离心泵在使用过程中会出现振动现象，产生振动主要原因有泵和电机不同心、转子不平衡、滚动轴承出现故障等多方面。所以，在安装和制造机组时，应在设计、管理和运行等方面充分做好防振动措施，将振动造成的危害降至最低。

②离心泵机械密封的维护管理策略

安装前检查

在进行安装之前要对所有备件进行仔细检查，确保轴组表面和密封压盖光洁没有毛刺；轴承完好没有损坏；密封端面清洁干净、贴合紧密、没有杂物油污；静环和动环的外观完好，无裂纹划痕。安装时清洁好密封腔体，调整、检查轴与密封箱体的同心度和垂直度，防止出现动环轴向振摆、密封受压不均匀等情况。组装完泵体后，再盘车，看转轴转动是否灵活，微调轴的窜量，合理对中找正，保障机械密封的正常使用。

零部件管理

机械密封长时间运行后，容易出现变形、老化、静环与动环磨损、密封胶圈磨损、轴与弹簧锈蚀磨损等现象，进而引起密封泄漏，需更换新件或对其进行维修。静环和动环密封面不能出现掉角、飞边、麻点、裂纹、划痕，若使用的动、静环是经过修复之后的，动、静环凸台高度之和应大于3mm，同时每个凸台高度要大于1mm，以防对散热造成影响。安装动环之后要确保动环能够在轴上灵活移动，把动环往弹簧方向按压后可自由回弹，同时确保动、静环端面的平行度和轴线的垂直度。动、静环密封胶圈应厚薄均匀，不得有残损，否则要在大修时对密封胶圈进行更换。弹簧在使用前要进行压力测试、长度检测，并且每组弹簧压缩长度的压力差要符合相关标准。

拆卸要点

严谨拆卸机械密封，不能使用扁铲、手锤，以防破坏密封元件。若密封结垢无法顺利拆卸，可以将其清洗，然后再进行拆卸。若泵的两头都采用了机械密封，在拆卸、装配时应做到相互照应，避免顾此失彼。对于运行过的机械密封，若因压盖松动导致密封移动，需更换动静环零件，不得继续上紧后使用，这是因为压盖松动后，摩擦副的原运转轨迹出现变化，会破坏接触面的密封性。

日常维护及管理

对离心泵机械密封的密封装置、附属装置、安装管线等进行全面检查，确保其符合有关技术要求后再进行启动。在启动机械密封前要开展静压试验，查看是否存在机械密封泄漏的情况。若泄漏过多，需对泄漏原因进行查明，并想办法彻底消除。若仍然没有效果，就需要进行拆卸检查，重新进行安装。安装后可按泵旋向盘车，查看是否均匀轻快，若盘车不动或比较吃力，需要查看安装是否合理，是否存在装配尺寸错误等。

3.5 石油化工装备的润滑管理

现代工业企业中的设备延续着大型化、复杂化、自动化和智能化的发展轨迹，与之对应的设备管理理念、方法也在不断地推陈出新。表明润滑管理没有得到足够重视；随着企业效益评价模式的不断完善，设备管理中的润滑管理这一常常被忽视的能耗黑洞，日益受到学界和产业界的重视。

世界一次性能源的30% ~50%消耗在摩擦损失上，机械设备的损坏和失效约80%是摩擦磨损造成的，50%以上的机械装备的恶性事故是缘于润滑失效造成的过度磨损。欧美发达国家因摩擦磨损造成的损失约占其国民生产总值的2% ~7%，而我国在该领域的损失远高于欧美发达国家，这也意味着应用先进润滑技术节能降耗的潜力远远高于欧美发达国家。石化企业由于机组价格昂贵，结构精密、复杂，且使用的燃料和压缩介质都是天然气或石油，使用环境属于高温、高压、易燃、易爆甲级要害场所，一旦设备润滑不到位，机组出现故障，发生特重大安全事故，不但造成巨大的经济损失，严重影响到油气生产，而且会出现人员群死群伤的恶劣人身伤亡事故。润滑故障是机械设备常见的严重故障之一，我国统计因润滑发生的故障达55% ~60%。

（1）润滑油的特征及作用

润滑油即作润滑剂的油，例如：石油的蒸馏物、脂肪质油。润滑油涂在压缩机、泵轴承等运动部分表面的油状液。润滑油有减少摩擦、避免发热、防止机器磨损等作用，一般是分馏石油的产物，也有从动植物油中提炼的，也称“润滑脂”。按其来源分为：动、植物油、石油润滑油和合成润滑油。

润滑油是用在各种机械上以减少摩擦，保护机械及加工件的液体润滑剂。润滑油占全部润滑材料的85%，种类牌号繁多，现在世界年用量约3800万吨，对润滑油的要求如下：

减摩抗磨：降低摩擦阻力，节约能源；减少磨损，延长机械寿命，提高企业的经济效益。

冷却：要求随时将摩擦热排出机外。

密封：要求防泄漏、防尘、防串气。

抗腐蚀防锈：要求保护摩擦表面不受油变质和外来侵蚀。

清净冲洗：要求把摩擦面污垢清洗排除。

应力分散缓冲：分散负荷和缓和冲击及减震。

动能传递：液压系统和遥控马达及摩擦无级变速等。

润滑油的应用领域比汽油、煤油、柴油等石油产品广泛得多。国民经济各个部门、各个行业，从生产到生活几乎所有人类活动的地方都与润滑油有关。而且在石油产品中，润滑油加工工艺最长，生产技术最复杂，品牌最多，质量要求最严格，是石油产品中的高技术产品。

润滑是设备管理人员唯一可控的环节。GB/T 13608—92《合理润滑技术通则》指出，设备合理润滑是指在技术、经济允许条件下，为实现设备的可靠运行、性能改善、降低摩擦功耗、减少温升和磨损及润滑剂的消耗量，对设备的润滑设计、润滑系统的运行操作和使用润滑剂的品种、性能所采取的各种技术措施，国外称之为设备全优润滑。由于投资回报率，日本称之为润滑经济。

（2）设备合理润滑的主要技术内容

①评估设备润滑当前存在的问题；

②根据设备类型/工况/环境等条件合理选用润滑剂和润滑装置；

③控制设备油液污染，实现主动维护；

④对关键设备及需要按质换油的设备进行定期油液分析，了解设备润滑磨损状态，实现预知性维修；

⑤建立规范的润滑管理制度并强化执行。

（3）油液监测

不同的机械设备可以采用不同的监测方式，见表 3.1。

表 3.1　机械设备的监测手段

特征运动方式	主要失效原因	对应状态监测手段
旋转运动	材料断裂	振动监测
往复运动	材料磨损	油液监测
静态	材料腐蚀	腐蚀监测

油液监测能够从以下几个方面服务于设备维修：支持预防维修：延长维修周期、换油期；支持预知维修：早期预报故障，避免失修和过修；支持主动维修：发现并消除故障的根本原因，延长设备、零部件和油品的寿命。

英国流体协会的液压系统寿命表明：液压油污染度为 10/7 时的系统寿命为 24/21 时的系统寿命的 100 倍。斯凯孚（SKF）的轴承寿命研究表明：轴承润滑的污染状况可使轴承的寿命相差 500 倍。油液监测通过定期检测设备中的在用润滑剂，来早期预报润滑剂劣化、润滑剂污染和部件异常磨损，以便及早采取措施，预防事故的发生。油液监测的分析流程如图 3.3 所示。

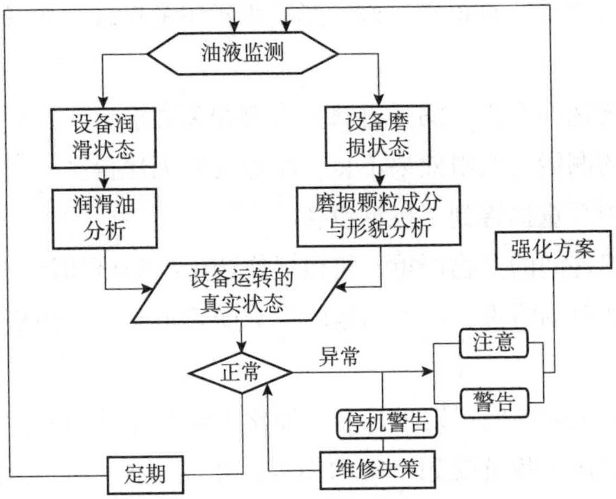

图 3.3　油液监测的分析流程

油液监测作用：减少意外停机时间；降低维修成本；延长设备使用寿命；提高投资回报；实现按质换油，延长换油周期；防止突发性重大设备事故和人身伤亡事故；有利于节能和环保；实现设备现代化科学管理；设备零故障、零缺陷、零库存、零事故、零差错。油液监测不是多种检测方法的简单组合，而是摩擦学

领域多学科综合应用技术，可以以最经济的手段获得最大的经济效益，强调“临床”实践经验积累和诊断准确性

（4）石油化工装备润滑管理的成因和对策

石油化工装备在运行过程中，设备部件之间常常会接触产生摩擦，而这种摩擦变大到一定程度时，部件将会产生大量的热量，使得其机械性能下降，影响工业生产的生产率和生产质量，同时摩擦还会导致部分零部件磨损甚至报废，导致化工生产企业的工作成本提高和经济效益降低，甚至影响到整个石油化工装备系统的安全，从而威胁到工作人员的人身安全，对企业所造成的经济损失不可估量。人们在实际生产中进行了大量的研究后，发现控制石油化工装备的摩擦，使其充分润滑，这样才能保持相对良好的工作状态。

1）石油化工装备润滑故障及原因分析。

①石油化工装备运转速度降低，同时伴有震动。

石油化工装备运作时，机械故障常常是因为润滑不佳，从而引起机械运转速度降低，并且机械会产生震动，以下方面是导致了这一故障的常见原因。

第一，机械零部件的摩擦部位存在着设计缺陷或者安装问题。在化工机械设备设计和安装阶段，没有设计和组装好机械组件间的摩擦部位，致使机械运作时摩擦大，机械设备遭受严重损害，最后影响机械正常运转，机械设备的使用寿命也大大地缩短。

第二，润滑剂选择不当。润滑材料不符合相关要求，所选的润滑剂不能对机械设备进行良好的润滑。润滑效果不良，摩擦问题无法得到有效的解决，进而导致摩擦引起的磨损严重损害到了机械设备。

第三，摩擦组件间的异物严重。机械运作产生的碎屑和污物长期堆积于设备当中，未能得到及时的清理，组件的运转便会受到阻碍，致使机械设备未能正常工作。

第四，石油化工装备使用期过长。石油化工装备在长期的运转中，零部件间摩擦也会导致石油化工装备受到一定的伤害，致使石油化工装备运转速度下降，并产生震动现象。

②石油化工装备表面温度过高。

石油化工装备在运转过程中，一般而言，通过测试都有温度升高的现象，且利用物理测试的方法，工作人员的手指若只能在机械表面停留3s，则可推出石油化工装备的表面温度可能已经达到了75℃，这一外部温度是通过热能传导作用由内部传递出来的，那么内部的温度只会远远高于这一温度。每台化工机械设备

都有它特定的工作温度，如果温度过高，却还继续进行石油化工装备运转，将会对机械设备造成巨大的损害，影响设备使用寿命，太高的温度还会造成机械设备异常报警，导致石油化工装备运转的停工停产，对企业造成不可估量的经济损失。由此可见，对化工机械进行适当的冷却是十分必要的。温度过高的原因一般包括以下四种：化工机械在运作时，组件表面摩擦太大，从而生出大量的热量，使得温度持续上升；摩擦生热的零部件之间的润滑不充分，热量无法扩散排出，不断积累，致使发热；石油化工装备长时间高负荷运转，产生膨胀现象，使得零部件之间摩擦增大，继而产生了过量的热能；机械组件使用了黏度较高的润滑剂，致使润滑效果不良，摩擦大而产生了热量。

③石油化工装备运转异常。

在石油化工装备润滑故障中，石油化工装备运转异常是除以上两种故障外的第三种故障类型。石油化工装备运转异常主要指石油化工装备运作时有不正常的响声，运转速度下降，剧烈震动等。这种异常大部分的原因是由于机器维修保养不到位，使得化工生产过程中产生的污物未能得到及时的清理，并堆积于机械组件周围，同时还导致机械组件表面损伤严重，产生了较多的污物。这些污物堆积在机械组件表面，使得石油化工装备难以正常运转，摩擦增多，产生了大量的热量，甚至摩擦表面出现粘连现象，影响石油化工装备运转。

2）石油化工装备润滑管理对策。

石油化工装备在日常工作时，各组件间始终会产生些许摩擦，时间长了石油化工装备会受到不同程度的损坏，以致设备处于一种不正常的运作状态，将缩短设备的使用寿命。而管理好石油化工装备润滑，设备零部件间的摩擦得到了有效减少，设备的损耗程度也会随之降低，这样便能从根本上提升化工企业的经济效益。

①挑选合适的润滑产品并进行整理分类。

液体、半固体和固体是润滑剂常见的三种形态，分别又被称为润滑油、润滑脂和固体润滑剂，而矿物润滑油是现在最常用的一种润滑剂，主要的物理化学性能包括燃点、闪点、机械杂质、水分、水溶性碱的含量等。石油化工装备的运行情况与化工机械设备润滑剂的使用息息相关，若润滑剂没有起到良好的润滑作用，不但不会减少摩擦，反而会影响设备运转，引发设备故障，甚至是造成设备事故。所以选择润滑剂时有以下要求：

第一，满足对润滑剂本身的基本要求，即低摩擦系数；好的吸附和楔入能力；一定的内聚力；高纯度；抗氧化安定性；高的传热能力和大的热容量；好的防锈，密封以及冲洗作用。

第二，化工机械设备的型号以及设备特点是润滑产品选择要素。

第三，根据不同种类设备的应用和型号，对企业内部购置的润滑产品进行系统的整理与分类（可制作各种型号设备的润滑卡片），以免出现润滑剂类型与设备不符的情况，影响润滑效果。

②建立并完善各项润滑管理工作制度和办法。

每个部门都是润滑管理工作中不可缺少的部分，应制定部门内的工作明细，做好与其他部门的衔接工作。例如管理润滑产品资料、提供相应的购买表格（购买时间，型号等等）是产品供应部门负责的工作；润滑产品质量的检测以及撰写质量报告是检验部门的工作；对目前提供的润滑产品的使用方法进行优化，从根本上实现对各种润滑产品的管理是装置车间负责人的工作；对设备使用润滑产品时控制润滑产品的物理属性，从而实现润滑产品作用的最大化是操作部门的工作。同时加强部门之间的交流和联系，是设备润滑管理工作形成一个体系。如图 3.4 所示。

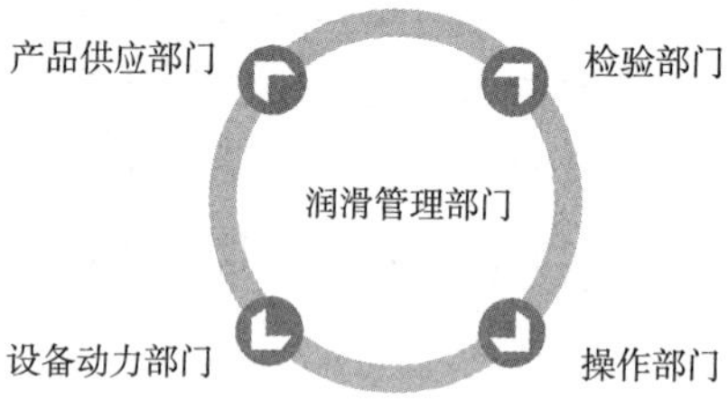

图 3.4　石油化工装备的润滑管理体系

养成良好的润滑习惯，将润滑管理措施落实到底，并分工明确衔接得当。例如在操作部门中，直接润滑和保养机械设备的是操作人员。而负责设备管理的人员则需编制机械设备、电机等润滑点及润滑油的台账，规定每个班组严格执行“五定”和“三级过滤”的管理规则。

“五定”：“定点”即按规定的润滑部位或润滑点加注润滑油：“定期”即根据油质情况，按规定的时间间隔定期加油或换油；“定质”即要依照设备实际运行环境和状态，按规定加注润滑油：“定量”即要按规定的量进行加注，既不能多，也不能少，以最大限度减少或消灭零件的不良润滑点，使润滑工作做到经常化、制度化、科学化和规范化；“定人”即由专门人员负责设备的润滑工作。

“三级过滤”是指润滑油进入润滑容器前必须先进行过滤；润滑油注入油罐储存时要过滤；润滑油注入设备的储油部位时也要过滤，三级过滤管理规则如图 3.5 所示。

一般设备采用离线过滤。因为油中含有的颗粒对设备磨损的危害是巨大的，要想使石油化工装备减少磨损、用油周期长，较好的办法就是净化过滤。大型设备用油量多。离线过滤时强度大，易造成环境污染，开展石油化工装备在线过滤更为合理。瑞典 SKF 公司试验经验，清除油中 5μm 以上的固体颗粒，轴承寿命可延长50倍；油中水含量超过0.1%，轴承寿命降低60%～70%。这些数据说明了污染对轴承及石油化工装备寿命的影响是巨大的。

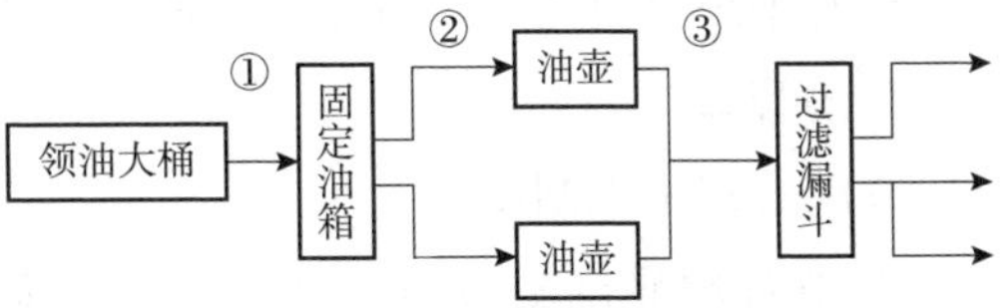

图3.5　三级过滤管理规则流程图

③对润滑资料进行管理。

分类整理润滑剂产品及其相关的所有信息，同时记录石油化工装备润滑剂的消耗数量，以及润滑油箱的整体容量和更换周期，并完善且准确地记录过程中的每条信息，方便后期对石油化工装备进行管理，除此之外清洗换油的工艺过程也十分重要，同样要有详细的记载（润滑卡片，油品代用与参配的技术资料等）。还要在特定的时间检查化工机械设备的润滑效果，这样才能够及时发现存在的问题，相关工作人员也能制定出合适的应对措施，石油化工装备润滑管理工作才能得以顺利开展下去。

④强化设备管理人员的培训。

加强对润滑管理人员的培训，使润滑管理人员熟识设备的性能、结构和原理，增加润滑技术知识；同时明确责任，细化分工，从每位员工做起。重点培训员工了解石油化工装备用哪种牌号的润滑油品？该油在设备中起什么作用？使用中的哪些注意事项？对在用油要进行哪几项检测，结果如何判断？什么时候该换油？等等，增强各级石油化工装备润滑管理人员的责任心和技能。

3）石油化工装备润滑管理的内容与实施。

润滑管理是一项系统工程，贯穿于设备管理的全寿命周期，需要设备管理部门和设备使用部门共同关注和协作。润滑管理的具体内容可以分为物资管理、技术管理和制度管理三个方面。物资管理是指润滑剂从采购到发放再到废油处理的整个过程。技术管理是指润滑剂的选择使用、到货质量验收、运行过程中的检测的、由于润滑产生故障的分析处理等方面的工作；制度管理是指依据润滑管理制度，严格的对设备使用或维护单位进行管理和考核，及时纠正设备润滑和润滑管理过程存在的问题。有效地实施润滑管理需要抓住以下几个环节：

①建立和健全润滑管理的组织。

建立并健全润滑管理组织是实现设备润滑管理的目的和落实润滑管理全过程

的基础。从石油化工企业设备管理多年的实践来看，在各级石油化工装备管理部门配备设备润滑管理人员，建立不同等级的润滑站是一种行之有效的办法。交给专业润滑技术团队作为核心来统筹润滑管理的全局，改变过去由设备操作者或检修工进行的分散的、落后的管理。

②制定推行合理的润滑管理工作制度。

相较于其他管理，润滑管理显得复杂而系统，石化企业所制定规章必须推进润滑管理工作的进行。同时，石化企业油液的润滑管理工作涉及不同的石油化工装备，各种设备使用和检测方法有很大区别。因此需要对各个方面进行的考虑。

③明确润滑管理责任人员职责，细化到分配每个设备的负责人。

第一，润滑管理技术人员职责。制定润滑管理制度，明确相关人员名单，细化工作职责范围，定期实地考察、考核润滑管理工作及制度落实情况，调研总结，发现工作环节中出现的突出问题，寻找与完善企业的差距，提出整改提升方案，在企业不同环节试点实施，在这个过程中不断提高整个工作系统的润滑管理水平；根据不同装备的类型，进行相应的用油选型，不同设备的油液监测方案制定；为各石油化工装备润滑管理工作提供技术支持和服务，指导检修工作进行规范的加油、取样或清洗换油工作。

第二，检修工职责。熟悉整个煤矿系统中各个设备的润滑方式和润滑装置。根据已制定的润滑规程正确加油润滑，根据监测的结果及时排除并记录各种润滑故障，总结经验，从而系统提高润滑管理水平。及时根据油液监测的结果进行换油或采取其他维护措施，并在系统上进行反馈。定期检查设备油位、漏油、管路漏水、密封不严等影响润滑的情况，并进行维修处理。

④建立健全设备润滑资料档案。

实施设备科学的润滑，首先应建立设备的润滑资料档案。在确定设备润滑方式以及油脂类型时，常以此作为参考依据。这也是追溯设备各个点位润滑历史和故障记录的数据库。这些资料按照设备的类型、型号按照纳入油液监测的时间先后进行存档。

对于润滑油脂也应当建立油脂档案，包括油脂的采购进货台账、新到货油脂的质量检验记录、设备换油台账。此外，还应包括加油记录、补换油记录等。此外，建立典型润滑故障案例库也非常必要，通过对典型案例的分析、分类和统计能有效发现在设备油脂选用、故障原因、甚至机械设计方面的缺陷等问题，在润滑管理中做出纠正和决策。

4）石油化工装备润滑油脂的采购管理。

①石油化工装备管理部门的职责。石油化工装备管理部门审查新型设备用油要求，确定品种和规格；注意工作状态下的润滑情况；负责对进入本单位市场的润滑油脂产品实施质量监督抽检。

②物资供应部门职责。物资供应部门审核润滑油供应商资质；制定润滑油脂采购计划；制定润滑油脂供应合同；负责润滑油脂的储运、入库检验和库存检验。

③使用单位的职责。使用单位负责科学规范地使用润滑油脂；润滑油脂使用情况的记录和上报；废润滑油的收集。

5）石油化工装备润滑油脂的入库管理。

润滑油脂的质量在储运过程中会发生变化，在油脂库、供应站及工作面油脂柜储存过程中，碱化变质是主要问题。储运和库存润滑油脂质量管理的任务，就是参考不同油脂特性，采取不同措施，减少润滑油脂在使用前的质量变化。

①氧化。润滑油脂与空气中氧的接触是难以避免的，尤其是在夏季高温、金属催化的作用下，都会产生氧化反应，使润滑油脂发生变质。例如润滑油脂酸值变大、润滑脂的游离碱减少、出现游离酸等。

②吸水。润滑油脂中的水分来源于从外部空气中吸入的水蒸气，或者润滑油桶在户外存放或运输过程中渗入的雨水和雪水。润滑油中的水分会导致润滑油乳化或是氧化变质，水分会使油中添加剂发生水解反应而失效，产生沉淀堵塞油路，不能正常循环供油；低温时，水分使润滑油流动性变差，黏温性能变坏；高温时，水分发生汽化，不仅破坏油膜，而且产生气阻，影响润滑油的循环。

③其他污染。

首先是机械杂质，机械杂质混入润滑油后设备会增加磨损量，造成摩擦面的拉伤，在轻质油中机械杂质容易通过沉降来除去，但由于油液黏度较大，难以沉降去除。机械杂质如混入半固态的润滑脂中，几乎是无法分离出来的。

其次就是混油污染，混油污染一般由于管理不好或操作不当引起，例如在加油过程中将齿轮油与液压油搞混，或者不同牌号的齿轮油或液压油搞混；或者润滑油桶上标识不清引起的混用；另外就是使用加油工具不规范引起的润滑油脂混油污染。混油污染会降低润滑油质量，严重时会导致不合格而无法使用。含硫量高的润滑油脂与相同牌号含硫量低的润滑油脂相混，会使含硫量低的润滑油脂质量降低。因此在储存、收发、加油时，必须防止不同品种、不同牌号润滑油混合，造成润滑不良或其他损失。

6）润滑油脂的储运保管措施。

①防止氧化。

第一，降低温度，减少温差。

尽量选择阴凉地点存放润滑油脂，尽量防止日光曝晒；油脂库房外墙和房顶应喷涂银灰色或浅色涂层，以反射阳光，降低库房温度；条件允许可安装空调；有条件的最好使用地下、半地下、闲置巷道贮存润滑油脂。

第二，减少不必要的倒装。倒装会增加润滑油脂与空气接触的机会和时间，加速氧化，同时容易混入杂质。

第三，避免与金属直接接触。各种金属特别是铜，对润滑油氧化有催化作用，能诱发润滑油脂氧化。

②防止混入水和杂质。

润滑油储存时存在密封不严、开盖后不拧紧，盛放地湿度大或水雾大、加油工具内积水等情况，因此，需要注意的是，避免露天存放，避免喷雾潮湿处存放，桶盖开启后及时拧紧，加油工具应保持干净，加油时加油口应保持干净等事项。

③防止混油污染。

润滑油中含有多种特殊功能的添加剂，加油有不同配方添加剂的润滑油脂相混时，会产生化学反应或沉淀变质，改变润滑油脂性能。润滑油中混入轻质油会降低闪点和黏度，因此应采取措施防止润滑油脂相混或污染。不同种类的油脂应分开存放，并在每个桶上粘贴清晰防水的润滑油信息标识；每种牌号的油应专配一个加油工具，不同的加油工具之间杜绝混用。

④防火和防爆

润滑油的闪点较高，一般为 120～250℃，但自燃点较低，约 300～350℃，比汽油和煤油低。工作中，常使用一些煤油或汽油作为清洗油，当空气中混入体积为 1%～8% 的汽油、0.8%～6.5% 的煤油或混入 0.6%～6.5% 的轻柴油时，易发生爆炸，因此要特别加强防火防爆工作。

⑤控制可燃物

杜绝各类油脂的跑、冒、滴、漏，一旦发生，要立即清除处理；严禁将油污、油泥、废油随意倾倒或放置，应收集于指定地点，回收处理。在润滑油的存储和使用地点，要消除一切易燃物，如树叶、干草、棉纱、包装纸等。

⑥断绝火源

不准携带火柴、打火机或其他火种进入润滑油贮存区或工作区。严禁在润滑油脂贮存区和工作区吸烟；严格控制火源和明火作业；必须使用明火或电气焊时必须提报安监部门或公司安监局审查批准，并采取可靠的安全防范措施后才能动火。在作业场所必须依照安全要求使用防爆型电器；油库上空，严禁高压电线跨越，与电线的水平距离，必须大于电杆长度的1.5倍以上；禁止穿钉子鞋或铁掌鞋进入油库和作业区；不得在地上滚动油桶。

7）换油的规定

①换油必须根据油液监测实验室的油样化验结果执行；由油液监测实验室做出的换油通知会在公司资产管理系统（EAM）上自动产生工单，检修工换油完毕后需在EAM系统上完成换油工单，填写纸质换油记录；对于区队自行进行的换油需要由当班队长填写换油通知单，检修工换油完毕后填写纸质换油记录。

②根据设备操作规程，润滑站可以给检修工发放一定数量的补充用油，一般为油箱油量的1/10～1/5。

③换油后检修工应将换下来的旧油交回区队相关负责人，区队相关负责人收集后交由矿里相关负责人，然后由石化企业废旧物资回收站统一回收处理；旧油的回收应与新油的使用量成定比例范围。

（5）润滑油的代用

因润滑油供应不及时或润滑油质量出现问题时，会需要使用其他润滑油来代用。目前基层区队在选择代用润滑油脂时随意性较大，但不同润滑油理化性能会大大影响机件的运行，这也极大影响机器的故障率或事故率，因此必须有原则地谨慎使用。

润滑油的代用原则：

①代用时选择同种类润滑油脂，一般情况下可选择性能相近、添加剂类型相似的润滑油脂。

②黏度要相当，代用黏度应严格≤25%。

③质量以高代低，即使用质量好的代用，这样对设备润滑比较可靠。选用代用油时也应考虑设备的工作环境与温度。代用时应短时间在设备上运转，加强监测，若无问题才可正式使用。

思考题

1. 合理使用石油化工装备包括哪些方面的工作？
2. 泵和压缩机维护保养计划包括哪些内容？
3. 石油化工装备维修费用管理的主要内容？

4. 石油化工装备适应性设计的意义是什么？
5. 石油化工设备适应性设计的内容有哪些？
6. 管道的密封管理主要内容有哪些？
7. 离心泵机械密封维护管理的方法有哪些？
8. 润滑油的特征及作用有哪些？
9. 石油化工装备润滑管理的主要内容有哪些？

第 4 章　石油化工装备的检修管理

石油化工产业资金需求量大，技术要求高，是典型的技术密集型和资本密集型产业，因此石油化工项目的投资大，风险高。由于化工原料具有腐蚀性，石油化工项目在运行过程中磨损和腐蚀严重，设备容易损坏，折旧年限短，维修频繁，一方面为化工生产带来了一定的安全隐患，另一方面极大地增加了生产的成本。石油化工装备检修是减少设备故障和降低安全事故的主要手段，设备检修对工作细致程度要求高，检修过程涉及多个专业，检修时间有限，交叉作业频繁，复杂程度较高，据不完全统计，检修过程中出现的事故量占总体事故的42.6%，合理的检修项目管理是保证检修质量、促进设备安全运营、减少事故发生的重要途径。

国内石化企业的检修，一般仍采用以业主方为主导的管理模式，由业主方机动设备管理部门负责指挥施工队伍进行现场施工，由于施工队伍与指挥部门职责不明确，存在推诿扯皮现象，施工管理缺乏规划性，施工进度和质量可控性较差，经常造成进度拖后，施工质量不过关。目前已有部分石化企业尝试在检修管理中应用项目管理理论与方法，如使用施工网络计划图来控制施工进度，但是使用不规范，并没有形成系统的项目管理体系。

4.1　检修的相关概念和理论

4.1.1　检修的基本概念

（1）装备检查的分类

①日常检查：点检一般以选择对产品产量、质量、成本以及装备维修费用和安全卫生这方面会造成较大影响的部位为点检项目较为恰当。如：影响人身或装备安全的保护、保险装置；直接影响产品质量的部位；在运行过程中需要经常调整的部位；易于堵塞、污染的部位；易磨损、损坏的零部件；易老化、变质的零部件；需经常清洗和更换的零部件；应力特大的零部件；经常出现不正常现象的

部位；运行参数、运行状况的指示装置。为便于检查，可以编制点检卡，标明检查项目内容、检查方法、判别标准、检查结果标记等，以作为检查的依据，并作为检查记录。

②定期检查：定期检验是在石油化工装备使用过程中，根据使用条件，每隔一定期限进行一次全面的技术检查，包括必要的试验，以便及早发现缺陷，采取措施，防止重大事故发生。石油化工装备在经过长期运行后，会产生下列情况：

第一，长期频繁地加压减压或大幅度的压力波动，会使材料中有缺陷的地方或应力集中的部位产生疲劳裂纹。

第二，由于设计不合理，如强度不够，应力大；操作不当；超载运行等原因，使材料产生塑性变形。

第三，石油化工装备内使用的工作介质，很多是有腐蚀性的，材料受到各种腐蚀，使壁厚减薄（局部或均匀减薄），甚至导致材料的物理性能变化、机械性能下降，以致不能承受规定的工作压力。

第四，制成的石油化工装备可能由于材质或制造过程中的微小缺陷而在产品检验中未能发现，但会在使用中逐渐扩大。

第五，长期处于高温高压下工作，使材料产生蠕变。

第六，由于结构材料焊接工艺不当或焊接质量低劣，造成焊缝附近的材料应力过大或晶格变粗，因而产生裂纹。

定期检查的内容主要有：

第一，拆卸指定的部件、箱盖及防护罩等；彻底清洗装备的外部；检查及清洗装备的内部。

第二，检查、调整各部的配合间隙，紧固松动部位，更换已磨损的易损件。

第三，疏通油路；增添油量；清洗或更换滤油器、油毡、油线；更换冷却液；清洗冷却液箱。

第四，清洁、检查、调整电器线路及装置（由维修电工负责）。

第五，排除故障，消除隐患。

通过定期维护后的装备，要求达到内外清洁，呈现本色；油路畅通，油标明亮；操作灵活，运转正常。

石油化工装备的定期检验一般可分为外部检查、内外部检验和全面检验三种。检验是在容器停用期中进行的，其周期应根据容器的技术状况、使用条件和有关规定由使用单位结合具体情况自行确定。但每年至少进行一次外部检查，每3年至少进行一次内外部检验，每6年至少进行一次全面检验。

遇到下列情况时，定期检验间隔期应缩短：

第一，装有强烈腐蚀介质和运行中发现有严重缺陷时，每年至少进行一次内部检验。

第二，无法进行内部检验时，每 3 年进行一次耐压试验。

第三，使用期达 15 年后，每 2 年至少进行一次内外部检验；使用期达 20 年后，每年至少进行一次内外部检验，并据以确定全面检验的时间或能否继续使用。

第四，介质对石油化工装备材料的腐蚀情况不明，材料焊接性能差或制造时曾多次产生裂纹者，一般要求投产使用一年就应立即进行内部检验。对外部有保温层的压力容器进行全面检验时，应根据缺陷情况拆除保温层。

石油化工装备外部检查内容主要包括：

第一，容器外表面有无腐蚀现象，铭牌是否完好。

第二，容器本体、接口部位、受压元件、焊接接头等有无裂纹、过热、变形、泄漏等不正常现象。

第三，容器的保温层、防腐层有否破损、脱落、潮湿、跑冷现象。

第四，检漏孔、信号孔有无漏液、漏气。检漏管是否畅通。

第五，与压力容器相邻的管道和构件有无异常振动、响声及互相摩擦现象。

第六，安全附件是否齐全、灵敏、可靠。

第七，紧固螺栓是否完好；基础有无下沉、倾斜、开裂；支承及支座有否损坏。

第八，排放（疏水、排污）装置是否畅通正常。

石油化工装备内外部检验内容。

第一，外部检查的全部内容。

第二，进行结构检验。应重点检验下列各部位是否完好：筒体与封头的连接；方型孔、人孔、检查孔及其补强；角接、搭接以及布置不合理的焊缝；封头（端盖）；支座及支承；法兰盘；排污口。

第三，所有焊缝、封头过渡区或其他应力集中部位有无断裂或裂纹。对有怀疑的部位应进行表面检查，如发现裂纹，应采用超声波或射线进一步抽查，抽查长度不小于焊缝总长的 20% 。

第四，有衬里的容器，其衬里是否有凸起、开裂及其他损坏现象，当发现衬里有上述缺陷而可能影响容器本体时，应将该处衬里部分或全部拆除，并检查容器壳体是否有腐蚀或裂纹。

第五，通过检查，当发现容器内外表面有腐蚀等现象时，应对怀疑部位进行多处壁厚测定，测得的壁厚如小于所规定的最小壁厚时，应重新进行强度核算，并提出可否继续使用的意见和许用工作压力。

第六，当容器内壁因受温度、压力、介质腐蚀作用，怀疑金属材料的金相组织有可能破坏时，如脱炭、应力腐蚀、晶间腐蚀、疲劳裂纹等，就应进行金相检验和表面硬度测定，并做出检验报告。

第七，对高压、超高压容器的主要紧固螺栓应逐个进行外形检查（螺纹、圆角过渡部位、长度等），并用磁粉或着色探伤检查有无裂纹。

（2）现行检修体制

①大修理（简称大修）：是计划修理工作中工作量最大的一种修理。它以全面恢复装备工作能力为目标，由专业修理人员进行。

②中修理（简称中修）：是计划修理工作中工作量介于大修和小修之间的一种修理。在中修时，须进行部分解体。这种修理类别目前基本上为项修所替代。

③项目修理（简称项修，又称针对性修理）：是根据装备的实际技术状态，对装备精度、性能达不到工艺要求的某些项目，按实际需要进行针对性的修理。在我国，项修已经逐渐取代了中修，而且在某种程度上可以代替大修。

④小修理（简称小修）：是计划修理工作中工作量最小的一种修理。

⑤年修理（简称年修）：石油化工企业中，除某些装备仍需采用大、中（项）、小修外，其装置装备由于生产是每天24h连续运行的，不允许稍或中断，不允许发生故障停机，也就是要求有高度的可靠性。因此，对这种系统的装置装备需要在连续运行一年（约7000h）进行一次年修理，称为装置停车大修理（简称年修理）。年修是指对装置中的大部分主要装备同时进行大、中（项）修理。工作内容：对装置中的大部分主要装备和管道进行全面清洗、吹灰、除垢、检查、检测及零部件修理或更换。

⑥定期检修：是根据日常点检和定期检查中发现问题，拆卸有关的零部件，进行检查、调整、更换或修复失效的零件，以恢复装备的正常功能。其工作内容介于二级保养与小修之间。由于比较切合实际，因此目前已逐渐取代二级保养与小修。

（3）耐压试验和气密性试验

①耐压试验：耐压试验是指压力容器停机检验时，所进行的超过最高工作压力的液压试验。有下列情况之一的石油化工装备。内外部检验合格后必须进行耐压试验。

第一，用焊接方法修理或更换主要受压元件的。

第二，改变使用条件且超过原设计参数的。

第三，更换衬里在重新换上衬里前。

第四，停止使用两年重新启用的。

第五，新安装的或移装的。

第六，无法进行内部检验的。

第七，使用单位对压力容器的安全性能有怀疑的。

②气密性试验：有的容器不能进行水压试验，一般由气密试验代替。如：容积特大的容器；容器基础不能承受容器充水后的总重量；不宜充水的容器（如隔热层衬里容器等）。

4.1.2　项目进度控制理论

（1）甘特图

甘特图是20世纪初由亨利·甘特提出的，通过项目各活动的开始结束建立活动搭接关系，从而找出项目活动的完成节点，确定项目的关键路径。甘特图是目前项目进度管理的主要工具之一，简单清晰，使用便捷。甘特图又称横道图，利用条形框代表项目活动，条形框的长短表示项目活动时间的长短，条形框的起点是活动起始时间，终点是活动结束时间，坐标系中的横轴表示时间，纵轴表示活动。甘特图可以清楚地表明项目活动的起止时间和先后顺序，可以通过应该完成时间和计划完成时间的对比看出项目进度的误差，同时了解已经完成的工作和有待完成的工作。虽然甘特图简单明了，易于编制，但是也存在一些不足，甘特图无法直接看出项目活动之间的搭接关系，时间参数和活动时差难以直接观察得出，而且甘特图的制作需要的人力物力较大，不适用于大型项目的进度管理。

（2）PERT（计划评审技术）

PERT技术是现代项目管理的重要工具之一，通过网络图确定项目活动的搭接关系，进而确定关键路径。PERT技术可以确定项目活动总时差和自由时差，进而安排项目活动的实施，使人力、物力等资源得到充分合理的使用，减少资源的空闲时间，从而提高效率，降低成本，加快项目进度。PERT主要通过有向图完成，包括结点、有向弧等元素，通过有向弧表示项目活动，有向弧的方向代表活动的先后顺序，有向弧上标有活动的时间，结点则表示活动的结束，流入结点表示该活动已经完成，流出结点表示该新活动的开始，流出结点的新活动必须

在所有活动流入结点后才会产生，通常将结点成为一个事件，事件是活动起

始和结束的时间点，并不消耗资源。由于自由时差的存在，每个时间都有最早和最晚发生时间。PERT 技术可以明确每个活动的最早开始、最早结束、最晚开始和最晚结束时间，为活动的安排提供准确信息。

4.1.3 项目成本管理理论

（1）目标成本管理理论

目标成本管理根据企业需要达到的预期经营目标，在预算约束的条件下，通过成本的分解得到成本细项，进而进行成本控制和核算的一系列管理工作。目标成本管理的核心是控制，通过有效的管理分解手段，核算工作细项的成本，通过事前、事中和事后三个角度的控制来完成项目成本预算，事前体现在项目的分解和测定，事中主要是日常工作的监控，事后是成本的核算，通过全过程的分解、监督和审计严格控制项目成本。目标成本管理强调全员参与，成本延伸控制到部门和个人，形成一个层次分明、全方位统一的成本体系。

（2）战略成本管理

战略成本管理指的是从企业宏观层面和长远规划角度控制成本，进而达到中长期成本约束的目的。战略成本管理是 20 世纪 80 年代后逐渐形成的，目前一些发达国家的实践证明这是取得企业长期竞争优势的有效方法。战略成本管理将企业日常的理活动与企业长远的战略定位结合起来，对日常活动的成本管理具有一定的弹性，采用动态管理模式，而对长远的成本定位则设定硬约束，一方面在日常管理活动中具有一定的弹性，有助于提高管理的效率，另一方面为长远发展提供了限制和基础。战略成本管理加入了战略管理的思想，考虑层次较高，通过价值链进行成本的管理，动态管理企业成本构成的各个方面，从而构建企业的成本竞争力。

4.1.4 质量管理理论

（1）六西格玛（6σ）

6σ 管理法是质量管理的重要管理方法之一，强调流程管理，追求“零缺陷”，6σ 管理通过统计生产流程的数据，对流程管理存在的缺陷进行改进，从而减少流程偏差，降低产品的残次品率，避免质量风险的出现。因此，6σ 管理是一种统计管理法，σ 表示标准差，是个体偏离总体的程度，σ 越小，表明错误产生的概率越小。自从 6σ 管理提出以来，被各大公司认可并广泛使用，成为质量管理的有力工具，通过 6σ 管理，企业的质量问题能够得到很好的控制。

（2）全面质量管理

全面质量管理是美国管理学家戴明提出的，是一个以提高产品质量为目标，以全流程管理为基础，强调全员参与的为达到顾客需求的质量管理体系。全面质量管理强调尽可能多的满足顾客需求，以此作为产品质量衡量的标准，全面质量管理是质量管理理论和方法的综合，是提高质量管理效率，减少质量管理问题的重要途径。全面质量管理的操作过程是一个循环，包括四个环节：计划、实施、检查和处理。在企业生产的每个环节设置质量目标，制定质量计划，根据计划进行质量检测和监督，进而处理检查出来的问题并形成经验，进入下一个循环，周而复始，以此减少质量问题出现的概率。全面质量管理的优势主要体现在两个方面：一是不放过生产的每个环节，对流程的每个环节都进行检测，做到全面检查；二是对每个环节的检测都循环往复，避免漏检和错检。但是全面质量管理需要投入的资源量相对较大，企业实施全面质量管理的成本相对较高。

4.1.5　石油化工装备管理特点及目标

对于石化企业的设备管理，除考虑设备自身的性能和投资的经济性外，还必须结合生产的特点进行综合考虑，石油化工生产的特点主要包括以下几点：

第一，生产过程的连续性。石化工业属于流程工业，要求连续的生产过程，每套生产装置是由转动机械、静设备、电气设备、仪表（包括计算机）和管道组成，形成一个功能完备的生产体系，其中任何一个部件出现问题，都可能危及整个装置。因此设备管理必须考虑整个系统的可靠性，确保装置安稳长满优生产。

第二，生产条件苛刻。石油化工生产多数是高温、高压或深冷等条件下进行的连续化学反应。生产介质或产品多是易燃、易爆物质，如原油、汽油、LPG、丙烯、乙烯等，因而生产条件苛刻，而且生产中常伴有氢或氢的生成物、有机酸、盐类、氰化物等对设备造成强烈腐蚀的介质。

第三，生产装置日趋自动化、大型化。石化工业是高技术、高投资、高产出的现代化企业。各国在发展过程中除了不断提高技术水平外，在炼油厂规模上经历了从小到大、技术上不断进步的过程。发达国家在20世纪70～80年代就完成了炼油厂大型化的发展过程。随着国民经济的不断发展，国内炼油厂的规模和单系列装置的处理能力都在逐年扩大。炼油厂的大型化是由装置大型化实现的，装置大型化的关键是设备大型化。由于生产装置逐步自动化、大型化，停机所造成的损失巨大，因而对石油化工装备的安全性、可靠性的要求日趋严格，特别是对整个系统的可靠性要求更高。

由于石油化工生产的特点决定其设备管理的目标是：追求整个系统的可靠性和整个系统（企业）整体的经济效益，而不仅仅追求单台设备的 LCC（寿命费用周期）最佳。不仅要考虑设备的维修，还要考虑安全、质量和环保等因素。为此我们必须实现三个子目标：一是最大限度地减少停机损失；二是最大限度地发挥设备效能，尤其是对生产影响大的关键设备；三是采用高效设备，以强化系统的功能。

石油化工装备管理是企业管理的一个重要方面，企业的计划、技术、物资、财务和劳动等管理都与设备管理有不可分割的关系，是企业能够保证安全、稳定、高性能、满负荷、长周期运行生产的基础。

4.1.6　装置计划检维修管理

设备在日常的运行使用过程中，由于零部件磨损腐蚀、内外部载荷应力变化等因素的影响，使设备的使用精度和功能不断下降，技术性能状态劣化，严重时甚至可能发生各种故障或事故，导致生产陷于停顿状态，使物耗和能耗处于大量增加的状况。为了及时消除各种缺陷和故障，充分发挥设备的生产效能，延长设备的使用寿命，必须对所使用的设备进行科学的计划性的检维修。

计划维检修是为了防止使用设备的意外损坏，根据其性能的劣化情况的统计与分析找出规律，有计划地定期进行检查、维护和修理，来保证设备在运行的一段时间内，能够处于良好技术状态的一种预防性检维修制度。它是以定期维修方式为基础，以设备的技术状态监测状况为主要依据，对设备进行有计划、有依据的检查、维护和修理的组织技术保障措施。

计划检维修根据每个企业生产现场的检修性质、内容、工作量的大小及检修停车范围，一般分为设备的小修、中修、项修、大修和装置停车大检修五种。

小修是设备在使用期停车进行的局部检修，是计划修理工作量最小的一种修理。针对日常点检和定期检查中发现的问题，部分拆卸零部件进行检查、整修、更换或修少量的磨损件。由维修工人负责，操作工人协同在生产岗位就地进行。

大修是计划修理工作中工作量最大的一种修理或机器设备在长期使用后，为了恢复原有的精度、性能、生产效率和出力而进行的全面修理。对设备进行全部或部分解体，更换和修复所有已经磨损、腐蚀、老化的主要零部件，参与人员与小修的参与人员相同。

中修是工作量介于大修和小修之间的一种修理，包括小修全部内容，对机器设备的主要零部件进行局部修理，并更换那些经过鉴定不能继续使用到下次中修时间的比较重要的零部件，由机修车间的专业修理工人与长期在生产车间的维修工人共同在现场进行。

项修是根据设备实际技术状态，对设备精度、性能达不到工艺要求的某些项目，按实际需要进行针对性的修理，要进行部分解体、检查、修复或更换磨损机件，必要时对基准件进行局部修理。

装置停车大检修是整个系统或几个系统直至全厂性的停车大检修，是指对装置中的大部分主要设备同时进行大中修理，包括系统中的一些主要设备和不停车不能检修的设备。有一些主要公用工程（管道等）的清洗、检查、检修、更换等，所有系统人员（包括机、电、仪、操作工、技术人员和干部）都参加，具有全员参加检修的性质。

设备检修计划从时间上划分，可分为年度设备检修计划、季度维修计划、月度维修计划。从检修范围上划分可分为单个设备检修计划和系统设备检修计划，编制设备检修计划主要以时间划分为主。

（1）计划编制的准备过程

石油化工装备的计划检维修管理是企业生产经营计划的重要组成部分，正确地编制设备的检修计划，可统一部署企业的检修工作，制定最佳的检修方案，并指导相关专业的检维修人员按照设备的性能、技术要求等情况，采取正确的维修方法，提高检修质量，缩短因设备检修而停机的时间，使设备管理工作深入细致，实现降低检修费用，减少故障频次的目的。

设备计划检修管理是以设备的基础技术资料、台账和设备备品配件的准备情况为基础，在事先安排计划的情况下，对设备进行维护、检查和修理，以防止设备的突发故障，保证和延长设备使用寿命。设备检修计划是企业生产计划的一个重要组成部分，是设备管理工作的一个重要环节，应认真进行编制和审定。

计划检修编制准备的依据主要有以下几个方面：

①设备的技术状况。由车间设备工程师根据日常点检、定期检查、状态监测和故障修理记录等所积累的设备状态信息资料，包括设备精度、检修系数、设备事故损伤情况等，结合年度设备技术状况的检查鉴定结果以及操作工人提供的设备情况，经综合分析后，将技术状态劣化严重需修理的设备优先提出，包括修理类别及期望安排修理的时间。

②生产工艺及产品质量对设备的要求。车间的新产品开发、生产工艺及产品质量对设备的要求是编制检修计划的重要依据。当车间工艺部门认为设备的实际

技术状况不能满足工艺要求时，应安排计划检修。

③设备的检修周期。编制年度检修计划的依据是设备检修周期，为了编制准确的检修计划和做好设备检修前的各项准备工作，首先必须确定设备的各项相关指标，这是计划检修制的重要环节。

检修周期对已使用的设备是指两次相邻大修理之间设备的工作时间，对新投产的设备指从投产时起到第一次大修理设备的工作时间。在一个检修周期内，除进行过一次大修外，还要进行若干次中修和小修。

检修周期的长短是根据设备的构造、工艺特性、使用条件、环境及生产性质决定的。

由于石油化工生产设备工艺条件的多样化和复杂性，其检修周期的确定比其他设备要繁杂得多，需要根据一系列的检测资料和分析原始统计资料估算零部件的平均寿命，结合设备的日常维护保养情况等来确定。

④设备的检修定额。设备检修定额包括检修工作量定额，检修停机时间定额，检修材料定额和检修费用定额，设备检修定额是编制设备年度检修计划的依据和基础，也是考核各种消耗、评价检修活动经济性的依据。

⑤维修能力的实际情况。要以企业的维修资源（人力、物力、财力）的实际情况为基础，来制订修理计划，力求达到生产需要和维修资源之间的平衡。

⑥修前的生产技术准备情况。如订货的主要备件何时可到货、生产物料平衡等也是制订计划的依据。

（2）计划检修的执行过程

由于计划检修面很广，项目不固定，平时不能停车检修的静设备及管道均在计划检修中进行修理，以消除设备缺陷。参加检修的人员有机、电、仪、操、技术人员和干部，具有全员参加检修的性质。由于石油化工装备种类多，相应的维修内容也较多，这就需要多工种协同作业，部分项目的施工更需要大型机具配合，而且检修质量要求严格，时间要求紧，安全要求高，因此检修前要充分做好准备，统筹安排，保证检修工作的顺利进行。

①修前准备。要做好设备检维修施工，应做到“三分检修、七分准备”。检修的施工准备有组织准备、技术准备和后勤准备三方面，其内容可概括为“三定”“六落实”，即：定项目，定时间，定人员；计划项目落实，资料图纸落实，材料备件落实，检修施工力量落实，施工机具落实，质量安全措施落实。

第一，技术资料的准备。

设备检修前的预检：修前预检是对设备进行全面的检查，是检修前准备工作的关键。其目的是要掌握检修设备的技术状态（如精度、性能、缺损件等），查出有毛病的部位，以便制订经济合理的修理计划，并做好各项修前准备工作。预检时间不宜过早，否则将使检查检测的零部件性能不准确、不全面，造成修理工艺编制的不准确。预检过晚，将使更换件生产周期不够。因此须根据设备的复杂程度来确定预检的时间，一般设备宜在检修前一个月内进行。对精、大、稀以及需结合改造的设备宜在检修前至少3个月时间内进行。通过预检，首先必须准确而全面地提出更换件和修复件明细表，其提出的齐全率要在80%以上。特别是铸锻件、加工工序长的零件以及需要外协的零件不应漏提。其次，对需要加工制作的零部件和修复件的测绘要仔细，准确齐全地提供其各部分详尽尺寸、公差配合，形位公差、材料热处理要求以及其他相关技术条件，从而保证提供可靠的配件制造图纸。

编制各种修理文件资料：主要内容为编写“设备修理技术任务书”，编制各种修、换件明细表，备件，标准件图册，目录，修理工艺规程，修后质量验收标准，专用修理工具图纸明细表，材料明细表等。另外，对大型、高精度、关键设备的大修方案，必要时从技术和经济角度做可行性分析。设备修前技术准备的及时性和正确性是保证修理质量，缩短停机时间和降低修理费用的重要因素。

第二，检修人员的配置情况。

石油化工装备停车检修时，根据检修范围内容，可能出现维修人力资源短缺等现象，如何筹集决策是设备管理的一个重要工作。决策的准则，通常是费用少，但同时又能满足检修安全的需要。这就要求按照设备检修计划，根据维修项目的重要程度，维修量的大小来调至检修人员。合理安排检修所需的人力、物力和财力，及早做好检修前准备，以缩短修理停歇时间，以减少检修费用和停机造成的损失。

第三，备品配件调拨。

备件储备是工厂维修工作的重要环节，能否有效地提供备件，对按计划进行设备维修，减少停机时间，提高设备检修质量有着重要影响。因此，在检修工作中，必须按照检修计划和项目，保证备件供应品种、质量和数量，要及时、经济、合理，使检修工作顺利进行。

第四，编制检修网络计划图。

网络计划技术，也称为计划协调技术或统筹法，是现代管理系统工程中的重要组成部分，是科学进行组织生产和计划管理的方法。炼油化工生产中，一套生产装置可看成是一个系统。而现代化的炼油化工系统，生产活动过程错综复杂、规模庞大、工序繁多；参加检修的各类单位和人员较多。如何最合理地进行组织和管理，既快又好又省地完成任务，那就不是单凭经验或简单的分析可以解决的。在这种情况下，只有运用网络技术统筹安排、合理规划，选择最佳计划方案，运用网络图组织和控制检维修计划的实施，才可以取得最终良好的经济效益。

②计划维修实施。

第一，设备计划维修实施的主要内容。

为保证计划维修的实施，设备管理部门应经常检查确认维修计划的执行情况。每季度前一个月，应对下季度计划需要维修的设备进行现场交底工作，确认其送修时间，并将交底结果报送计划编制人员，作为计划检修的依据。生产车间应按计划确定的时间准时送修，如因特殊情况不能送修时，应事先通知检修单位对检修时间进行协商讨论，计划编制人员对计划检修进行更改。

第二，对于单台设备，实施计划检修的要求

使用单位按规定时间将检修设备交付检修单位；检维修单位按照检修计划安排认真组织施工；设备管理、生产以及检修单位相互密切配合，做好设备检修后的检查和验收工作。

（3）计划检修的检查过程

严格控制检修施工质量，检修施工要实行全面质量管理，认真执行化工部制订的《化工厂设备维护检修规程》。对一些主要设备和关键设备的检修，还必须执行专门的检修规程。压力容器的计划检修，还必须按照压力容器安全技术管理的相关规定执行。

检修施工时，首先应对设备的某些关键部位进行技术检查，并做好记录。这对于摸清设备在经过一段时间使用后的异常情况、问题所在以及需要改进和提供设计、制造参考的意见等都有重要作用。这是积累资料的难得机会。因此，应把这种检查工作作为一个正式项目列入检修施工中。

在检修施工中，要重视中间检查，确保施工质量。在检修进入紧张阶段，往往会产生抓进度而忽视质量的现象。尤其是检维修过程中，返工比较困难的检维修项目，中间质量检查十分重要，可以大大减少检修最后的扫尾工作。中间检查可以采用边检修、边检查、边记录、边验收的方法进行。无论是中间检查，还是最终竣工验收检查，都要按照检修规程所明确的质量验收标准严格把关，要实行最基本的“自检、班组长检、专业人员检”的三级质量检查制。对施工中发现的不符合质量标准要求的设备、配品备件、材料，以及没有审批手续的变更等，检修施工人员有权拒绝使用。

对于大型机组的检修，设备部门应派熟悉机组的专人全程跟踪，做好检修记录，随时协调各工种之间的配合，解决检修中遇到的困难，这样不仅可以提高检修效率，而且对检修质量可以起到直接控制作用。

（4）确认处理结果

检修结束后必须进行全面的质量检查验收，做到保质、保量、按期完成检修任务，最终达到开车一次成功的目的。

①竣工验收的条件。

第一，清理现场。检修完毕，不得在施工现场及周边遗留任何材料、器具和废弃物，做到“工完、料净、场地清”。此外，要将安全防护罩、设备盖板、接地、接零、挡杆等安全设施全部恢复原状，但验收交工前不得拆除悬挂的警告牌和开启能量隔离部分。施工机具撤离现场应有计划地进行，所在生产车间要给予配合协助。在清理和撤离过程中，检修单位应遵守相关规定，防止物体打击等人身伤害事故发生。

第二，全面检查。设备或系统在验收交工之前，必须进行全面检查。对一个生产系统，应按工艺顺序或设备前后顺序进行检查，以免遗漏。检查时，除了进行全面检查外，还应确定各种设备的重点检查验收内容，然后逐项进行核对检查验收。

第三，试车。试车是对检修竣工的设备或系统加以验证。必须经过上述全面检查并做好系统管道和单体设备内部的吹扫，对其完好、干净、畅通确认无误后才能进行。试车的规模有单机试车、分段试车和化工联动试车，内容有试温、试压、试漏、试安全装置及仪表灵敏度等。

②验收交工。设备检修的检查验收工作要贯穿在设备检修的整个过程之中。设备检修前和解体过程中的技术状况检查，设备检维修施工过程的中间检查及设备的竣工质量验收都是检修后的全面检查验收工作。

设备机动部门应对各类关键设备及管道组织检查鉴定。设备大检修竣工验收应按照检修任务书或检修施工方案中规定的项目、要求、试车记录，以及验收质量标准逐项复查验收。进行验收时，应持有齐全的交工资料，包括检修方案、检修记录、中间验收记录、隐蔽工程验收记录、试验和技术鉴定等。验收记录要有生产单位、施工单位和设备机动部门三方签字。验收合格后可以对检修单位的施工预决算内容加以核定。

检查验收的主要内容：修复设备、零件的工序质量；检验和终检，自制备件的质量检验，外购备件和材料的入库检验；检修过程中零部件和装配质量的检验；修理后对外观、试车性能和精度的检验等。

③质量评定

对设备检修质量应进行评定，其内容主要是精度、性能、出力和返修率。由各单位根据实际情况制定评定标准。通常，设备检修后的质量要求：有全面恢复工作能力达到原出厂标准，配齐安全装置和各种附件等。但由于种种原因，设备精度会发生变化，故可根据实际情况予以升级或降级。大体有以下几种情况：

第一，设备经过改善性修理，其精度有所提高，可以升级验收。

第二，设备虽然进行过多次大修，但因日常维护保养好，大修后其精度依然较好，可以保持原有精度等级验收。

第三，设备经过多次大修或严重损坏、原制造有严重缺陷的，其技术参数和经济、技术指标达不到规定标准的，可以降级。

第四，设备由于出了事故，经修复后达不到原技术参数标准和技术经济指标时，可以降级。

4.1.7 全面计划质量维修

全面计划质量维修（Total Planning Qualitative Maintenance，简称 TPQM），是一种以设备整个寿命周期内的可靠性、设备有效利用率以及经济性为总目标的维修技术和资源管理体系。其内涵是：维修范围的全面性——对维修职能作全面的要求；维修过程的系统性 - 提出一套发挥维修职能的质量标准；维修技术的基础性——根据维修和后勤工程的原则，以维修技术为工作的基础。

TPQM 是 1989 年在美国被提出的。它与 TPM 虽然有相似的总目标，但侧重点不同。TPQM 强调质量过程、质量规定和维修职能的发挥。其重点在于选择最佳维修策略，然后有效地应用这些策略达到高标准的质量、设备可靠性、安全、有效利用率和经济的资源管理。

（1）综合维修管理

TPQM 提出维修所需要的十项要素，然后对这些要素实行综合一体化的管理。也就是说，如果其中一个要素发生改变了，其他相应要素也会随之变化，以保持过程的整体性。维修职能的十项要素如图 4.1 所示。

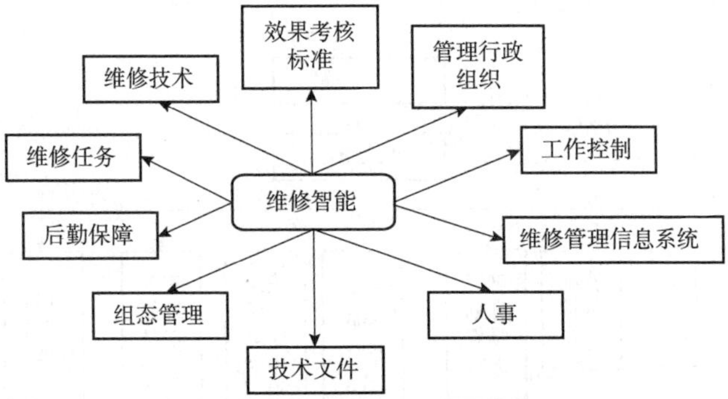

图 4.1　全面质量计划维修的职能

①管理与组织：建立合理的组织机构，设计相应的职责规定。

②综合管理：对设备的实际状况、功能特性以及设备鉴定的技术文件作综合性的管理。

③后勤保障：对保障维修的后勤项目，如零件与材料储备、专用工具、测试设备、技术工人和计算机软、硬件做出明确规定和有效管理。

④质量评价标准：整个维修过程及各项要素均制定质量评价标准，加以严格管理。

⑤工作控制：对工作计划、进度安排和具体实施过程加以控制，控制内容主要包括成本、进度和质量。

⑥管理信息系统：对维修计划与调度、设备跟踪与记录、维修效果与质量标准的比较及数据报告等项目采用计算机信息化管理。

⑦维修任务：对需要执行的预防维修、预测维修、纠正性维修等任务的范围、频次和责任者均做出明确规定。

⑧技术文件：对图纸、技术说明书、合同、程序等与维修活动有关的技术文件加以有效的管理。

⑨维修技术：维修人员应能保证正确地使用维修工具，执行维修工艺，保障维修质量，准确地评价维修计划执行的效果。

⑩人力资源：保证维修人员的数量和资质。在培训后，他们能够熟练掌握维修任务中规定的各项要求。

TPQM 的实施过程实际上也是计划—实施—检查—调整的 PDCA 循环过程。目标是为了达到规定的质量体系标准。这里，过程应有明确的界限，过程中要不断进行评价，要对过程加以合理调整，维修职能的十项要素要融合在整个过程之中。这一实施过程如图 4.2 所示。

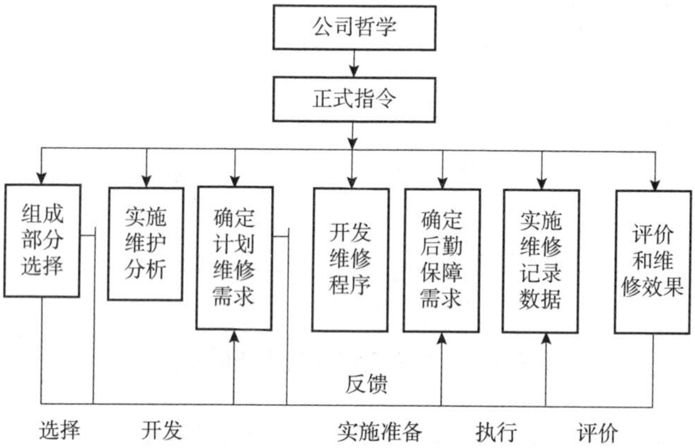

图 4.2 TPQM 的实施过程

TPQM 实施过程可以分成以下单元：

①管理单元对维修职能、目的做出规定，提出总目标和分目标，提出设备使用与维修的基本规定，设置组织机构，提出人员安排、有关维修职能和实施过程的所有方针、政策及程序。

②选择单元规定维修数量、范围，设定设备组合单元，划分系统层次结构，确定关键设备，提出维修管理要求。

③开发单元通过以可靠性为中心的技术，寻求系统临界状态，确定所有需要维修项目的寿命周期。

④实施单元将维修任务变成可执行，使安全、质量和性能可控的工作程序。

⑤执行单元对维修活动实行计划、进度安排和有效的控制。

⑥评价单元对维修过程和结果进行评价，不断改进。

⑦反馈单元为改进工作提出的方法、措施。

TPQM 不否定启发维修人员的自主维修积极性，但更依赖于一个良好的程序和组织。通过这种维修程序的实施，不断培养维修人员对维修工作的积极态度。为了达到这个目的，应该做到：

①目标明确且坚定不移。

②以设备维修的需求和维修技术提高的需求为动力。

③为计划工作做好充分准备，保障计划的顺利进行。

④任用经过培训和有能力的人承担工作，确保工作顺利完成。

⑤制定正确、详细的维修程序，使小组成员充满自信。

⑥每日都有计划。

⑦设置专门机构进行成果评价，不断把目标、标准与工作实绩进行比较。

⑧不断地改进工作。

4.2　石油化工装备停工检修管理

4.2.1　石油化工装备停工检修的特点

石油化工装置的设备经过长周期运行，通常会出现老化、泄漏、磨损、堵塞、变形及结垢等问题。为了实现装置安全生产，提高设备的使用效率，保证产品质量，求得最大经济效益，必须做到有计划地对装置进行定期停工检修。目前，我国大多数石油化工生产装置计划性停工检修周期为3年或更长。至于检修由谁负责完成，要根据各厂不同维修体制的设置情况而定。在20世纪，各石化工厂均有自己的检维修力量，日常检维修一般均由他们承担。21世纪以来，大多数安检维修单位从石化企业母体中改制分流出来，石油化工企业一般不再设置专门的检维修力量，采用协作方式与国内有一定技术和经验的检维修公司签订合同，采用合同方式进行日常的维修保运，但由于停工大检修工作量大，可以根据检修专业技术的不同，分配给不同的安装和维修单位进行。石油化工装置停工检修项目主要有以下特点：

①复杂性。由于检修项目繁多、作业量大、检修内容复杂、施工作业任务集中而检修工期又短，为了赶工期投入的施工作业人员众多，经常加班加点。石油化工装备种类繁多，如炉、塔、釜、换热器、反应器、压缩机、离心机、泵、贮罐、槽以及管路、阀门、仪器、仪表等，结构和性能各异，其产生的故障类型不同，原因复杂。检修作业塔上塔下、容器内外各工种上下立体交叉作业，施工现场受气候条件和作业环境的影响较大，这些都决定了装置检修的复杂性。

②危险性。石油化工生产的危险性决定了石油化工装置停工检修的危险性。由于石油化工生产装置设备、设施复杂多样，工艺介质具有易燃、易爆、有毒、有害的特性，工艺装置停工后如果对设备和管道中残留的原料和产品没有清理、吹扫彻底，很容易发生人员中毒、火灾爆炸等事件。另外，装置检修又会经常出现上下立体交叉作业、高空作业、起重吊装作业、动火作业、临时用电作业以及进塔入罐作业等多种危险作业，存在发生高空坠落、火灾、爆炸以及中毒窒息等事故的客观因素，极易导致人身伤害和设备事故。

③实施工期短。石油化工生产装置运行一天所产生的效益是很大的，多停工一天就意味着多一天的损失，因此一般的生产装置停工周期不会超过2个月，真正留给施工单位进行作业的时间更短。因此，施工工作量大，需要加班加点连续作业，停工时间短，工期紧张是石油化工装置停工检修项目的重要特性。

④规范性。检修照明设施、检修工棚的设置，检修安全设施、检修用机具的摆放，劳保用品的配置，安全宣传标语、警示标志的悬挂张贴以及在装置停工检修过程中各种设备、管道的检修安装等都要标准化、程序化，都必须符合安全技术规程、规范的相关规定。

⑤可靠性。每个检修项目施工完成后都必须经过验收合格，机械、电气、仪表等设备必须在检修后调试合格，以确保装置检修完成开工后达到“安、稳、长、满、优”运行的目标。

4.2.2 石油化工装备停工检修项目施工管理

(1) 检修工程项目管理

石油化工装置停工检修工程项目管理，其管理的对象是检修工程项目，其本质是工程建设者运用系统工程的观念、理论和方法，对检修工程进行全过程和全面的管理，实现生产要素在检修工程项目上的优化配置。在同一个检修工程项目中，不同的参加者在不同的阶段承担不同的工作任务，业主、供应商、承包商各自在检修工程项目中扮演着不同的角色，各方在检修工程项目管理的内容、范围和侧重点有一定的区别：

第一，业主的检修工程项目管理。业主是作为检修工程项目所有者的身份，作为检修工程项目管理的主体，居于项目管理组织的最高层。它是通过一定的组织形式，采取各种措施和方法，对装置停工检修项目的所有工作的系统运动过程进行计划、协调、监督、控制和总结评价，以达到保证检修项目质量、缩短工期、提高投资效益的目的。

第二，供应商的项目管理。供应商项目管理是由供应商自身对参与的检修工程项目产品采购制造阶段的工作进行自我管理。供应商通过产品制造项目管理，也需要进行进度控制、质量控制和投资控制，对检修工程拟采购的设备、材料实施监督和验收。

第三，施工承包商的检修工程项目管理。施工单位的检修工程项目管理，即检修项目施工管理，是对相关的承包工程进行计划、组织、协调和控制，使承包的检修工程在规定的工期和成本范围内满足合同所规定的功能和质量要求。检修施工项目管理是最具体、最细致，同时也是最复杂的。

（2）检修项目施工管理

石油化工装置停工检修项目施工管理的对象是检修项目寿命期各阶段的工作。检修项目寿命期可分为五个阶段，构成了检修项目施工管理有序的全过程任务。

①投标签约阶段的管理。检修施工企业见到检修工程项目招标广告或邀请函后，作出投标决策，这是检修施工项目寿命期的第一阶段。本阶段的最终管理目标是签订检修工程承包合同，该阶段的主要工作任务：

第一，检修施工企业从经营战略的高度作出是否投标争取承包该项目的决策。

第二，决定投标以后，从企业自身、相关单位、市场、现场等多方面掌握有关信息。

第三，编制既有竞争力、有望中标又能使企业盈利的技术标书和商务标书。

第四，中标后，与招标方进行谈判，依法签订工程承包施工合同。

②检修施工准备阶段的管理。检修施工企业与招标方签订检修工程承包合同后，开始组建检修施工项目部。项目部的组建一般根据中标的石油化工企业停工检修的装置规模和装置套数，成立一个或几个项目部。再以项目部为主，与招标方的经营管理层等配合进行检修的施工准备工作，达到开工和连续检修施工的基本条件。该阶段主要工作任务：

第一，根据检修施工项目管理的需要成立项目部，配备检修施工项目管理人员。

第二，编制施工组织设计，指导检修施工项目管理活动。

第三，进行施工方案和施工工艺的编制等技术准备。

第四，进行施工现场准备，包括设备材料的领用、管道的预制、现场场地的处理、现场工棚的布置、宣传标语的悬挂等，以便装置停工后进行连续施工和文明施工。

第五，等待装置切断进料后，开出作业票开始检修作业。

③检修施工阶段的管理。在这一阶段，检修施工项目部既是决策机构又是责任机构，经营管理层、发包人的作用是服务、监督与协调。该阶段主要工作任务：

第一，根据业主的装置停工方案规划，做好装置停工吹扫阶段的施工配合。

第二，装置退油吹扫结束，开出动火票，检修作业正式开始。在检修施工中努力做好动态控制，保证安全目标、质量目标、进度目标、成本目标和现场文明施工目标的实现。

第三，严格履行检修工程承包合同，处理好内外关系，管好合同变更，协调好工程索赔等事项。

第四，做好检修施工过程中的记录、检查、协调、分析等工作。

④竣工验收阶段的管理。该阶段是停工检修施工项目建设期的最后一道程序，检修施工项目竣工验收的交工主体是检修承包人，验收主体是发包人。石油化工装置停工检修的工期较短，一般在施工过程中完成一项验收一项，检修完成后的联合气密是检验装置检修质量的重要一项内容。本阶段主要工作任务：

第一，自检合格做好竣工验收准备。

第二，协调组织现场验收。

第三，根据业主的装置开工方案规划，做好装置开工阶段的施工配合，确保装置开车一次成功。

第四，做好索赔签证工作，进行竣工结算。

第五，移交竣工资料。

⑤回访保修阶段的管理。检修工程项目交工后，回访用户是一种“售后服务”方式，回访保修由检修工程承包人承担，听取用户意见，改进服务方式，不断提高工作质量。该阶段主要工作任务：

第一，适时召开座谈会、经验交流会，加强联系，增进双方信任。

第二，听取用户对检修工程质量、保修管理等方面的意见和建议，及时研究解决施工管理问题、质量问题，树立良好的社会信誉。

第三，为用户提供各种跟踪服务，把检修施工项目善后管理工作做得扎扎实实。

第四，进行检修工程质量问卷调查，收集反馈工程质量保修信息，并及时进行总结提高。

石化装置停工检修施工项目全过程管理的程序见图 4.3 所示。

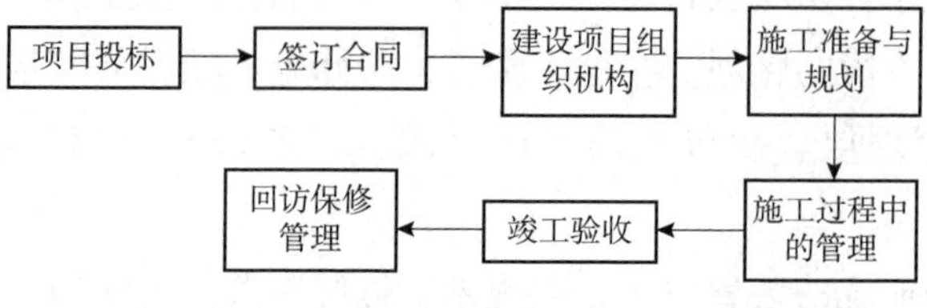

图 4.3　石油化工装备检修施工项目全过程管理

4.2.3　石油化工装备项目施工管理对策

（1）加强装置停工检修施工的组织领导

大型石化装置停工检修一般有几套甚至几十套装置一起停工后进行检修，施工企业承揽到检修任务后，成立以公司主要领导为总指挥的大修指挥部，作为大修指挥核心全面负责停工检修领导工作，实行统一领导、统一指挥。大修指挥部下设安全管理组，负责检修现场的安全监督、监察和考核，督促落实各项检修施工安全措施，确保装置停工检修安全顺利进行。

（2）做好装置停工检修前的安全准备工作

①制定切实可行的检修施工方案和安全措施。施工企业承揽到检修任务后，大修指挥部应组织编制《装置停工大修 HSE 工作策划书》。根据装置停工检修计划，施工项目部应对检修的项目开展危害识别和风险评价，然后根据辨识和评价结果，对一些重大项目或安全风险程度较高的检修项目，制订相应的安全施工方案。方案内容必须符合现场实际，详细描述每个施工工序存在的安全风险，并有相应的安全措施和注意事项。

②做好现场安全技术交底工作。检修前，由方案编制人员向全体参加检修的人员进行施工方案安全技术交底，包括检修项目的施工作业特点和危险因素，针对危险因素的具体预防措施，相应的安全操作规程和标准，发生事故后应及时采取的避难和急救措施等。

③确保所有进入检修现场的设备机具完好。装置停工前，应由大修指挥部安全管理组组织对所有需要进场的各类施工设备、工机具、防护用品等进行进场前的专项检查，合格的贴上合格标签，不合格的进行维修或重新购买、租赁，确保所有检修进场设备数量充足、合格有效，能够确保安全使用。

（3）强化现场作业的安全管理

①进入现场检修的作业人员必须穿戴符合国家标准的工作服、工作鞋、安全帽、安全带、防护眼镜及其他防护用具，应统一人员着装，劳动防护用品上有明显的本企业标识，便于识别管理。

②对检修现场进行安全网格化管理。按照施工作业人员 50：1 的比例配备专职安全监督管理人员，专职负责施工现场的安全管理工作。不足 50 人，按不少于 1 人配备专职安全监督管理人员。检修现场按 5：1 的比例配备班组兼职安全员。专、兼职安全监督管理人员统一穿(佩)戴明显标志，按施工区域分工，分片包干监督检查。重点检查检修现场直接作业环节各项安全措施落实和执行情

况，确保各作业点每时每刻均有专、兼职安全人员在场，对直接作业环节形成严格监控，确保检修现场施工安全。

③装置检修的各项目作业，涉及用火、临时用电、进入受限空间、射线、高处等作业时，应办理相应的作业许可证，严禁无票作业。

④在检修现场规范用火作业、受限空间作业、交叉作业、电气作业、起重吊装作业及高处作业等直接作业环节的管理。在实施危险性较大项目检修的区域，设置安全警戒，派专人负责监护。在受限空间作业时，必须设置专职受限空间监护人，对受限空间作业进行一对一监护。临时用电严格执行“一机一闸一保护”的规定。检修的脚手架，在搭设完毕后经安全管理人员检查合格后挂牌使用。起重作业中，起重人员和指挥人员必须持证上岗。高处作业人员应系用与作业内容相适应的安全带，安全带应高挂(系)低用。

⑤执行集中安全喊话制度。在检修期间每周不少于2次在现场按区域对所有施工人员进行集中安全喊话，对近期安全状况进行讲评，提出安全管理要求。

(4)加强检修现场的文明施工管理

石油化工装置停工检修因其检修项目繁多、检修内容和环境复杂、工期紧、临时作业人员多，所以加强检修现场的文明施工管理和监督检查是非常有必要的。

①设备敝口：所有进场的设备、管线预制件、阀门等均要封口。其中，“口朝天”的一律用硬质材料封口牢固(如铁皮、石棉板等)，其他的视情况可用塑料纸等封口。

②保温管线上一律不许直接挂钢丝绳等进行吊装，防火泥构架上确需系挂吊点进行吊装的，需办理相关手续经业主同意后方可实行，并且施工后要恢复原状。

③拆卸下的保温材料：废弃的保温材料要及时清理到指定垃圾堆场，如果要利旧必须及时包装好放到装置外临时搭设的防雨棚内。

④在进入装置检修前要按规定设置好垃圾堆放三区域即金属垃圾、石棉类垃圾、其他工业垃圾，并竖上标识牌。

(5)做好后勤服务工作

检修施工单位应根据装置检修的工作量和工期要求，劳动力要配备充足，通过合理协调、有序组织，避免施工作业人员出现超负荷过度劳累作业。要保证饭菜的安全卫生，全力改善检修员工的住宿条件，遇到夏天等炎热季节，要切实做好防暑降温工作。

4.2.4　项目施工质量管理

石化装置停工检修是一项复杂的系统工程，面临时间紧、任务重、作业空间受限、交叉作业多、短期资源需求量大等诸多困难。对检修施工工作必须切实增强使命感和责任感，进一步提高检修管理重要性的认识，转变管理思维，调动一切可用资源，采取必要措施，全面提升检修改造质量水平，做到“应修必修不失修，修必修好不过修”，为安全、平稳、高效的生产经营做好保驾护航。

(1)装置停工检修前的质量控制措施

①检修施工前做好质量控制策划，认真做好施工组织工作，质量组织体系人员到位开始有效开展工作。

②对参加停工检修的所有人员进行质量教育培训和考试，提高参检人员的质量意识和施工质量水平。

③做好技术资料准备工作，做好对新材料、新工艺、新技术、新设备的质量鉴定和施工工艺的组织论证工作，认真对待由业主组织的设计交底和图纸会审工作。做好标准规范、设计图纸要求、施工方案的落实，特别对压力容器、压力管道的重大返修或改造时要有设计单位的设计图纸，不可随意施工。

④做好对原材料、设备、零配件等质量进行检查和控制工作。在检修开始前，要对业主提供的材料和备品备件进行检查验收。如发现质量不合格，要做好记录，及时向业主反映，对危及安全生产以及有重大质量隐患的不合格材料和备品备件有权拒绝安装。

⑤有特殊要求的施工机具，其操作人员必须持证上岗，严格执行设备操作规程。现场用的检测设备及设备上计量仪表必须有检定合格证和标记，并在有效期内使用。

⑥保证工艺管道的预制质量。一是预制应在专门的预制场进行，以改善作业环境，保证预制质量。二是管道预制前应按设计要求检查管材、管件的质量证明文件，核对规格、数量和标识，不符合要求的严禁使用。三是管道预制前应对管材、管件进行外观检查，其表面质量应符合相关标准要求。四是管道的切割应根据不同的材质选取不同的方法，切割后应在每段管体上标注管道的材质规格和所使用位置。五是管道的焊口组对工作应在管道加工平台上进行，预制应考虑运输和安装方便，并留有调整活口。焊口焊接必须满足相应的质量要求，并做好焊口标识。六是管道预制口应按比例进行无损检测，从而减少现场无损检测的数量。

七是预制管道运输吊装过程中应注意对防腐层的保护。八是预制管道到达现场后应按管道系统号和预制顺序号进行安装。

(2)检修过程质量控制

装置停工检修过程中，应把影响检修工序质量的因素都纳入到管理状态中，建立质量控制点。根据施工中各工序的质量控制点对工程最终质量影响的重要程度，将质量控制点的级别划分为A、B、C三个级别。

A：重要、关键工序的质量控制点(也称停止点)。由项目部专职质检员、大修指挥部质量控制组及建设单位业主检查确认。

B：较重要工序的质量控制点(也称见证点)。由项目部专职质检员、大修指挥部质量控制组检查确认。

C：一般要求的质量控制点。由施工单位自行检查，大修指挥部质量控制组根据具体情况进行巡检、抽查。

施工过程中，要严格执行"三级检查制度"，即施工班组做好自检，班组间或工序间进行互检，各专职质检员进行专检。此外，专职质检员对各道工序将采取"三检制"，即首检、巡检和终检。专业技术人员、专职质检员应深入现场，巡回检查，指导和监督施工工艺的实施，以确保施工质量。同时，根据石化装置检修的特殊性应加强落实以下具体措施：

①检修项目部应成立以质量负责人为组长的质量管理小组，通过组织焊接、热处理、法兰密封面、过程资料等专项质量检查，推动质量保证体系的正常运行。

②严格执行业主方面对大修的质量管理要求，认真落实换热器、容器、塔、炉、工艺管道、机、泵等各类设备检修质量控制表中每道工序的质量检查，并根据不同要求由项目部、业主相关人员进行签字确认，使大修质量得到全面、全过程控制和提高。

③在检查和考核质量问题的同时，对良好的质量行为进行奖励。

④实行密封面挂牌制度。检修完毕后，经对密封面检查确认合格后，悬挂上密封面检修合格牌以示对检修质量负责，同时体现检修质量的可追溯性。

4.2.5 项目施工进度管理

从业主角度讲，对石油化工生产装置进行停工检修，时间就是效益，施工进度是特别关键的。随着炼油化工企业的不断大型化，由于生产工艺和装置的关联性，几套甚至几十套生产装置同时进行系列停工检修是一种趋势。因此，如何在最短的时间内，通过有效的项目进度管理，保质保量地完成所有检修任务，使装置早日投入生产运行，就是给业主创造效益最大化。较一般建设工程项目而言，石油化工装置停工检修项目工期更紧张，管理要求更高。

(1)做好充分的检修施工准备

石油化工装置停工检修项目的特殊性，决定了项目施工管理必须按照“八分准备、二分实施”的原则，做细做实各项准备工作，检修准备工作是检修成功的关键因素。

①组织好合理的施工项目管理体系。项目部下设安全负责人、质量负责人、文明标准化负责人、材料负责人、自用设备负责人及专业技术负责人等职能管理人员，分包模式按区域分专业进行。管理制度按照施工总承包单位统一的管理体系(质量、安全、环境一体化管理体系)执行。

②摸透分包协作队伍的施工和管理能力。选择合适的分包协作队伍。根据装置停工检修的时间长短、强度大小、技术要求等特点，选择好合适的施工作业队伍。分包协作队伍的正确选择是装置停工检修能否取得圆满成功的关键因素之一。

③停工前对装置停工检修总体工作量必须掌握透彻，劳动力安排合理(考虑15%的备用人员)。

④施工机具设备数量充足、到位有效。必须在装置停工前到吊机等租赁合作单位进行考察，检查吊机的型号、数量、完好程度等是否满足停工检修的施工要求。项目部要将所有需要进场的机具设备列成清单，逐台进行检查维护，合格的贴上合格标签，不合格的进行维修或重新购买、租赁，以确保所有检修进场设备合格有效。

⑤认真做好材料的复查和复验工作。为了避免材料问题影响施工进度，主要通过以下几个方面提前做好准备工作：

第一，专业技术管理人员负责，班组落实，在材料到货前对检修计划材料清单上的设备材料规格尺寸与现场实物进行对比，看是否有问题。

第二，材料到货后，马上对实物材料规格尺寸进行复查，到一批复查一批。

第三，对合金钢、不锈钢材料到货后及时根据规范要求进行光谱分析复验，确保材料材质合格。

第四，阀门到一批试压复查一批，确保所有阀门合格有效。

第五，派遣专业管理人员与业主一起到设备制造厂家进行实物尺寸测量，以避免因设备材料等质量原因影响现场安装。

⑥做好工艺管道等预制工作。尽量减少停工后有限的检修动火时间内的管道焊接工作量，最大限度地提高管道预制深度，在停工前完成所有工艺管道的预制焊接以及焊口的拍片、热处理。

⑦精心组织，提前规划，落实完成施工组织设计、施工方案和施工工艺的编制和交底，检修计划交底，压力管道安装告知，进场人员的安全教育和质量教育，施工集装箱进场，工棚、材料库搭建，现场照明设施布置，各种检修用记录表卡准备，现场文明规格化的布置等各项准备工作。

(2)理清工作量、细化施工方案，不断优化施工网络

在取到业主的停工检修计划后，要不断地与业主一起进行停工检修网络讨论和施工网络的修改优化，使业主在检修过程中发挥指导检修施工的作用，提高检修工作效率。与业主一起将检修工作内容和施工方案不断细化，确定全部施工过程，以及各工作之间在时间上和空间上的安排和相互配合关系。按照施工工艺的合理性和工序间隔尽量穿插、搭接或平行作业，确保整个施工网络的合理有效。

(3)做好检修过程的组织协调工作

组织协调是实现检修项目进度控制的有效措施。为有效控制石化装置停工检修项目的进度，必须处理好参检各专业施工作业中存在的问题，建立协调的工作关系，通过明确各专业的职责、权利和工作考核标准，充分调动发挥各方工作的积极性、创造性和潜在能力。

在检修施工过程中，要根据施工网络的要求，同时考虑到可能会出现刮大风、下雨等不利因素，将施工网络尽量往前赶，做到“先紧后松”。为了解决作业场地小工作量集中、吊机作业多等问题，通过合理协调，有序组织，做到忙而不乱。在检修时间紧迫的情况下，在不影响原计划进度的基础上，通过合理组织劳动力，组织人员加班加点，按时完成新增和追加的检修工作。在分包协作队伍的管理方面，采取“以人为本，两手抓”的策略，对协作队伍“管”的同时，更重要的是“理”，把他们始终看作是利益的共同体，调动他们工作的主动性和积极性。

石化装置停工检修施工项目涉及的工种非常多，项目部要未雨绸缪，提前联系介入。要组织各工种部门从大修前期准备到开工保运全过程的密切配合、全力投入，才能有效地缩短工序之间的交互时间(比如阀门的维修、焊缝拍片、热处理、材料的检测复验、金加工处理等工作)，实现无缝对接，确保整个检修施工作业的顺利进行。

4.2.6　项目施工成本管理

(1)技术措施

①确定合理经济的施工方案和施工工艺是降低检修施工成本的关键之一。要结合检修施工项目的特点，制定先进、经济、合理的施工组织方案，以达到降低施工成本的目的。要根据图纸和技术资料对检修施工技术措施、施工组织程序、作业组织形式、人力资源调配、机械设备的选型等进行认真分析研究和比较，以优化施工方案，合理配置生产要素。

②在检修施工过程中采用各种提高工效、降低消耗的新技术、新设备、新工艺、新材料。

③按施工规范及操作规程进行检修施工，把好质量关，做到检修作业一次合格，避免因返工投入大量不必要的人力、物力、财力等加大检修施工成本。

(2)人工成本控制措施

①改善劳动施工组织。根据检修工作之间在时间上和空间上的安排和相互配合关系，按照施工工艺的合理性和工序间隔尽量穿插、搭接或平行作业，减少窝工浪费。

②提高劳动生产率。通过加强技术教育和培训工作，提高检修施工作业人员的技术水平和操作熟练程度，提高班组的施工组织管理能力，不断提高劳动生产效率。

③实行严格的奖惩制度。加强对职工的管理，最重要的是提高职工积极性及主观能动性。项目部要制定并落实严格的奖惩制度，调动职工积极性，使各生产要素不断得到优化，达到节约成本的目的。

④对安全风险、技术含量较低的检修项目，可按区域分包给分包商，采取包干控制，降低检修用工费。

(3)机械使用费的控制措施

在大型石油化工装置停工检修项目中，越来越多的业主开始采用机械使用费包干的模式。即使对机械使用费不进行包干，也在合同中明确规定只给予超过150吨的大型起重机等签证，其他机械按定额套取的办法。因此，控制好机械使用费，是降低检修施工成本的必要措施。

①施工机械配备受检修工程特点、现场条件、施工方案、工程量大小以及工期要求等诸多因素的影响，因此需要项目部专人对机械的配备、使用情况进行综合管理，在满足工期、安全的前提下，力求合理调配。一方面要考虑使用的施工

机械是否经济，另一方面也应考虑机械设备的合理组合，通过提高设备利用率，降低机械设备使用费。

②对由外部租赁的大型吊机等机械的使用，特别要做好工序衔接，提高利用率，促使其满负荷运转，减少施工中所消耗的机械台班量。

③提高机械设备的完好率。加强机械设备的维护保养工作，降低各项修理费用的开支，避免因修理而无法使用机械设备的情况，从而降低检修工程成本。

(4)材料使用控制措施

①材料要合理堆放，减少和避免产生二次搬运费，加强防盗工作。改进辅材的采购、验收和保管工作，减少损耗，厉行节约。

②劳保用品和工机具的使用控制。劳保用品的质量要合格，配发的时候要登记造册，对于手套等易耗品可以按月进行限量配发。对于工人所使用的工机具经常容易损坏或者丢失的现象，可以采取不同工种实行登记配发，个人收工保管，如有丢失将由个人承担的办法来约束。

(5)组织管理措施

①增强全员成本意识，强化成本管理。要注重发挥广大员工的主观能动性，在成本观念上要更新，树立竞争观念、效益观念。提高成本控制人员自身的工作能力和培养他们的工作责任感。

②落实成本管理责任制。以检修工程实物量为基础，按照专业和班组的分工进行分解，形成各专业、各班组的责任成本。严格落实成本控制奖惩制度，使施工成本管理真正落到实处。

③索赔签证管理。施工索赔是在施工过程中，承包商根据合同和法律的规定，对并非由于自己的过错所造成的损失，或承担了合同规定之外的工作所付的额外支出，承包商有向业主提出在经济或时间上要求补偿的权利。对于石化装置停工检修项目来说，索赔签证是一项很重要的工作。一方面由于业主检修计划不全面会造成很多漏项，另一方面由于设备内部检修等隐蔽项目多，业主提供的检修计划内容粗略，时间一长双方很容易对检修工作内容产生异议。大型吊机等机械使用台班的签证不及时，容易造成双方各执一词，最后导致业主对现场使用台班不予确认等情况。因此做好索赔签证，是项目部施工技术人员的一项重要任务。项目部预算员要认真按签证编制决算书，确保检修工程项目的所有款项收回。分包结算的管理关系到项目的直接利润，项目部施工技术人员要认真核查分包签证，预算人员要监督签证手续核实工程量，控制好项目资

金的外流。

4.2.7　分包商管理

石油化工装置停工检修工期非常紧迫，检修工作量又很大，在大修年如果完全依靠总承包检修施工企业自身的力量，无法按时完成停工检修施工任务，也无法满足检修施工企业发展的需要。目前，检修施工企业面对人才流失、管理力量不足、队伍老龄化、特殊工种人员及一线工人稀缺等严峻的现实问题，为了适应市场竞争、降低项目成本，最直接和有效的办法就是采取工程分包和雇用民工的办法来解决。但是，我国大多数石油化工生产装置计划性停工检修周期为3年或更长，如何培育一支或几支长期合作的分包商队伍就显得非常关键。

做好装置停工检修项目施工，一方面要不断提高总承包商的管理水平和自身施工队伍的素质，另一方面也要培育几支长期合作的分包商队伍，不断做大做强分包商队伍，要“招之能战”。“为竞争而联合，靠联合去竞争”是解决规模不断变大的大炼油装置停工检修的大趋势。这种观念上的改变，一定要有足够的认识，要从企业的发展和事关成败的战略高度来认识分包管理问题。

(1)加强管理和考核

①总承包商的有关制度和体系必须涵盖分包商，要借助总承包商内部成熟的管理制度和相关体系去约束他们，强化分包商的主动配合服务意识，使其紧跟公司管理思路进行运作。

②对其加强监督检查和考核，特别是有关安全和施工质量的问题，要及时帮助他们发现和解决。采用适度奖惩措施，当分包队伍工作中出现错误时，该处罚的要处罚，以使其深刻吸取教训。

③切实做好现场组织协调工作，帮助分包商解决吊机站位、临设布置、专业特殊工机具借用、施工方案的指导审核、与业主的沟通联系等协调工作。

④实施人性化管理。在与分包队伍的合作中，一定要把分包队伍当成自己的队伍看待，总承包单位管理人员只有深入施工现场，尽心尽力为分包队伍排忧解难，及时为分包队伍顺利施工创造条件，才能够让分包队伍融入到项目的施工节奏中；只有多为分包商着想，把相关的标准、规范传达到位，把他们的困难、要求落到实处，让分包队伍产生休戚与共、风雨同舟的感情，才能有利于项目顺利推进，实现双赢互惠。

(2)加强培训

①要从分包队伍的专业培训做起，有计划、有步骤地帮助其提高队伍整体素质。

②在分包队伍进场前，所有参与检修作业的人员必须经过总包单位组织的安全教育和质量教育，考试合格才能进场作业。

③在分包单位进场时进行企业文化培训，宣贯企业文化理念，帮助分包队伍尽早树立大局观和整体意识。

(3)强化安全文明施工管理

①分包队伍在进场前都必须与总包单位签订安全施工协议，并在进场前对其进行安全技术交底。所有作业人员在进行三级安全教育后方可上岗作业，对于未取得特种作业证的人员严禁进行相应特种作业的操作。

②项目安全网络系统要将各分包商的安全管理人员纳入其中。项目部在布置安全工作时，要吸收分包管理人员一起参加，做到安全工作统一布置、统一检查、统一要求落实。

③加大过程检查力度。由项目部安排专人全过程参与分包队伍的安全文明施工管理，督促分包队伍采取有效措施，增加安全设施和劳动保护的投入力度。

(4)强化进度和质量的总体控制

①项目部在制订施工网络计划时，应充分预计分包商为实现预定计划可能产生的技术、质量及施工进度等问题，事先制定方案，确保总进度计划的顺利实施。要求分包商必须严格按既定计划执行，并和项目部安排的施工节拍保持一致，以确保各单位同步施工时有序、稳步进行。项目部特别要加强现场进度的检查监控，如果一旦发现有进度滞后可能会导致无法在规定工期内完成时，应及时根据实际情况要求分包商制定赶工措施。

②确保分包商施工质量。强调提前策划，严格过程控制，分包商各班组在完成每道工序施工时，按照相关技术标准要求，先由其班组长和分包商质检员组织自检，自检合格后，再交由项目部专职质检员进行专检，检查合格后报请业主检查，通过后进行下一道工序。出现质量问题时，要与分包队伍一起研究质量缺陷，分析缺陷原因，制定整改方案，督促分包队伍限时实施整改。

4.3 石油化工装备检修方案设计案例

以某石化公司为例，讨论其检修方案的设计方法。

4.3.1 编制原则

(1)安全停工

①坚持“安全第一、环保优先”的原则，通过优化组织，将安全环保工作落实到停工检修的各个具体环节，确保停工过程不发生人身伤害、生产设备的着火、爆炸等事故。

②按照HSE管理体系的要求，针对停工过程中各个环节存在的风险，应充分进行风险分析评价，并制定出防范事故发生的具体措施及事故预案，做到安全平稳、万无一失；在整个停工检修过程中落实好十六项管理制度，做好挂签上锁、能量隔离工作，确保检修工作安全可靠。

③严肃两个界面交接，坚决执行条件确认制度，逐条检查，步步确认，做到“四不作业”。

④所有作业必须有方案，所有方案都必须进行会签审批并向岗位人员交底，包括停工方案、卸剂方案、系统清洗方案等。

(2)绿色停工

①坚持高标准、严要求，坚持把环保放在第一位，通过科学管理，在确保“吹得干、扫得净”的基础上实现绿色停工。

②不对天放空。停工处置过程中所有吹扫排放必须通过火炬放空系统实现密闭排放，确保现场没有油气味。

③不对地排污。停工处置过程中所有排污排凝必须通过污水污油系统密闭排放，确保现场没有落地油。

④控制噪声污染。停工处置过程中的排放应控制噪音在正常水平，做到不扰民，不危害职工身心健康。

⑤不冲击污水处理场，确保排放达标。停工处置过程中，严格控制污水场来水指标，避免对污水处理场造成冲击；同时所有污水必须经过污水处理场处理合格后才能排放。

(3)优化停工

①在兼顾蒸汽平衡、氮气平衡、燃料气平衡等系统平衡的基础上，充分考虑各生产装置的检修工作量，以渣油加氢装置首次检修、催化裂化装置烟气脱硝施工和氢气膜回收施工等为检修主线，优化安排各生产装置的停工顺序。

②为解决大规模生产装置吹扫难、时间长的问题，对关键装置关键部位采用化学清洗技术，一方面降低日常检修工作量，提高换热器及塔器的检修效果；另

一方面缩短检修周期。

③优化年度大检修作业内容。兼顾技改技措项目应在年度大检修期间完成全部作业内容，并完成系统管线的工艺处置，确保不漏项、不甩项、不错项，确保检修项目在年度大检修完成后达到投料开工的条件。

(4)效益停工

①在保障停工过程中的公用工程供应，确保停工过程安全平稳的前提下，一方面努力降低水、电、汽、风、氮气的消耗，另一方面做到减少火炬放空，污水不含油，减少浪费。

②优化各生产装置的停工顺序，尽量降低停工期间不合格产品量。

③充分发挥三剂的性能，减少三剂更换量。催化剂按照“能沿用就不再生、能再生就不更换”的原则，充分发挥三剂的物化性能，降低三剂消耗。

4.3.2 检修内容

公司大检修需要完成工艺技改技措项目 288 项，同时完成常规检修项目 3732 项。

(1)日常检修作业内容

本次装置大检修包括 20 套生产装置以及全厂动力系统 4 套装置和储运系统，常规检修项目。以生产一部为例，其检修内容见表 4.1。

表 4.1 该石油公司生产一部的检修内容

主要检修内容	备注
1. 常减压冷换设备检修，分布集中，数量多； 2. 常压炉空气预热器更换 3. 常压炉烟道蝶阀更换 4. 常顶空冷更换 5. 常减压检维修项目共计 440 项 6. 催化反再系统打开检查后隐蔽项目的施工； 7. 催化裂化装置外取热器管束更换； 8. 催化裂化 CO 炉内脱硫脱硝改造项目。主要包括省煤段更换、水保护段更换； 9. 催化裂化烟机入口阀、旁通阀维修； 10. 催化裂化风机、烟机、汽轮机等大机组、油浆泵、重循环油泵等关键机泵大修	

(2)技改技措项目

工艺技改技措项目合计 288 项，主要包括节能节水、隐患整改、计量完善、技术进步等内容。技改技措项目统计见表 4.2。

表 4.2 技改技措项目

项目	项目总数	设计已完项目	反馈资料	未完项目
生产一部	86	82	0	4
生产二部	34	28	2	4
生产三部	85	82	0	3
生产四部	53	47	0	6
动力部	22	20	2	2
储运一部	8	8	0	0
储运二部	0	0	0	0
总计	288	267	4	21

以该公司生产一部常减压装置为例，其技改技措清单见表 4.3。

表 4.3 部分技改技措清单

总序	项目	序号	单位	项目名称
1	生产一部	1	常减压	常压塔底差压液面计 LI1005 增加冲洗油滴注系统
2	生产一部	2	常减压	机封白油罐冷却水系统改造
3	生产一部	3	常减压	加热炉区增设可燃气体报警仪
4	生产一部	4	常减压	凝结水泵 P215 改造
5	生产一部	5	常减压	减顶气压缩机入口管线改造
6	生产一部	6	常减压	PV1403A 蝶阀后管线加人孔
7	生产一部	7	常减压	电脱盐反冲洗线增加切断阀
8	生产一部	8	常减压	P111 泵、P110 泵增加预热线
9	生产一部	9	常减压	减顶大气腿管线增加采样器
10	生产一部	10	常减压	减底液位控制阀 FV2001 重新造型
11	生产一部	11	常减压	增设外操室外地面至房顶爬梯
12	生产一部	12	常减压	减顶污油增加至柴油流程设计
13	生产一部	13	常减压	E119A/B、E121 壳程出口安全阀更换
14	生产一部	14	常减压	E115CD 管线改造
15	生产一部	15	常减压	E102 二层平台增设过道平台
16	生产一部	16	常减压	常压炉空气预热器更换
17	生产一部	17	常减压	E102 出入口阀门蝶阀改闸阀增加出口热电偶、E120 更换出入口阀门

各生产部门对目前在用的催化剂性能进行了评估，催化剂使用达到了设计周期，计划更换具体数量见表4.4。

表4.4 各生产部门计划更换数量

生产部门	装置名称	数量
生产一部	石脑油加氢	274t
	汽油加氢/醚化	92.5m^3
生产二部	重整/PSA/航煤加氢	563t
	MTBE/航煤加氢/重整	546t
生产三部	蜡油/柴油加氢	1181t
	渣油加氢	1777t
生产四部	硫黄装置	104t

4.3.3 停工检修总体方案编制

(1)指导思想

①《2016年大检修停工总体方案》作为2016年大检修的指导书和计划书，所有工作准备情况和执行情况应该满足停工检修总体方案的进度安排。

②按照公司总体安排，2016年大检修时间安排在11月5日—12月20日，2016月12月20日前全部恢复生产，并调整产品合格。

③按照质量管理体系的要求，保质保量完成所有检修作业项目，确保所有装置检修后一次开车成功，并确保平稳运行三年以上。

④按照“先停生产装置、后停公用工程及辅助设施”的原则安排停工。主体装置停工前，公用工程及辅助设施、油品储运系统全部正常运行。

⑤优化组织，做好物料平衡，为恢复生产运行准备好开工条件；同时在保障停工过程公用工程稳定供应的前提下，努力降低水、电、汽、风、氮、燃料的消耗；并在此基础上统筹考虑各生产装置的停工检修工作量。

(2)停工思路

①生产装置停工思路。按照装置之间的物料互供关系以及恢复开工备料需求，生产装置停工按照三条主线进行统筹安排，一是以渣油加氢—大制氢装置停工为主线；二是以常压－催化裂化装置停工为主线；三是以连续重整－芳烃－PSA1装置－各套加氢装置停工为主线。停工先后顺序如下：

步骤1：渣油加氢装置－大制氢装置；

步骤2：常减压－催化裂化－气体分馏－聚丙烯－MTBE－汽油精制－汽脱硫－汽油醚化；

步骤3：加氢裂化－柴油加氢精制－航煤加氢－石脑油加氢－轻烃回收－异构化－连续重整－芳烃抽提－PSA1－小制氢装置；

步骤4：硫黄装置－加氢型酸性水汽提装置－非加氢型酸性水汽提装置－火炬系统；

步骤5：动力站－空分空压－循环水－污水装置。

②安排渣油加氢、大制氢装置提前停工，计划在2016年10月28日常减压装置切换为低硫原油后，渣油装置于10月28日开始停工；常减压装置加工负荷900t/h，产品合格后，供催化直馏重蜡、减压渣油，确保催化原料平稳，根据催化原料性质要求，催化原料为重蜡110t/h、常压减渣140t/h、脱硫渣油130t/h。可考虑掺炼达尔渣油为备用手段。催化原料的主要性质指标见表4.5。

表4.5　催化原料主要性质指标

原料名称	硫含量/%	残炭/%	流量/(t/h)
直馏重蜡	0.2	0.3	110
直馏渣油	0.6	10.9	140
脱硫渣油	0.3	4	130
达尔渣油	0.2	14.7	可作为备用
合计	0.37	5.2	380

③安排常减压装置11月3日停工、催化裂化装置11月5日停工，催化下游装置同步停工。

④安排小制氢在重整停工前开工，计划在2016年11月5日开工正常，安排连续重整装置与加氢装置同步停工，小制氢装置供加氢裂化、柴油加氢、石脑油加氢、航煤加氢、汽油精制、汽油脱硫等装置完成热氢带油工作后安排停工。

⑤随着加氢装置停工后，酸性气下降，安排10万吨/年硫黄装置11月5日同步停工，11月6日安排6万吨/年硫黄装置随着溶剂再生系统停工。

⑥停工前应确保相关工艺物料储备到位，以满足恢复生产“倒开工”的需要，缩短开工时间。如开工油运用油、硫化油、冲洗油、密封油等；开工用燃料气、燃料油等，确保供应充足。

⑦根据规划计划处、营销调运部提供计划和数量，储运一部、二部等储备高

效产品的成品油以保销售市场需求。

⑧储运一部104#罐清罐，提前准备储存15000吨消防水，以确保常减压装置的停工时间化学清洗用水。

⑨全厂所有生产装置(单元)同时停工，需要全面进行氮气吹扫置换。为实现氮气资源错峰交替使用，根据检修工作量的情况，优先安排工期紧的装置(单元)优先进行吹扫，避免出现氮气资源紧张的局面。

⑩为了确保火炬系统能够及时排放凝液，安排蒸汽扫线交替进行，错开高峰期，确保系统平稳运行。按照停工次序，蒸塔逐套进行，当蒸塔凝结水含硫化物小于1mg/L、水中油小于5mg/L时，可以改为直接排放。

(3)停工检修应具备的条件

①各生产装置(单元)检修计划已经完成审批并发布，检修项目已经确定；检修材料已经全部准备到位，检修作业队伍已经落实，工机具已运到现场。

②各生产装置(单元)技改项目碰头施工作业蓝图已经发布，相关材料已经准备到位，施工作业单位已经落实，工机具已运到现场。

③各生产装置(单元)需要更换的三剂已经准备到位，施工作业单位已经落实；需要再生的三剂已经签署技术协议，并已落实再生单位。

④储罐清罐、化学清洗、装卸剂等其他专业公司已经完成招标，相关机具已经运抵现场，作业方案已经过审批，具备作业条件。

⑤各种工艺物料已经按照停工总体方案的要求准备到位，满足恢复生产运行的需求。

⑥各部门的停工方案、吹扫方案、装卸剂方案、催化剂再生方案、化学清洗方案已经完成编制完成，完成审批，并向岗位人员和检修人员交底。

⑦需要实施带压开孔作业的系统管网碰头点已经明确，带压开孔方案完成审批，相关机具已经准备到位，具备作业条件。

(4)安全环保

1)总体要求。

①做好停工过程中的风险评价工作，认真落实风险削减措施，严格执行停工方案，严把置换关、盲板关和化验关，并按照停工交检修界面进行确认交接，做到停得稳、扫得净、盲得住。在停工方案中加入停工和吹扫过程中的危险因素分析和危险因素的消减措施表。

②装置各物料退净加盲板完毕前不允许任何动火现象的发生，要特别注意保护人员的安全，尽量避免设备出现损伤。

③装置在停工过程中，操作人员必须严格按照停工规程中规定的步骤进行，在降温和降压过程中，必须严格遵守停工规程中规定的速度，以确保停工过程的安全与顺利。

④对重要的环保设施(火炬、污水处理场、酸性水气提装置)，要遵循“后停先开”原则，妥善安排检修时间，防止污染物超标排放。

⑤所有设备管线清扫的有毒有害物质应进行回收，做到“不见天，不落地”。

⑥保障应急物资充足，重视应急预案演练。

⑦个体防护装置应按照要求配备到位。

2)污水排放控制。

①严格遵守“清污分流，污污分流”的原则，做好雨水进口封堵，禁止将吹扫液排入雨水系统。

②停工装置吹扫前应将塔、容器、换热器、空冷、机泵、管线等物料及处理介质全部退净，不留死角。

③对含氨、含硫污水及相应的冲洗水全部引入含硫污水汽提装置。

④在检修过程中，因清洗设备而产生的废酸、废碱，必须在现场完成中和处理，方可排放。

⑤停工前，含硫污水原料罐、事故池、污水调节罐等设施应保持最大的接收容量，做好接纳开停工检修污水的准备。

⑥各种化学清洗液排放前需执行排污申报制度，经化验监测分析达到排放标准，方可排入系统管网。

3)恶臭气体控制。

①对含硫、含氨污水(介质)的管线和设备，以及溶剂回收、酸性水汽提、硫黄回收装置在吹扫前均需使用高效工业污水处理剂预先处理。

②前期吹扫应采用密闭式吹扫，将吹扫后的气相引入火炬系统。

③硫黄装置停工吹扫时，应先做好酸性气平衡，严禁酸性气放火炬。

④含氨、含硫气体放火炬时必须配烧足量的瓦斯。

4)固体废物控制。

①对废物处置应遵循“资源化、减量化、无害化”的原则，对可利用的应优先选择回收和综合利用途径，不能利用的应控制产生的数量。

②应严格对固体废弃物进行分类收集，按指定地点存放。禁止危险废物与一般固体废物混放。

③所有固体废物出厂需提前进行申报，经批准后方可转移出厂。

5）噪声排放控制。

①设备、管线放空气体应安装消音设施，防止扰民事件发生。

②检修期间化验监测部应加强厂界噪声监测。

6）放射污染控制

①对放射源进行拆除、移动、转运或保存时，应严格办理相关审批手续。

②管线、设备探伤必须办理作业票证。

（5）停工检修难点及对策

1）检修工期整体紧张。

①存在的问题。从总体停工的统筹安排来看，检修工期为25天，检修工期整体非常紧张。一方面在2016年大检修期间，除完成日常检维修项目外，还要完成常减压空气预热器更换、催化烟气脱硝改造项目、催化外取热更换、PSA1改造项目、蜡油加氢高压换热器检修、聚丙烯造粒机检修、硫黄酸性水罐检修、储运系统气柜、火炬检修等等施工作业；还要兼顾公用工程系统和储运系统要后停先开，因此整体工期非常紧张。

②采取的措施。针对工期紧、任务重的大检修工作，总体方案采取了如下措施：

第一，优化停工顺序，有效缩短停工周期。

首先，充分考虑各装置检修工作量，优先安排检修工作量相对较重的催化裂化装置、常减压装置使用蒸汽、氮气，为检修争取时间。

其次，充分考虑公用工程系统平衡，优先保障检修工作量较大的装置供应，避免出现氮气、蒸汽资源紧张的现象，影响停工进度。

再次，统筹规划，系统与装置整体“一盘棋”，在生产装置进行工艺处置的同时兼顾系统管线的处置避免“返工”，影响停工进度。

最后，硫黄回收装置是全厂最后停的生产装置，它的停工进度决定了公用工程系统的停工进度和检修时间。因此，提前安排降低酸性水罐液位，缩短硫黄回收装置的停工周期。

第二，全面实施“倒开工”，大力缩短开工周期。

首先，因外购蒸汽及天然气供应有保障，提前开小制氢装置进行气密，开大制氢装置确保加氢装置能够同步开工。

其次，储备部分减压蜡油、渣油和柴油，安排渣油加氢、蜡油加氢、柴油加氢装置提前开工。

再次，储备部分丙烯原料，提前进行系统丙烯置换，并建立系统循环，为聚丙烯装置开工投料创造条件，减少开工周期3天时间。

接着，储备部分重整生成油，在连续重整投料之前提前安排芳烃抽提建立循环，减少开工周期3天时间。

最后，第三循环水场的系统管网采用在线清洗预膜的方式，节省公用工程系统的开工周期。

第三，重油系统采用“化学清洗”技术

装置大型化后，装置停工吹扫处理困难。一方面系统管线粗、设备大，给管线设备吹扫带来了先天性的困难；另一方面UOP所设计的装置中，塔器无器壁阀，设备无出入口阀、副线阀，不能将系统划分成若干个小系统进行单独吹扫，只能整个系统贯通吹扫，给吹扫带来很大难度。

对常减压装置、催化裂化原料系统、油浆系统和重循环系统进行采取化学清洗技术，可以大大减少停工检修的工作量，缩短停工吹扫的时间，可以大大减少停工吹扫时工人的劳动强度。在2013年采用了化学清洗的基础上，总结经验提前与化学清洗单位联系，优化清洗方案，最大限度缩短停工周期，为检修争取时间。

第四，优化检修工期各检修单位。根据实际检修工作量，充分调配相关人力物力，做好检修准备相关工作，优化检修工作统筹，加强检修施工组织，压缩检修工期。

2）停工期间安全保障的问题。

①轻污油罐超温的问题。

根据总体停工方案安排，各套装置停工集中，退油集中，可能出现轻污油罐超温问题，存在较大安全隐患。

采取的措施：

首先，保证送出油品冷却温度在工艺卡片范围。

其次，确保装置轻重污油合理分配，避免重污油进轻污油系统，造成超温。

再次，各生产装置污油出装置未加装冷却器的，必须严格控制送出温度，确保符合储运一部的工艺卡片指标要求。

接着，轻污油罐要有合理的库存，储运严格监管接收油品温度。

最后，轻污油罐要有应急的降温措施。

②火炬系统凝结水问题。

在以往大检修时出现凝结水过多造成了凝液罐满，溢流现象。

采取的措施：

首先，在各装置吹扫过程中，严格控制使用蒸汽量；

其次，公司安排停工时间尽可能做到错峰交替使用，确保平稳。严格按照蒸汽平衡使用，各装置内部要合理安排，平衡用量。

再次，储运一部加强检查，提前采取措施，合理控制排放冷凝水。

最后，各装置蒸塔时严格控制时间与蒸汽量，油气赶净后，逐步降低蒸汽使用量，直至分析指标合格。

3)停工期间环境保护问题。

①废气排放。在全厂停工处置进行系统蒸汽吹扫和蒸煮的过程中，现场排放会产生大量油气味道，导致大气污染。

采取的措施：在全厂停工吹扫的过程中，为尽量减少对天放空、对地排放，确保检修现场没有油气味道，根据惠州石化检修经验，采取如下措施：

首先，装置停工处理过程中，先进行系统水洗再用蒸汽吹扫贯通，减少蒸汽吹扫过程产生的油气量。

其次，通过塔顶冷却系统回收油气，各塔初次引蒸汽吹扫要进行“密闭”吹扫，即塔顶空冷在初次引蒸汽时要保持开启，塔顶废气经空冷冷却后排至火炬放空系统。

最后，在各塔及系统管线第二、三遍进行蒸汽吹扫时，气相通过火炬放空系统进行高空排放，避免装置现场低空排放，严格控制蒸汽用量。

②污水排放。在全厂停工处置过程中会产生大量的污水。污水主要有3个来源：一是化学清洗过程产生的含油污水，如重油系统水基清洗、硫化亚铁系统的清洗钝化；二是系统管线的水冲洗过程产生的含油污水，如胺液系统水洗、酸性水系统水洗；三是系统管线蒸汽吹扫、蒸煮过程产生的含油污水。这些污水一般COD含量超标，且含有化学药剂，pH值不能满足污水处理场来水质量要求，因此不能集中进行处理。

采取的措施：

首次，利用一台20000m^3柴油罐储存化学清洗的污水，在化学清洗的技术谈判阶段，要求相关专业公司明确注剂的配方及污水的处置办法，严格控制用水量。

其次，利用事故缓冲池临时储存新鲜水、循环水、热媒水等系统排放的水；然后污水开工后进行处理。

最后，对于蒸汽吹扫产生的凝结水，分析合格后可以达标排放。

③停工期间工艺处置问题。装置大型化后，一方面系统管线粗、设备大，给管线设备吹扫带来了先天性的困难；另一方面UOP所设计的装置中，塔器无器

壁阀，设备无出入口阀、副线阀，不能将系统划分成若干个小系统进行单独吹扫，只能整个系统贯通吹扫，很难保证吹扫干净。

采取的措施：

借鉴以往停工检修经验，对于重油系统采取化学清洗技术，大型装置停检采用化学清洗代替传统蒸汽吹扫越来越为国内炼油厂所接受；同时对于存在 FeS 自燃风险的部位需要进行钝化。根据各生产装置的特点，确定停工检修期间需要进行化学清洗的范围见表 4.6。

表 4.6 停工检修期间化学清洗的范围

分类	装置分类	清洗范围
1	常减压装置	全装置水基清洗（其中常压塔顶系统、减压塔顶系统、减压塔填料需钝化处理）
	石脑油加氢	原料罐、冷高分罐钝化
	轻烃回收	全装置钝化
2	催化裂化装置	分馏系统需要水基化学清洗、钝化、（F－102 蒸汽过热炉燃料油系统需要化学清洗）
	汽油加氢装置	吸收稳定系统、双脱系统需要钝化
		汽油精制全部需钝化
		汽油加氢全装置需钝化
3	柴油加氢	反应系统（高压分离器、低压分离器、循环氢脱硫塔、循环氢脱硫塔入口分液罐、脱硫化氢汽提塔、脱硫化氢汽提塔顶柴油加氢回流罐）需钝化
	蜡油加氢	反应系统（循环氢脱硫塔、干气脱硫塔、冷高压分离器、热低压分离器、冷低压分离器、循环氢脱硫塔入口分液罐、气脱硫塔入口分液罐、贫胺液缓冲罐、富胺液闪蒸罐）
		分馏系统（汽提塔顶回流罐、分馏塔顶回流罐、轻污油罐、重污油罐、退胺液罐）化学清洗
	渣油加氢	反应系统（冷高低分、循环氢脱硫塔、干气脱硫塔等、低分气脱硫塔、循环机入口分液罐、富胺液闪蒸罐）需钝化
		分馏系统（汽提塔、分馏塔）需化学清洗
4	航煤加氢	分馏塔顶部，循环氢脱硫塔需钝化
	芳烃抽提	溶剂系统需化学清洗
	硫黄装置	260t/h 溶剂再生装置、700t/h 溶剂再生装置、600t/h 溶剂再生装置需钝化
		非加氢性酸性水汽提装置、加氢性酸性水汽提装置需钝化

化学清洗技术存在以下几方面的特点：可以缩短停工时间，为检修争取时间。清洗效果好。化学清洗剂具有强大的溶解、清洁能力，完全去除了重质油焦化后的沉积物，去除了钙质类结垢，可以避免蒸汽吹扫反复憋压对设备的损伤，节省蒸汽消耗的同时还大大降低了检修费用。清洗后换热器换热效率提高，开工后装置能耗明显下降。安全可靠，化学清洗处理有效地去除烃类及 H_2S 等有毒有害气体，硫化亚铁易自燃物质可被完全钝化，清洗后的装置可以保证检修安全动火。

思考题

1. 日常检查、定期检查的主要内容有哪些？
2. 定期检验间隔期缩短的情况有哪些？
3. 石油化工装备外部检查和内部检查内容包括哪些内容？
4. 现行检修体制有包括哪些？
5. 需要耐压试验的情况有哪些？
6. 项目进度控制理论有哪些？不同理论的基本原理是什么？
7. 计划检修的检查过程是什么？
8. 全面质量计划维修的主要职能有哪些？
9. 石油化工装备停工检修的特点有哪些？
10. 石油化工装备停工检修项目施工管理的内容有哪些？
11. 石油化工装备项目施工管理的对策有哪些？
12. 人工成本控制的措施有哪些？

第5章　石油化工装备的故障分析及事故管理

石化工业属于流程工业，它要求连续的生产过程，每套生产装置是由转动机械、静设备、电气设备、仪表(包括计算机)和管道组成。

5.1　石油化工装备故障分类及管理

作为我国工业的重要部分，石油化工行业对于我国国民经济的发展具有至关重要的作用。机械设备对于石油化工企业的生产意义重大，但是机械设备往往因材料、工艺以及人为因素等影响导致其零部件腐蚀、冲蚀、变形，并且设备技术状态往往会随着零部件磨损的进一步加深而不断劣化，导致设备出现故障，影响其功能发挥，甚至导致机械设备报废。因此有必要针对石油化工机械设备出现的常见故障采取合理的维修管理措施，确保化工机械设备处于良好工作状态，设备利用率得到有效提高，机械设备使用寿命得到延长。

5.1.1　石油化工机械设备的常见故障及管理

(1)石油化工机械设备的常见故障

①腐(冲)蚀和渗漏。所谓的腐蚀指的是金属表面分子与其周围介质之间发生化学作用进而对金属造成破坏。在化工厂内，腐蚀问题一直存在，主要分为三类：一是化学原料本身就存在腐蚀性；二是生产过程中产生于化学剂的腐蚀；三是来自生产环境的腐蚀作用。冲蚀磨损指的是按照特定的速度和角度，通过固体和液体的形式，以松散小颗粒状造成材料损耗的现象和过程。冲蚀腐蚀现象在众多工业部门中广泛存在，在石油化工行业更是如此，是造成设备失效的重要“元凶”。渗漏指的是零件质地出现疏松或者存在细小缝隙，肉眼无法看见，机械设备内的液体或者气体发生向外泄漏的现象。通常情况下，设备安装焊接存在漏洞、设备存在焊缝沙眼、介质本身受到腐蚀，很多情况下渗漏问题的出现往往是多个因素共同导致的，因此在解决渗漏问题时，必须准确找到原因，如果盲目采

取措施，只会造成材料的无端浪费，化工机械设备存在的有毒物质发生外泄，对公共安全造成危害。渗漏问题在化工机械设备使用过程中也是比较常见的问题。

②疲劳裂纹。通常情况下，转动机械以及不断做往复运动的设备部件往往容易出现疲劳裂纹，在管路或者压力容器中，出现的疲劳损坏都是比较严重的，主要是因为这些部位往往需要承受温度和压力的周期性变化。机械设备出现疲劳损坏最初的表现形式只是小裂纹，再到后来存在应力交变现象，并逐渐发展，最初的小裂纹最终会发展到导致设备或者零部件损坏甚至报废。

③机械密封失效导致的泄漏。化工机械设备的利用率会受到机械密封性能的影响，同时机械密封性能还会对化工流程的工作性能以及装置的生产效率产生影响。机械密封失效往往会导致机械设备发生泄漏现象。通常情况，设备本身缺陷、设计和制造问题以及密封选型及安装不合理都会导致设备发生泄漏。因此，有必要根据工况条件寻找导致设备出现密封失效的具体原因，并采取有效的措施，促进设备利用率提升，保障化工装置稳定运行。

④结垢。在化工机械设备使用过程中，结垢现象普遍存在，往往存在于各种传热设备中。如何预防换热器发生结垢现象以及结垢时如何清洗是我们必须重点考虑并解决的问题。一旦化工机械设备管道发生结垢现象，结垢沉积物往往具有很高的热阻，导致传热效率大大下降。同时，结垢现象还会产生垢下腐蚀，导致管道内流体阻力变大，同时有效容积也会减小。因此，在工业生产中，特别是石油化工和热电工厂中，必须定期对换热器等设备进行清洗。因为结垢往往会对换热器产生很大危害，直接对材料性能以及设备寿命造成不利影响，使化工企业生产成本增加，甚至还有可能引发各种事故，必须采取有效措施加以预防或者清除。

(2)石油化工装备故障管理

①加大对石油化工装备的巡回检查力度。对化工设备进行巡回检查主要有3种方式：一是操作人员的巡回检查；二是现场技术管理人员的巡回检查；三是片区维护检修人员的巡回检查。必须把现场五字巡检法贯穿于整个巡回检查过程中，即“听、闻、摸、比、看”，主要检查化工设备是否存在漏电、漏水、漏气和漏液的现象。检查过程要做好详细记录，如实汇报给上级，并对设备进行隐患分析，以尽快消除故障。

②提高相关人员的技术水平。要从根本上降低设备故障发生率，必须不断提高相关人员的自身素质，特别是设备维修人员和操作人员的素质，因此，化工企业应该为其提供一个相互学习和交流的有益平台。在系统化学习的过程中，能够

更加清楚地了解并认识到设备发生故障的原因，让设备操作人员掌握设备的构造、原理、性能以及维护和故障排除方法。

③有计划的维护与检修。石油化工设备的功能和精确度往往在日常使用过程中，因为受到超载荷、腐蚀以及磨损等不同因素的影响而逐渐降低。为了让设备生产效能得到发挥，设备使用寿命得到延长，必须确保设备维护和检修的科学性，增加企业收益。要确保维护和检修的计划性，除了要对设备自身运行条件加以考虑外，还要兼顾维护检修和操作水平的不同，制定完善的维护和检修方案。对于化工企业而言，应当加大资金投入，引进先进的保养设备，购置最新的维修检测仪器，严格按照维护检修规程的要求进行操作，这样能够实现对化工机械设备的实时追踪检测，并对设备技术状况予以记录和掌握，从而让设备维护和检修工作更加主动。

综上所述，对于石化企业来说，石油化工设备是其用于获取经济利益的重要技术基础，往往会对企业的兴衰产生很大影响。因此，要想让化工机械设备的使用寿命得到延长，让设备的功能及生产效率得以充分发挥，必须针对石油化工设备在使用过程中的常见故障，采取相应的维修管理措施，从而使设备的生产效益最大化，增加企业经济效益。

5.1.2　石油化工自动化控制仪表常见故障及管理

随着现代大生产的发展和科学技术的进步，现代设备的结构越来越复杂，功能越来越完善，自动化程度也越来越高。由于许多无法避免的因素影响，有时设备会出现各种故障以致降低或失去其预定的功能，甚至造成严重的灾难性事故。从安全生产，生产质量控制的角度分析，研究并改善石油化工自动化控制仪表应用中的常见故障，则对于石油化工行业的稳定发展，以及相关自动化控制仪表装置应用水平的提升意义重大。

(1)石油化工自动化控制仪表常见故障

①温度仪表故障。石油化工工艺技术在生产运行的过程中，涉及了高温、低温环境，因此在其工艺技术的实施过程中应用温度仪表进行环境温度检测。温度仪表在石油化工生产中，常见的故障现象表现为：温度仪表在应用中的温度检测参数出现错误造成工艺生产失效，出现安全生产事故，造成人员伤亡或设备损坏的现象。例如在涉及高温技术的化工生产作业中，温度仪表失效造成后续工艺的衔接不到位，则可能造成因温度过高出现催化剂失活，反应失败，引起经济损失以及生产物料性状发生变化，产生后续过高清理成本及安全事故现象。另外，分

析造成温度仪表故障现象的原因主要有设备老化、传感器故障、软件故障。

②压力仪表故障。石油化工生产作业在实施中高压作业环境普遍存在，标准适宜的高压环境，对于石油化工工艺技术实施中的安全性保障，以及作业人员的生命安全保障，设备装置的安全性保障产生了极大的影响。分析压力仪表在应用中出现的故障现象通常表现为：对于反应设备中的压力值参数显示错误，检测错误，造成的设备损坏，引起的人员伤亡，物品泄漏等安全事故现象。分析压力仪表出现故障现象，主要的原因为压力仪表密封失效，密封件老化，引起的气密性下降，造成的压力指数读取异常现象。另外，压力仪表老化，传输管道堵塞，也为引起压力仪表运行故障的常见原因。

③液位仪表故障。石油化工工艺技术在实际运行中，实施生产设备中的物料液位监测，以及相关数据的传输分析，对于其工艺的反应进度、反应周期、反应情况监管，以及相关安全管理措施的实施，发挥了重要的作用。反之，如液位仪表出现故障现象，则可能造成化工工艺生产中出现反应失效，物料泄漏，有毒有害物质传播，以及设备损坏的现象。另外，在实际运行中分析液位仪表出现故障现象的主要原因：管道渗漏；设备渗漏；前端设备故障，引起的液位仪表参数读取异常。该类故障现象的出现，极大地影响了石油化工作业中的安全性和稳定性，同时也造成了一定范围内的环境污染现象及经济损失现象。

④流量仪表故障。石油化工生产作业在实施中对于物料之间的配比要求极高。具体在生产作业中，如配比不准确，物料投放过量或过少，则有可能造成反应失败，出现安全事故等其他不良现象。其中从物料配比控制的角度分析，流量仪表为物料控制中的核心设备，其设备的稳定运行保障了相关物料配比的准确性，同时对于生产作业中的安全性保障也发挥了重要的作用。在具体的生产作业中，流量仪表出现故障现象的主要原因：管线阀门故障、电子控制系统故障、管路堵塞、操作不规范引起的流量仪表故障现象。

(2)石油化工控制仪表故障管理

①温度仪表故障管理。石油化工温度控制仪表在生产作业中出现故障现象，从其产生故障现象的原因方面分析，为有效处理因设备老化、传感器故障、软件故障造成的温度仪表故障现象，生产单位在实际发展中可通过建立设备安装与应用时间表，制定设备检修维护制度，实施设备巡检制度，以及定期检测维护系统软件设置的方式，进行温度仪表的更换、维护、问题处理，以降低温度仪表应用中出现的故障概率，同时达到增强设备运行质量，优化石油化工生产效果的目的。

②压力仪表故障管理。石油化工生产中关于压力仪表出现的故障现象，石油化工企业在生产作业中，可通过定期的压力仪表管线管道检修，管道杂物疏通，以及密封件更换作业的方式进行检修和维护，以确保压力仪表在运行中的安全性和可靠性。其次，在生产作业的实施中，为降低压力仪表在运行中出现故障现象概率，石油化工生产企业在实际发展中，还应规范操作人员作业标准，加强作业人员技能培训，强化作业人员安全意识教育培训的方面进行发展。通过培训制度的建立，巡检维护制度的实施，促进石油化工生产作业的安全稳定运行，同时保障各类仪表设备在应用中的安全可靠性。

③液位仪表故障管理。液位仪表在石油化工生产作业的实施中，根据其基础构件的应用环境，以及相关化工生产环境等方面进行分析。关于液位仪表的常见故障处理，石油化工企业在实际发展中，可通过落实老旧反应设备管件的更换，加强设备渗漏情况检测，以及定期检查检测构件，更换检测构件的方式，进行液位仪表的应用维护，以保障液位仪表在石油化工生产中应用效果的合格性，同时规避因液位仪表故障及前端设备故障造成的环境污染、生态污染的不良现象，保障石油化工生产与环境保护的和谐发展。

④流量仪表常见故障管理。石油化工生产作业中流量仪表的应用，贯穿了其生产工艺的始终，因此其设备装置的运行性能及运行效果，对于石油化工生产作业质量、作业效果也产生了极大的影响。其中，在实际生产作业中，关于流量仪表出现故障现象的改善策略实施，石油化工企业可通过规范操作人员操作工序，加强作业过程监管，疏通堵塞管道，更换故障阀门，检修电子控制系统，以及在紧急情况下实施手动控制的方式，恢复流量仪表的运行性能，确保流量仪表在实际应用中的安全性和稳定性，同时减少因流量仪表出现故障现象，造成的化学反应质量不合格，出现安全事故以及人员伤亡的其他不良现象。

石油化工生产作业中应用了大量的自动化控制仪表装置，各类仪表装置的稳定运行，对于石油化工生产作业质量的合理提升，以及生产效果的保障，安全管理质量的提升，企业实际收益的提升发挥了重要的作用。在实际生产作业中，分析关于温度仪表、压力仪表、液位仪表、流量仪表的常见故障现象处置，生产企业在实际发展中可通过多个方面进行改善和优化；通过对操作人员的安全意识培训、作业技能培训、作业过程监管，降低因人员误操作，人员安全意识不足造成的仪表装置故障现象；制度方面，通过设立仪表设备的检修维护制度，进行定期的设备检修、更换、维护，软件的调试和维护，确保仪表设备在应用中应用性能的合格性，同时规避因设备老旧、更换不及时、软件故障造成的仪表故障现象；

建立应急处置策略，例如在涉及自动控制及手动控制两种控制模式的仪表装置应用中，仪表装置如出现故障现象，短期内无法有效解决，则可通过临时启用手动控制的方式，恢复生产作业，之后进行相关设备装置的检修和维护。推动石油化工生产作业中各自动化控制仪表的安全稳定应用，同时合理地提升石油化工生产作业的规范性和安全性。

5.1.3 石油化工自控系统的常见故障及管理

随着人类的进步和科技的发展，数字化工厂、智能化工厂以及工业4.0的提出，对系统功能的要求上升到了一个新的高度，智能快捷的思想已逐渐深入人心，未来社会将是一个智能的社会。装置仪表自控系统技术，在未来大型化工企业的发展中将扮演着至关重要的角色。因此有必要针对石油化工自控系统出现的常见故障采取合理的维修管理措施，确保石油化工装备处于良好工作状态。

(1)石油化工自控系统的常见故障

①硬件故障。控制器、I/O卡件及其他硬件设备故障。例如，控制器发生故障，对应的系统设备指示灯将会发亮，现实出现故障要及时关掉装置。若不能及时处理则会影响系统控制功能的实现。

②软件故障。在实际生产运行中，常见的软件故障多体现在操作员站和服务器。例如：操作员站的操作系统死机导致工艺人员无法操作；服务器在恢复历史趋势时出现报警，造成主备服务器切换；过程历史趋势无法显示，需重启操作员站才能恢复等。

③网络故障。网络故障主要出现在控制网络和过程监控网络，控制网络中I/O卡件与控制器相连的I/O Link出现故障的频次最高，多表现为Soft Failure。对于一般的软故障可以通过命令对其进行故障复位，但如果是由于I/O底板或Link线本身故障，必须将故障点消除后才能进行复位，可通过I/O Link Status确定故障位置再进行相应处理。过程监控网络中常见问题为网线水晶头压接不合格导致网络异常，以及在FTE网络组网过程中，因人员作业疏忽形成环网，造成网络故障。同时，各成套系统与DCS之间的SCADA通讯丢包或者中断也是常见故障。

(2)石油化工自控系统的常见故障管理

①分析与判断故障原因。在大型石油化工装置仪表自控系统中，由于配备了多种现场控制装置，相应的各类故障就层出不穷。若保证故障可以及时得到妥善解决，需要根据故障原因对故障点进行排查。由此，在生产过程中需要从细节之

处对故障原因进行分析，根据故障原因处理故障点问题。例如，当控制器发生故障时，系统会发出警报，当系统显示系统与控制器连接出现问题时，需对控制器线路及状态进行检查。当软件发生故障时，需自行通过命令实现故障复位。若底板或线路发生故障，需要将系统控制网络与监控网络与控制器进行连接，这样才能使系统控制装置复位若系统显示复位失败需排查网络故障。若系统发生故障，可根据仪表数值进行故障原因的排查，这时由于系统运行根据仪表显示数据情况执行工作，从分析到处理故障可及时进行记录。或利用 DCS 等控制系统信息，准确判断仪表自控系统故障原因，尤其是现场仪表自控系统，需要 DCS 等控制系统提供出有效地利用信息，这样可以在较短的时间之内判断出故障的问题与导致的原因。并且该系统可以提供详细的数据资源与技术支持。

②逐一排查系统故障。在系统控制器发生故障构，需要结合故障原因对内部元件及线路一一排查，根据风险评估采取应急预案，对故障控制器实施断电处理，对控制器进一步展开检查。当控制器由于失活产生同步丢失，需要重启激活控制器。当系统发生软件故障时则可以自动复位，但需要相关人员根据 CDA 报警看系统是否可以恢复。若无法恢复则需要重启，保证数据可以恢复。这时需要对控制网络与监控网络故障进行针对性的排查，通过 I/O 卡件与 LinkStatus 确定故障位置，完成相关的内容检查，对通讯失败率复位，必要情况可以采用这针对性的技术进行处理，保证系统运行正常。

③系统定期检修维护。为了避免各类故障的发生，保证自控系统运行正常，需定期对系统进行检修维护。在检修过程中运用分布式控制系统综合检测，若发现元件、系统操作流程等有问题，需根据检测结果进行备份，保证检测结果有较高的正确率，为维修提供有力的数据支撑。在系统维护过程中，需要对卡件、电源及指示灯进行定期检查，保证系统可正常运行。在此过程中需结合季节气温因素对线路进行故障排查，对各类仪表定期清理，对仪表内外情况进行综合分析与科学评估，及时更换老旧部件，保证不利因素及时解决，降低故障发生率。另外，定期巡检维护工艺设备，全面排查可能发生故障的地方，从源头上避免事故的发生。在检修维护中对备品进行认真检查，避免在使用时出现问题影响企业生产经营的正常运行。此外，要注意对常用的或重要性的软件与资料进行备份，避免装置仪表自控系统发生故障，造成相关数据资源的丢失。

5.1.4 石油化工电气故障分类及管理

石油化工电气设备由于运行工况复杂，容易出现故障。基于石油化工电气设备的特点及其重要性，如果不对石油化工电气设备的故障进行有效的预防，一旦发生故障，将会对化工电气设备造成较大影响，同时也会破坏化工电气设备。为此，我们应根据化工电气设备特点，对其故障种类进行梳理，同时对故障的成因进行分析，制定有效的电气故障预防措施，保证化工电气设备在运行过程中能够避免故障的发生，提高化工电气设备的运行稳定性。

(1)石油化工电气故障分类

石油化工电气设备在运行中的故障主要分为7类，对石油化工电气设备的危害较大。为了有效解决化工电气设备的故障问题，首先应对化工电气故障种类进行分类，并对其各自的故障类型有较为深入的了解。

①短路故障。石油化工电气设备在运行过程中，容易出现短路现象造成电缆开关跳闸。这种短路故障较为常见，可以通过必要的措施予以预防。如果不能有效解决短路故障问题，电缆或者照明控制箱将无法正常工作，会对整个电路系统造成影响。

②电气断路故障。电气断路故障在发生时，主要是电气线路因故障断开，影响电气线路的运行。由于电气断路是电气线路完全断开，造成线路无法通电，对电气线路的正常运行造成了较大的影响。所以，电气断路故障问题必须得到有效的预防，避免电气断路影响电机运行。

③电机绝缘不合格。对于化工电气设备而言，由于化工企业电气设备运行环境复杂，有些部位的电气设备需要达到绝缘标准。特别是对于电机而言，电机是主要的电气设备，在运行当中需要达到绝缘要求，如果电机绝缘不合格，会影响电机的稳定运行，同时也会对电机的安全性造成影响。

④电气设备发热。石油化工电气设备在运行过程中虽然有自然发热的现象，但是如果设备温度异常升高，则代表电气设备在内部出现了较大的故障。目前电气设备发热故障主要表现在内部电路烧断或者电容器柜异常发热等方面，对电气设备的安全稳定运行造成了较大的影响。

⑤电气设备异音。判断化工电气设备是否正常的主要依据是检查电气设备在运行过程中是否存在异音。异常声音的发生多数都是由于电气设备内部运行异常引起的，一旦听到电气设备出现异常声音，应首先检查电气设备的运行状况，并迅速找出异音出现的部位。

⑥电机振动。石油化工电气设备在运行过程中，电机在运行过程会产生振动。这种振动频次在允许的范围之内，说明电机的运行状况良好。如果电机的振动幅度较大，电机的振动频次较高，说明电机内部出现了故障，需要及时停机进

行检查，对电机异常振动的原因进行判断。

⑦电机电流超额定值。石油化工电气设备电机在运行过程中，容易出现电机电流超额定值的现象。对于化工电气设备而言，电机电流超出额定值主要表现在研磨水池泵超电流和综合泵房消防稳压泵超电流。所以，对于这一故障，首先应明确超电流的部位。

(2)石油化工电气故障管理

①短路故障管理。多种短路的原因主要是影响电气线路的因素较多，电气设备、电气元件、自然环境和人为事故都会对化工电气线路造成不利影响。因此，在对短路故障进行排查时，应从以下三个方面入手。

第一，电气设备、元件的损坏。如：设备绝缘部分自然老化或设备本身有缺陷，正常运行时被击穿短路，以及设计、安装、维护不当所造成的设备缺陷最终发展成短路等。

第二，自然的原因。如：气候恶劣，由于大风、低温导线覆冰引起架空线倒杆断线；因遭受直击雷或雷电感应，设备过电压，绝缘被击穿等。

第三，人为事故。如：工作人员违反操作规程带负荷拉闸，造成相间弧光短路；违反电业安全工作规程带接地刀闸合闸，造成金屑性短路，人为疏忽接错线造成短路或运行管理不善造成小动物进入带电设备内形成短路事故等。

短路预防措施包括以下方面：

第一，正确安装使用。

第二，经常检查维修。

第三，合理设置保护装置。

第四，按期检修及预防性试验，发现缺陷及时处理。

第五，做好防雨，防潮工作。

化工电气故障中，短路故障往往会使系统停运。为了避免短路故障的发生，应在电气设备安装过程中对连接线路进行认真检查，并加强电气设备的日常检查和维修。同时，还要合理设置电气保护装置，避免短路给电气设备造成损坏。

②断路故障管理。电气线路断路故障的出现，并不是无据可寻的。综合化工电气线路的断路故障情况，目前造成断路故障的原因无外乎 3 种：线路断线、接触点松脱和熔断器三相没有同时熔断。掌握了这些故障原因，就能够有效地避免断路故障的发生。

断路预防措施：

第一，对于容量较大的插入式熔断器，在接线处可加垫薄铜片(0.2mm)，这样的效果会更好一些。

第二，检查、调整熔体和熔座间的接触压力。

第三，接线时避免损伤熔丝，紧固要适中，接线处要加垫弹簧垫圈。

对于断路故障的预防，首先应增加必要的硬件设备。主要是插入熔断器，避免线路因异常熔断出现断路。同时，还要加强对接线装置的检查，保证接线装置紧固达到要求，做好接线连接，避免因接线错误造成断路。

③电机绝缘故障管理。电机在工作中会发热，漆包线上的绝缘漆会随着温度上升而挥发，绝缘度就会下降，所有电机绝缘度都会随着使用时间增长而下降，所以要注意电机温度不要太高，另外受潮，绝缘老化，绝缘破损，粉尘都会造成绝缘下降。对于石油化工电气设备中的电机而言，电机的运行时间较长，容易受到外界因素的影响，使电机的外表线路和外壳受损。同时，电机的绝缘性也会变差，对电机的运行状态会造成较大的影响。所以，绝缘低主要与电机的外保护状况有直接关系。

保持电动机清洁和良好的冷却环境，在电动机的进风口处，必须经常保持清洁。进风口的周围不得有尘土、油污、水渍和其他杂物，以防止吸入电机内部，形成短路介质或损伤电机绕组绝缘层，或阻断电机的通风冷却而温度升高，导致烧毁。对于电机绝缘低的故障，在故障预防过程中应加强对电机的养护，不但要定期对电机的外表面进行清洁，同时还要对电机的运行状况进行检查。最重要的是做好电机内部和外部的防尘，保证电机能够达到清洁要求，提高电机的运行质量。

④电气设备发热故障管理。化工电气设备异常发热通常都是有原因的，除了电阻的有功损害异常增加之外，电解质的有功损耗异常增加也是导致电气设备发热的主要原因。所以，电气设备的发热原因比较容易判断，一旦遇到电气设备发热，可以首先考虑是否是以下两个因素造成的。

第一，电阻的有功损耗。电力系统导电回路的金属导体都具有相应的电阻，当通过负荷电流时，必然有一部分电能按焦－楞次定律以热损耗的形式消耗在电阻上。

第二，电介质的有功损耗。由固体，液体或气体等电介质材料构成的绝缘结构是高压电器设备中不可缺少的重要部分。金属导电材料和电介质绝缘材料是所有电气设备不可缺少的两个组成部分。同样，导电体周围的电介质在交变电场的作用下会产生能量消耗，通常称为介质损耗。

电气设备发热故障的诊断。

第一，表面温度法。根据测得的设备表面温度，对照有关规定，凡温度超过标准者，可根据设备温度超标的程度，设备负荷率的大小，设备的重要性及设备承受机械应力的大小来确定设备的缺陷性质。

第二，同类比较法。在同一电气回路中，当三相电流对称和三相设备相同时，比较三相电流致热型设备对应部位的温升值，可判断设备是否正常。若三相设备同时异常，可与同回路的同类设备比较。当三相负荷电流不对称时，应考虑负荷电流的影响。对同类型机组在同参数下进行测量比较。

石油化工电气设备的异常发热故障是有原因的，除了与电气设备的连接线路有直接关系外，还与电气设备的内部部件运行状态有直接关系。因此，在对发热故障进行诊断过程中，主要应分析检查其表面温度是否超标，同时，还要对同等设备的温度进行分析和比较。

⑤电气设备异音故障管理。对于石油化工电气设备而言，异音的故障原因相对较多，电气设备内部配件、外接线路或者外部连接配件在运行过程中都容易发生异音的现象，对电气设备的稳定运行都会产生不利的影响。因此，对于异音的分析，应采取重点检查和排除法的方式。

第一，转子和定子绝缘纸相擦。

第二，轴承磨损或油内有沙砾等异物。

第三，定转子铁芯松动。

第四，轴承缺油。

第五，风道堵塞或风扇擦风罩。

第六，定转子铁芯相擦。

第七，电源电压过高或不平衡。

第八，定子绕组错接或短路。

电气设备异音处理：

第一，修剪绝缘纸。

第二，更换轴承或清洗轴承。

第三，检修定转子铁芯。

第四，加油。

第五，清理风道，重新安装风罩。

第六，消除擦痕，必要时车内小转子。

第七，检查并调整电源电压。

第八，消除定子绕组故障。

异音的产生有据可循，在对异音的处理中，主要可以采取上述措施，这些措施具有较好的全面性，能够满足运行状态要求，达到消除异常杂音的目的。

⑥电机振动故障管理。电机在运行过程中，影响其稳定运行的因素较多，其中导致电机振动的原因也相对较多，造成了电机的异常振动。经过分析，电机振动的原因主要表现在以下10项原因中，因此，在电机发生振动时应逐项排查。

第一，由于磨损轴承间隙过大。

第二，气隙不均匀。

第三，转子不平衡。

第四，转轴弯曲。

第五，铁芯变形或松动。

第六，联轴器(皮带轮)中心未校正。

第七，风扇不平衡。

第八，机壳或基础强度不够。

第九，电动机地脚螺丝松动。

第十，笼型转子开焊或断路，绕线转子断路，加定子绕组故障。

振动故障处理：

第一，检修轴承，必要时更换。

第二，调整气隙，使之均匀。

第三，校正转子动平衡。

第四，校直转轴。

第五，校正重叠铁芯。

第六，重新校正，使之符合规定。

第七，检修风扇，校正平衡，纠正其几何形状。

第八，进行加固。

第九，紧固地脚螺丝。

第十，修复转子绕组，修复定子绕组。

振动故障的处理，需要检查的部件较多，需要配合的部件也比较多，在具体的检查中，应对可能产生振动的所有部件进行检查，同时还应对相关的部件进行修复，保证振动故障能够得到有效的消除，提高电气设备的运行稳定性，提高电气设备的运行质量。

⑦电机电流超额定值故障管理。对于电机电流超额定值的故障，主要原因可以总结为6个。基于对电机电流超额定值故障的了解，一旦发生电机电流超额定

值的情况，就可以从原因中寻找，保证电机电流超额定值的问题能够得到有效解决。

第一，泵的出口压力低，造成流量过大。

第二，输送比水比重大的流体。

第三，机械故障，有卡住的地方，造成负荷增加。

第四，三相电流不平衡。

第五，密封填料过紧。

第六，泵体故障。

电机超电流处理：

第一，如果水泵的转速过高，降低水泵转速。

第二，实际使用扬程低于泵扬程太多导致流量太大，解决办法：关小出口阀门控制水泵流量。

第三，泵轴弯曲，轴承磨损或损坏，应该校正调直泵轴、修理或更换轴承。

电机超电流是一种严重的故障类型，在具体处置过能程中，不但要降低水泵的转速，还要关小阀门出口，保证实际使用的扬程达标。此外，还要对泵轴进行校正和调整，保证泵轴能够达到运转要求。

在石油化工电气故障处理过程中，正确分析化工电气故障的种类，并对化工电气故障的原因进行分析，是做好化工电气故障预防的重要措施。因此，我们应对化工电气故障引起足够的重视，做到按照化工电气故障的特点和内容制定有针对性的措施，保证化工电气设备故障能够得到预防和处理，提高化工电气设备的运行质量，为化工电气设备的安全稳定运行提供有力支持。

5.2　石油化工装备的故障诊断和状态监测方法

当前我国对设备的维护仍采用传统的计划、定期维修的方式，而这种方式带有很大的盲目性。设备有无故障、故障类型、故障部位、故障程度难以准确把握。另外，由于良好部位的反复拆卸，有可能使机械性能下降，甚至低于检修前。而且没有必要的超前维修带来人力、物力的巨大浪费。

状态监测和故障诊断技术实质上是了解和掌握设备在运行过程中的状态、评价，预测设备的可靠性。早期发现故障，并对故障的原因、部位和危险程度等进行识别，预报故障的发展趋势，并针对具体情况做出决策。具体过程分为状态监测、分析诊断和治理预防三个基本环节。

第一环节的状态监测是在设备运行中，对特定的特征信号进行监测、变换、记录、分析处理并显示记录，这是对设备进行故障诊断的基础工作。检测的信号主要是运行中的各种信息(振动、噪声、转速、温度、压力、流量等)。通过对从仪器、传感器得来的信息进行处理，得到能反映设备运行状态的特征参数，从而实现对设备运行状态的监测和下一步诊断工作。

第二环节的分析诊断实际包括信号分析处理、故障诊断两方面。如果存在故障，要诊断故障的性质和程度、产生原因或发生部位，并预测设备的性能和故障发展趋势。

第三环节的治理预防措施是分析诊断出设备存在异常状态，即存在故障时，就其原因、发生部位和危险程度进行研究，并采取治理措施和预防的方法。通常包括调整、更换、检修、改善等方面的工作。根据设备故障情况，治理预防措施有巡回监测、监护运行、立即停机检修三种。

发现故障、诊断故障并不是状态监测与故障诊断工作的全部目的。确定故障原因，采取合理的治理措施，在确保安全的前提下，将不采用状态监测与故障诊断技术时的立即停机检修转化为采用状态监测与故障诊断技术后的维持运行，避免不必要的停机，延长设备运行周期，才是状态监测与故障诊断的真正目的。

5.2.1 机械设备故障诊断技术的发展概况

(1)国外发展概况

美国是开展机械设备故障诊断技术研究最早的国家，1961 年开始执行阿波罗计划后，发生了一系列设备故障酿成的悲剧，引起了美国军方和政府有关部门的重视。1967 年 4 月 8 日，在美国宇航局(NASA)的倡导下，由美国海军研究室主持召开了美国机械故障预防小组(MFPG)成立大会。会议的中心议题是“组织问题和明确课题的含义，有组织的开发监测与诊断技术”。1971 年 MFPG 正式划归美国国家标准局(NSB)领导，正式成为一个官方领导的组织。

除 MFPG 外，美国机械工程师协会(ASME)领导下的锅炉压力容器检测中心(WBBI)，对锅炉压力容器和管道等静设备的诊断技术做了大量的的研究，制定了一系列的设计、制造、试验和故障诊断检测及预防的标准和规程，美国俄亥俄州州立大学的齿轮噪声及动力学实验室，在振动分析、监测与诊断技术等方面做出了很大的贡献。此外，JohnsMitchell 公司的超低温水泵和空压机监测技术，SPIRE 公司的军用机械轴承与轴诊断技术，TEDECO 公司的润滑油液分析诊断技术等，均在国际上处于领先地位。在航空运输方面，美国在可靠性维修管理的基础上大规模地对飞机进行状态监测，发展了飞行器数据综合系统(AIDS)，有关技术已普遍应用于波音747和DC-10等一类巨型客机，大大提高了飞机飞行的安全性。在大型旋转机械故障诊断方面，美国西屋公司(WHEC)自1976年开始，便围绕汽轮机发电机组故障诊断展开了研究工作，到1990年就已经成立了网络化的汽轮机发电机组故障诊断系统，对安全运行发挥了巨大的作用。而Bently Navada公司的DDM系统、ADRE3系统、Trendmaster2000系统以及SYSTEM64系统，Rockwell公司的MPLUSE系统等在旋转机械的在线监测与诊断系统等方面也都具有代表性。

英国以RA. Collacott为首的机器保健中心于20世纪60年代末70年代初开始研究状态监测与故障诊断技术。1982年曼彻斯特大学成立了沃福森工业维修公司(WIMU)，主要从事状态监测与故障诊断研究工作的教育培训。除此之外，在核电站、钢铁等行业也成立了相应的组织，开展这方面的研究工作。

欧洲其他一些国家，机械设备故障诊断技术的研究也有不同程度的进展，虽然总体规模不大，但都在某一方面有特色或处于领先地位，如瑞典的SPM轴承监测技术，挪威的船舶诊断技术，丹麦的振动、噪声和声发射技术，丹麦B&K公司的传感器制造技术等，均声名显赫。

日本在民用工业如钢铁、化工、铁路等行业发展较快，占有明显的优势。日本的做法是密切注视世界各国的动向，积极引进和消化最新技术，努力发展自己的诊断技术，特别注意研制本国的诊断仪器。日本开展诊断技术研究工作主要有两个层面，一是高等院校，比较有名的有东京大学、东京工业大学、京都大学、早稻田大学等，它们均发表了不少基础的研究报告；另一层面是一些工业企业，如三菱重工、东京芝浦电气、东京小野测器、国际机械振动公司(IMV)等，它们的研究工作是在企业内部以生产为中心进行开展的，具有较高的应用水平。

(2)我国设备状态监测和故障诊断技术发展概况

从1979年到1983年，我国的设备状态监测和故障诊断技术从初步认识进入初步实践阶段，以学习英、美、日等国的先进技术和经验为主，对一些故障机理、诊断方法和简易监测诊断仪器进行研究和研制。1983年，一些部委成立专门的研究机构，如化工部振动检测中心、中国石化总公司设备状态监测中心、冶金部设备诊断研究室等。1984年7月在北京成立中国设备管理协会；1985年5月在郑州成立了中国机械设备诊断技术学会；1985年11月在上海召开了设备诊断技术应用推广会议；1986年6月在沈阳召开了第一届中国机械设备诊断技术学会年会暨国际学术会议。这些组织致力于广泛交流我国在该领域内各方面的技术成果，深入探讨设备状态监测与故障诊断在国内外的发展动向，有力地推动了这一学科的发展，使其有效地为我国的国民经济建设服务。

目前我国的设备状态监测与故障诊断技术水平同发达国家的差距已大大缩小，在一些方面，如大型旋转机械在线状态监测和分析系统、机泵群状态监测系统等，完全可以满足生产实际的需要，达到同期世界先进水平。

在机械和力学学科的发展中，产生了一个十分重要的分支，这就是机械设备故障诊断学。目前，我国机械设备状态监测与故障诊断已经基本上形成了一门既有理论基础，又有实际应用背景的交叉型学科。坚持开展机械设备状态监测与故障诊断工作也已经越来越得到企业的重视。

5.2.2 设备故障诊断技术基础

(1)信号理论基础

第一，信号分析及处理基础。

通常把可测量、记录、处理的物理量泛称为信号。它们一般是时间的函数。所谓动态信号是指要进行分析处理的信号随时间有较大的变化，不是近似直流信号的那种随时间缓慢变化的信号。

信号按期随时间变化的规律不同，可分为确定性信号和非确定性信号(随即信号)。可以用明确的数学关系来描述的信号称为确定性信号。它可以分为周期信号、非周期信号、准周期信号等。

信号的时域分析：所谓时域是指一个或多个信号其取值大小、相互关系等，可定义为很多不同的时间函数或参数。这些时间函数或参数的集合成为时域。时域分析指计算这些函数并进行分析。显然对于确定性信号或随机信号存在不同的定义及处理方法。随机信号的定义及处理方法比较复杂，确定性信号的处理则与随机信号的处理可参见各态历经过程的处理。根据时间函数或参数的不同，时域还可以进一步细分分为幅值域、时差域、倒频域、复时域等。

①幅值域。对样本记录的取值进行统计，称为在幅值域内对信号进行研究，在此幅值是广义的幅值，即样本记录的一切可能取值。在幅值域内几个重要的基本概念是概率密度函数、概率分布函数、均值、均方值、方差、歪度(斜度)、峭度等。

②均值。均值用以描述信号的稳定分量，随机过程 $x(t)$ 的均值 $u_x(t)$ 定义为均方值、均方根值。

均方根值 $\psi^2(x)$ 定义为均方值的正平方根，均方值又称为二阶矩。

有效值是振动测量中用得最多的物理量，为振动信号的均方根值。用它表征振动量级的优点在于：既考虑了振动的时间历程，又表征了机械振动能量的大小。在高频时，虽然振幅很小，但是由于加速度是位移的 ω^2 倍，因此零部件的惯性力破坏常发生在高频，故国际上近年来除了要求测量仪器满足振动标准烈度外，还要求满足 1～10kHz 乃至更高频率的振动监视和测量，正因为有效值有如此的优越性，国际 ISO 2372 标准中对振动烈度采用有效值来表征振动量级。

③方差、标准差。方差和标准差是用于描述信号的波动分量，随机过程 $x(t)$ 的方差 $\sigma^2(t)$ 定义为歪度(斜度)，歪度反映信号中大幅值成分的影响。随机过程 $x(t)$ 的歪度 $\alpha_x(t)$ 定义为歪度又称为三阶矩。

④峭度。峭度反映信号中大幅值成分的影响，随机过程 $x(t)$ 的峭度 $\beta_x(t)$ 的定义为：

$$\beta_x(t) = \lim_{N\to\infty}\frac{1}{N}\sum_{i=1}^{N}X^4(t) = E[X^4(t)] \tag{5.1}$$

⑤时差域。对样本记录在不同时刻取值的相关性进行统计，称为在时差域内对信号进行研究。在时差域内几个最重要的基本概念是自相关函数、互相关函数、协方差函数等。

⑥自相关函数。自相关函数是指用以描述信号自身的相似程度。对于某一个随机过程 $x(t)$，若 $x_1(t)$ 和 $x_2(t)$ 为其任意两个随机变量，其自相关函数定义为：

$$R_\chi(t_1,t_2) = \lim_{N\to\infty}\frac{1}{N}\sum_{t=1}^{N}\chi_{t_1}(t_1)\chi_{t_2}(t_2) \tag{5.2}$$

由于周期信号的自相关函数是周期函数，而噪声信号的自相关函数是 δ 函数，所以进行自相关函数的分析，可以发现淹没在噪声中的周期信号。

⑦互相关函数。互相关函数是指用以描述两个信号之间的相似程度或相关性。对于某两个随机过程 $x(t)$ 和 $y(t)$，其互相关函数定义为：

$$R_{xy}(t_1,t_2) = \lim_{N\to\infty}\frac{1}{N}\sum_{t=1}^{n}\chi_x(t_1)\chi_y(t_2) \tag{5.3}$$

若互相关函数中出现峰值，则表示这两个信号是相似的，其中一路信号在时间上滞后了峰值所在的时差值。若互相关函数中几乎处处为零，则表示这两个信号互不相关。

第二，平稳随机过程和非平稳随机过程。

当随机过程 $x(t)$ 的所有统计量不随时间变化时，称为严格意义上的平稳随机过程，主要统计量如均值、均方值、方差或自相关函数、互相关函数不随时间或所研究的时刻变化时，称为广义的平稳随机过程。反之，则为非平稳随机过程。对于平稳随机过程，均值、均方值与方差等都是常数，自相关函数和互相关函数只是时间差 $\tau=t_1-t_2$ 的函数。

第三，各态历经(遍历)过程。

为了计算随机过程 $x(t)$ 的统计量，需要知道 $x(t)$ 的全部样本函数或其概率密度函数。实际上是很难做到的，工程中存在一类平稳随机过程，只对其某个样本函数进行研究，就能计算该随机过程 $x(t)$ 的各统计量。这类随机过程就称为各态历经过程。确定性信号中非周期信号的各统计量计算公式与各态历经过程完全相同，确定性信号与各态历经过程存在少数不同之处，如在幅值域内可定义以下统计量。

①峰值。峰值在局部范围内为极大值(对应于正峰值)或极小值(对应于负峰值)，对于周期信号，峰值一定会重复出现，对于非周期信号，峰值至少有一个，最大峰值描述信号的最大值。

②幅值。幅值专用于描述正弦信号的峰值，由于各种周期或非周期信号可表示为无穷多个正弦信号分量之和，所以这些周期或非周期信号的峰值不与其某个正弦信号分量的幅值相等。广义的幅值指信号某瞬间的取值。

③有效值。有效值专用于描述正弦信号的均方根值，其大小为正弦信号幅值的 $1/\sqrt{2}$，对于其他信号，均方根值不是其峰值的 $1/\sqrt{2}$。在正弦交流电路中，可用电压有效值乘以电流有效值求出电路中的功率。

第四，信号的频域分析。

所谓频域是指将周期信号展开为傅里叶级数，研究其中每个正弦谐波信号的幅值和相位等，或者对非周期信号或各态历经随机信号进行傅里叶变换，变换后的信号是频率的函数。这些频率的函数的集合称为频域。

信号的频谱分析是频域分析的基础，可以利用各种级数展开和积分变换将一个复杂信号分解为简单信号的叠加。最常用的是傅里叶级数和傅里叶变换，它们是将复杂信号分解成一系列有限或无限多个正弦信号(简谐分量)的叠加。因此，频谱分析的实质就是以这一系列的简谐分量频率作为自变量(频谱图中的横坐标)，简谐分量的幅值、相位、功率等作为频率的函数(频谱图中的纵坐标)，分析这些参数在不同频率上的分布情况。

第五，周期信号的傅里叶分析。

在故障信号中，周期信号主要是由机器的自由振动、受迫振动和参变振动等产生的。对于周期信号，数学上早已证明，利用傅氏级数原理，可将周期函数 $x(t)$

分解成傅氏级数，即将信号分解成许多谐波分量：

$$\chi(t) = a_0 + c_1\cos(\omega_1 t - \phi_1) + \cdots + c_n\cos(n\omega_1 t - \phi_n) \tag{5.4}$$

上述公式，以频率为横坐标，以振幅或相位为纵坐标来表征频域的振动特性，它们是一个离散的频谱，又称线谱，其谱线间的距离为值频谱和相位频谱。

第六，非周期信号频谱－傅里叶变换。

在状态监测和故障诊断中常常利用傅里叶变换这一有效工具来确定振动信号的频率结构。采用功率谱密度来分析平稳随机信号的概率结构。

频域内最重要的函数是自功率谱密度函数和互功率谱密度函数，也可以叫能量谱密度函数。所谓功率谱密度函数或能量谱密度函数是指其量纲为单位频率上的功率或能量。

①自功率谱密度函数。自功率谱密度函数用于表示信号能量的频率结构。功率谱具有功率的量纲，是幅值谱的平方。

②互功率谱密度函数。互功率谱密度函数用于表示两个信号能量之间的频率结构关系。可以证明相关函数与功率谱密度函数的关系——一对傅里叶变换的关系。

第七，调制振动信号分析及频谱。

设备故障诊断中，特别是对齿轮箱、滚动轴承和电机等的诊断，经常碰到调制信号。所谓调制信号，简单地说就是一个简谐振动的幅度或者角频率的变化受到了另一个简谐振动的影响。前一振动信号称为“载频信号”，后一信号称为“调制信号”。只有对这类信号进行时域（横坐标为 t）和频域（横坐标 ω）分析后，才能获得诊断结果。在实际诊断过程中，这些调制信号从时域波形图上看，往往十分复杂，但基本原理仍可归结为简谐振动幅值和频率（或相位）的调制原理，下面进行简要讨论。

幅度调制信号的方程：

$$x(t) = A[I + B\cos(\omega_c t)]\sin(\omega_c t) \tag{5.5}$$

当然，中心频率 c 的幅值大小，不是一成不变的，它往往也代表某种故障信息（例如齿轮的磨损信息）。值得指出的是，以上讨论的正弦信号的调幅和调频。在工程诊断中，我们几乎碰不到这种简谐信号的调制情况，经常碰到的是周期信号的调制现象。但一个周期信号，都可以分解成很多简谐振动信号叠加，故正弦信号的调制概念是故障诊断的基本概念之一。

众所周知，通常用来描述振动响应的三个参数是位移、速度和加速度。一般情况下，低频时的振动强度由位移值度量；中频时的振动强度由速度值度量；高频时的振动强度由加速度值度量。对大多数机器来说，最佳参数是速度，这是许多标准(如 VDI2056)采用该系数的原因之一。但是另外一些标准(如 VDI2059)都采用相对位移参数进行测量，这在石油化工行业的机组振动监测中用得最多。对于轴承和齿轮部件的高频振动监测来说，加速度却是最合适的监测参数(VDI 是德国工程师协会的简称)。表征振动的参量有加速度、速度和位移三个量，它们之间表现为微积分关系。对单一频率分量，对样本记录的取值进行统计，称为在幅值域内对信号进行研究，在此幅值是广义的幅值，即样本记录的一切可能取值。在幅值域内几个最重要的基本概念是概率密度函数、概率分布函数、均值、均方值、方差、歪度(斜度)、峭度等。

所谓故障诊断，就是要找到或用一定方法确定距离大小以及幅值的高低。

(2)设备故障诊断参数

第一，动态参数。

①振幅。振幅是表示机组振动严重程度或烈度的一个重要指标，可以用位移、速度或加速度来表示。根据对振幅的监测，可以很容易判断机器的振动状态及是否在平稳地运转。

过去比较常用的方法都是测量机壳或轴承座的振幅，并以此作为振幅参数。虽然机壳的振幅能够用于判断某些机械故障，但由于机械结构、安装、运行条件以及机壳的位置和转轴与机壳之间存在着机械阻抗，因此机壳的振动并不能直接反映轴承的振动情况。所以，机壳振动不能认为是故障诊断的最合适参数。但是，机壳振动通常可以作为定期监测的参数，可用于早期发现诸如叶片共振频率、齿轮啮合频率等高频振动的故障现象，并且该方法简易、便利，对于一般机泵设备还是十分有效，并且很经济的。

利用电涡流传感器能够直接测量得到转轴相对于机壳的振动，其振幅为位移，一般以微米峰—峰值来表示。每一台机组，其振幅都有一个允许的限定值。机组正常运行时要求它的转轴的振幅稳定在这个限定值内。一般来说，振幅值的任何变化都表明了机器的状态发生了改变，并且无论振幅是增大是减小，都应该对机器做进一步的调整。

②频率。频率是分析振动原因的重要依据。通常，不同的振动“源”起振频率一般是不同的。对于旋转机械，其振动还可以用转速的倍数或分数来表示，这被称为阶次，主要原因是机器的振动频率高与转速有关。因此用这种方法来表示频率非常清晰简便而且实用。在机壳振动测量中，振幅和频率是可供测量和分析的主要参数，而且大多数故障现象都与频率有关，所以频率在机壳振幅测量中是

非常重要的。但是应当注意，振动频率与故障并非总保持一一对应关系。实际上，一种特定频率的振动往往与一种以上的故障有关。根据振动频率，可以把振动分为同步振动和非同步振动，同步振动的频率是机器转速的整数倍或分数。

③相位。相位是指旋转机械测量中转子某一瞬间的振动基频信号与轴上某一固定标志之间的相位差。精确的相位测量在转子平衡及分析某些机械故障中是非常重要的，相位测量对于确定转子固有的平衡响应即临界转速也是很有用的。

④振动形式。振动形式一般是指以时基图或轴心轨迹图的方式所给出的原始振动波形，它是分析振动数据的最常用的和最简便快速的方法。通过对振动形式的观测，能直接地了解机器的运行状态。

⑤振型。振型是指转轴在一定的转速下，沿轴向一种变形。测量振型的方法是沿转轴的轴向每隔一定的间距放置一组互成90°的传感器，分别测得相应转轴截面的中心线振动情况，综合所测量的这些数据便可得到转轴的振型。振型有助于估算转子与固定部件之间的间隙，并能估算出转轴上的“节点”的位置。

第二，静态参数。

①偏心位置。偏心位置是对油膜轴承中的转轴振动平衡位置或稳念位置的测量值。这种偏心位置的测量能够知道预加负荷状态以及了解轴承是否出现磨损。偏心位置的测量是通过安装在轴承处的监测径向振动的同一个点涡流传感器来完成的，其输出信号的直流成分即代表了偏心位置。

②轴向位置。轴向位置是指止推环对止推轴承的相对位置测量值。轴向位置或称轴位移是蒸汽透平和离心压缩机最重要的监测参数之一。测量轴向位置至少要安装一个电涡流传感器，最好是安装两个，以便提供可靠的信息。测量轴向位置的传感器还可以同时测量轴向振动。

③偏心度峰—峰值。偏心度峰—峰值是指静态时对转轴在弯曲的测量值。转轴的这种弯曲量可以利用电涡流传感器，在极低转速下测量转轴变化的峰—峰值来表示。对于许多大型机组，只有当偏心度峰—峰值处于允许值以下时，方可启动。此时无需顾虑因残余弯曲和相应的不平衡引起的密封件与转轴之间的摩擦影响。

④差胀。差胀是指机壳与转子的相对膨胀，可以用安装在机壳上的电涡轮传感器测量得到。对于大型蒸汽透平机组，要求在启动时即与转子必须以同样的比率受热膨胀，否则就可能发生轴向摩擦而使机器受到损坏。

⑤机壳膨胀。对于某些大型机组，除了监测差胀之外，还要监测机壳的膨胀。通常由安装在机壳外部，以地基为基准的线性可变差动变压器(LVDT)来完

成测量。

第三，其他参数。

①转速。转速是指每分钟转轴的转速，单位是 r/min。大多数机组都要求连续显示机组的转速，以便一目了然了解机组的运行工况。

②温度。温度是分析某些机器特定部件状态的重要参数，尤其是轴向和径向滑动轴承中巴氏合全衬套的温度一般都需要长期监测。同时综合分析温度和振动、位置等参数的关系，能更准确地确定机器故障。

此外，还有压力、流量等状态参数，以及磨损残余物参数，这些参数对综合、全面地监测和分析机器的运行状态也都是必不可少的。

5.2.3 旋转机械故障诊断基础

可以说，所有的结构物和机器在任何时候都在振动着。只要振动不影响机器的工作精度和机器的工作寿命，不产生过大的噪声，或未对周围环境产生过大的不良影响等，则此种振动是允许的。因此，为了衡量机器的运行质量就需要制定一个标准来确定允许的振动烈度，即确定振动烈度的界限。

机器的振动烈度：在机器表面的重要位置上(例如：轴承、安装点处等)沿垂向、纵向、横向三个方向上所测得的振动速度的最大有效值。

(1)机械振动

振动是世界上的物质或物体的一种运动形式。广义来说，振动就是物体(质点)或某种状态随着时间往复变化的现象。工程中有大量的振动问题需要研究、分析和处理，因此有必要简单介绍振动力学中的振动分类方法，以便在振动故障类型、原因、分析和故障排除方面提供考虑的基础。

机械振动的研究和使用方面有多种分类方法，目前，大致有如下几种分类：

第一，按振动的规律分为简谐振动、非简谐振动和随机振动。有时又将前两者称为周期振动，后者称为非周期振动。

第二，按产生振动的原因分为自由振动、受迫振动、自激振动和参变振动等。

第三，按自由度分为单自由度系统振动、多自由度系统振动和弹性振动。

第四，按振动位移特征分为角振动和直线振动。

第五，按系统结构参数分为线性振动和非线性振动。

在机器的故障诊断中，从应用角度看，应着重掌握按振动规律和产生原因这两种分类。简谐振动：结构振动时，描述它振动情况的物理量是随时间变化的，可以表示为时间的函数。简谐运动是最简单的周期运动，它是时间的单一正弦或余弦函数，是振动故障诊断中最基本的概念之一。了解它的表示方法，特别是它的物理意义，对于掌握故障诊断技术十分重要。

如果振动系统的物理量随时间的变化为简谐函数，称此振动为简谐振动。单自由度系统无阻尼自由振动时，它的位移等物理量就是简谐函数。简谐振动的加速度大小与位移成正比，方向与位移相反，这是简谐振动的一个重要特点。必须指出，简谐振动一定是周期振动，但是周期振动不一定是简谐振动。

(2)旋转机械常见振动故障诊断

绝大多数机械都有旋转件，所谓旋转机械是指主要功能由旋转运动来完成的机械，尤其是指主要部件做旋转运动的、转速较高的机械。旋转机械种类繁多，有汽轮机、燃气轮机、离心式压缩机、发电机、水泵、水轮机、通风机以及电动机等。这类设备的主要部件由转子、轴承系统、定子和机组壳体、联轴器等组成，转速从每分钟几十到几万、几十万转。

故障是指机器的功能失效，即其动态性能劣化，不符合技术要求。例如，机器运行失稳，产生异常振动和噪声，工作转速、输出功率发生变化，以及介质的温度、压力、流量异常等。机器发生故障的原因不同，所反映出的信息也不一样，根据这些特有的信息，可以对故障进行诊断。但是，机器发生故障的原因往往不是单一的因素，一般都是多种因素共同作用的结果，所以对设备进行故障诊断时，必须进行全面的综合分析研究。由于旋转机械的结构及零部件设计加工、安装调试、维护检修等方面的原因和运行操作方面的失误，使得机器在运行过程中会引起振动，其振动类型可分为径向振动、轴向振动和扭转振动三类，其中过大的径向振动往往是造成机器损坏的主要原因，也是状态监测的主要参数和进行故障诊断的主要依据。

从仿生学的角度来看，诊断设备的故障类似于确定人的病因：医生需要向患者询问病情、病史、切脉(听诊)以及量体温、验血相、测心电图等，根据获得的多种数据，进行综合分析才能得出诊断结果，提出治疗方案。同样，对旋转机械的故障诊断，也应在获取机器的稳态数据、瞬态数据以及过程参数和运行状态等信息的基础上，通过信号分析和数据处理提取机器特有的故障征兆及故障敏感参数等，经过综合分析判断，才能确定故障原因，做出符合实际的诊断结论，提出治理措施。

5.2.4 智能故障诊断方法

(1)智能故障诊断的理论

①基于机理研究的诊断理论和方法。从动力学角度出发研究故障原因及其状态效应。针对不同机械设备进行的故障敏感参数及特征提取是重点。

②基于信号处理及特征提取的故障诊断方法。主要有时域特征参数及波形特征诊断法、时差域特征法、幅值域特征法、信息特征法、频谱分析及频谱特征再分析法、时间序列特征提取法、滤波及自适应除噪法等。今后应注重实时性、自动化性、故障凝聚性、相位信息和引入人工智能方法，并相互结合。

③模糊诊断理论和方法。模糊诊断是根据模糊集合论征兆空间与故障状态空间的某种映射关系，由征兆来诊断故障。由于模糊集合论尚未成熟，诸如模糊集合论中元素隶属度的确定和两模糊集合之间的映射关系规律的确定都还没有统一的方法可循，通常只能凭经验和大量试验来确定。另外因系统本身不确定和模糊的信息(如相关性大而且复杂)，以及要对每一个征兆和特征参数确定其上下限和合适的隶属度函数，而使其应用有局限性。

④振动信号诊断方法。该方法提出较早，理论和方法较多而且比较完善。它是依据设备运行或激振时的振动信息，通过某种信息处理和特征提取方法来进行故障诊断。在这方面应注重引入非线性理论(如 Volterra 级数)、新的信息处理理论和方法(如 Wavelet 理论、加窗处理技术等)。

⑤故障树分析诊断方法。这是一种图形演绎法，把系统故障与导致该故障的各种因素形象地绘成故障图表，能较直观地反映故障、元部件、系统及因素、原因之间的相互关系，也能定量计算故障程度、概率、原因等。今后研究应注重与多值逻辑、神经元网络及专家系统相结合。

⑥故障诊断灰色系统方法。该方法是从系统的角度来研究信息的关系，即利用已知的诊断信息去揭示未知的诊断信息。它有自学习和预测功能。它利用灰色系统的建模(灰色模型)、预测和灰色关联分析等方法进行故障诊断。由于灰色系统理论本身还不完善，如何利用已知信息更有效地推断未知信息仍是一个难题。

⑦故障诊断专家系统方法。该方法是近年来故障诊断领域最显著的成就之一。它的内容包括诊断知识的表达、诊断推理方法、不确定性推理以及诊断知识的获取等。目前存在的主要问题：缺乏有效的诊断知识表达方式、知识获取和在线故障诊断困难等。今后研究应注重与模糊逻辑、多值逻辑、故障树、机器学习

和人工神经网络等理论和方法的结合、集成。

⑧故障模式识别方法。该方法是一种十分有用的静态故障诊断方法，它以已有30年发展历史的模式识别技术为基础。关键是故障模式特征量的选取和提取。现有许多模式分类器，如线性分类器、Bayes分类器、最近邻分类器等。该方法的诊断效果在很大程度上依赖于状态特征参数的提取、样本的数目、典型性和故障模式的类别、训练和分类算法等。

⑨故障诊断神经网络理论和方法。神经网络应用于故障诊断是其最成功的应用之一。由于神经网络具有原则上容错、结构拓扑鲁棒、联想、推测、记忆、自适应、自学习、并行和处理复杂模式的功能，使其在工程实际存在着大量的多故障、多过程、突发性故障、庞大复杂机器和系统的监测及诊断中发挥较大作用。在众多的神经网络中，尤其以基于BP算法的多层感知器神经网络理论最坚实，应用最为广泛。

⑩基于数学模型的故障诊断理论和方法。它是以现代控制理论和现代优化方法为指导，以系统的数学模型为基础，利用观测器、等价空间方程、Kalman滤波器、参数模型估计和辨识等方法产生残差，然后基于某种准则或阈值对该残差进行评价和决策。基于模型的故障诊断方法能与控制系统紧密结合，是监控、容错控制、系统修复和重构的前提。目前该领域研究的重点是(线性和非线性)系统的故障诊断的鲁棒性，故障可检测和可分离性，利用非线性理论(突变、分叉、混沌分析方法)进行非线性系统的故障诊断。

(2)石油化工设备故障诊断技术的研究现状及发展趋势

对于石油化工设备而言，可以大致分为动设备和静设备两种类型。由于动设备具有操作的主动性，一般其故障多属于旋转机械失效的范畴，只要选型适当、质量可靠且操作、维护严格，则其很少会引起工艺失效的故障。而以压力差为推动力的静设备，由于其极易受上、下游装置操作的影响，因此大多数静设备的故障诊断是一个极为复杂问题的求解过程。正是由于动、静设备的这种差异，导致了器故障诊断技术的不平衡发展。

早期静设备特别是精馏塔的故障诊断主要依据工程技术人员的操作经验和知识积累来进行及时排除。但大多数情况下其故障是多方面原因综合作用的结果，从设备外部很难直接判断。伴随着上一世纪迅猛增长的石油和化学加工工业的发展、精馏技术的应用数量和规模的大幅度增长和扩大，大大激励了精馏和其他相关支撑科学的研究，精馏塔的故障诊断已发展成为一个新的研究方向，其故障诊断和故障排除的成功率得到提高。

①流程模拟技术。当前化工过程系统模拟不论在广度和深度方面都有了长足的进展。事实上，基于平衡级概念的精馏算法(Thiele - Gedds 法)早在 20 世纪 30 年代就已提出。到 20 世纪 50 年代后期，对一些主要的化工设备相继建立了计算程序。1958 年凯洛格公司开发了第一个流程模拟系统——“适应性流程模拟系统”(Flexble Flowsheet)，在大型合成氨流程模拟中获得显著效益。

20 世纪 70 年代的代表性软件是 FLOWTRAN、PROCESS、CHESS 等。它们的特点是：程序规模一般为几万行；有大型的物性数据库和较多的单元操作模块；用户可增加新模块；可进行设计型计算；采用较高级循环流收敛法。从 20 世纪 70 年代起，流程模拟的可靠性不断提高，应用范围也不断扩大，开始成为化学工程师的常规工具。美、英、加、日等国几乎所有大学的化工系都开始开设有关化工过程流程模拟的课程，作为大学生必须接受的基本训练，并为教学需要编制了各种小型的流程模拟系统，这些系统被工业界买去加以改造，用于工业实际，使得商业化的化工模拟系统的规模日益扩大，功能不断增强。

②发展趋势。化工设备的故障监测和诊断是当前控制技术的热点之一，其理论研究与实验研究兴盛不衰。总的来看，其发展趋势：

第一，由于化工设备的复杂性，导致其具有强的耦合性、时变性与非线性等特性。这就很难建立起精确的数学模型，从而给基于状态/参数估计故障诊断方法的应用带来困难。另外，化工设备的复杂性和不确定性，诊断时需多层推理，因而基于数据分析和直接推理的方法亦难以胜任。而第一代诊断专家系统尽管在许多领域得到应用，但其局限性越来越突出，因而真正用于石油化工设备故障诊断和控制方面的智能系统目前还很少见。所以，研究具有混合知识表达的适用于石油化工设备故障诊断和控制方面的专家系统必是其发展趋势之一。

第二，利用人工神经网络、遗传算法、混沌理论、灰色理论等先进的方法，以及信息集成与融合、信息分解与提纯等技术，对石油化工设备的故障诊断与排除策略进行研究，亦必是今后的热点之一。

第三，现代故障诊断的发展方向是与容错控制、冗余控制、监控控制和余度管理等可靠性系统设计相结合的，是实现主动维修策略、监测控制、容错控制、自治控制、可信性系统等设计中的一个关键。

(3)在线故障诊断系统的架构

在线故障诊断系统数据源有实时数据和历史数据。后台服务分别读取 Buffer、OPC Server 和主 PHD 服务器，获取历史数据和实时数据，经过逻辑运算和故障推导后，推送到客户端进行显示，如图 5.1 所示。

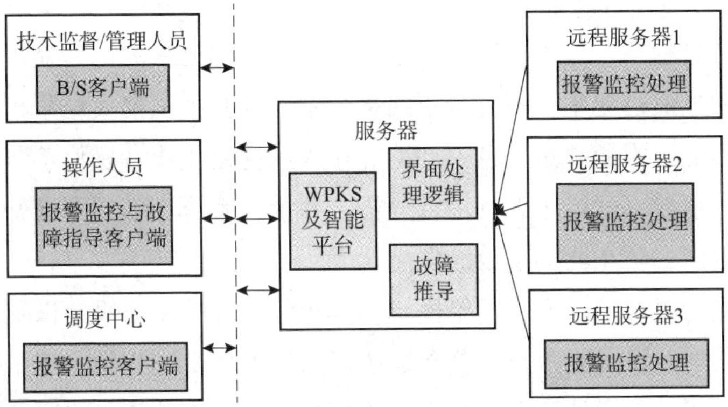

图 5.1 在线故障诊断系统架构

在线故障诊断系统平台及应用和服务见表 5.1。

表 5.1 部署内容列表

应用点	部署应用	应用名称	说明
数据服务器	SQL Server 数据库	SQL Server2008	系统关系数据库
	短信发送程序	SMSCenter	自动发送报警提示信息
	IIS 应用发布	MesWebsite，IDPWebsite	故障诊断平台、首页发布应用
应用服务器	调度中心监控程序	ControlCenterHost	从 PHD 的 OPC 服务取数，对调度中心所配置的位号进行监控
	故障诊断宿主程序	IDPServerHost	和 Buffer 上运行的监控程序进行通信的程序
	正常值计算服务	NormalValCaculServer	正常值计算的后台服务，取数频率，计算间隔等参数都在数据库表
Buffer 服务器	报警监控程序	RemotingHost	从 DCS 的 OPC 服务器取数，然后进行报警监控，发生报警的时候调用报警确认和故障诊断
DCS 服务器	DCS 客户端程序	IntelligentPlatformClient	报警监控界面，提供报警监控和报警发生后故障显示
调度中心客户端	调度中心客户端程序	ControlCenterClient	监控调度中心设置的报警信息

客户端包括调度中心监控客户端、B/S 客户端和报警监控与故障指导客户端。调度中心监控客户端由调度人员进行配置管理，其报警逻辑和判断主要在客户端，内置友好的消息提醒机制，数据来源主要为 Buffer 服务器。

(4)数据智能分析预警

化工生产过程中，除了少数突发事故以外，大部分事故都是显现出一个渐变的过程在事故形成过程中可能有若干因果关系，这其中不仅仅局限于生产装备的缺陷，最根本的原因通常是工艺、环境、输入条件变化或者操作不当引起的。若对已发生过的事故、开停车案例进行分析，并形成系统标准的专家知识，可以指导日后安全生产，防止同类事故的发生。

建立起基于正常工况下的预警模块，其实际意义就在于快速识别早期事故征兆，为现场人员对设备异常及工艺参数超标的处理提供充分的时间，保障装置平稳运行，减少或避免意外停车的发生。该预警模块的正是基于装置运行的历史数据，选取装置运行较稳定的时段，比如某个长周期，对长周期内数据进行分析，剔除超标或人工干预的数据，获取正常运行时间的数据进行分析，得到其正常的波动范围，由于该波动反映了某一工艺或设备的周期特征，是符合预警需求的。预警流程如图 5.2 所示，该处理过程主要包括：

①在线故障诊断系统的预警信息设置和特征波动幅度的计算，其中特征波动幅度是分析装置某一正常工况运行周期中，运用莱特验证算法，查找并统计出其特征波动并保存在平台数据库中，最后通过该平台关联相应的故障和措施信息。

②后台报警监控程序的运行，后台通过循环截取设定预警位号近 30min 的数据，实时运算出该预警位号的波动幅度，运用该实时波动幅度与平台数据库中的特征波动幅度进行比较，预判出此时是否发生了异常。

③对于发生预警位号，监控程序可以逻辑推导出影响该预警位号的关联故障，并对该预警推送到主控客户端进行显示，完成整个预警功能。

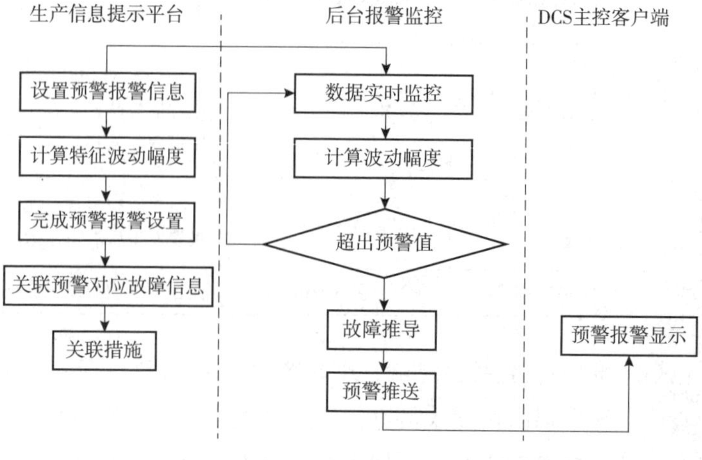

图 5.2　预警流程图

5.3 石油化工装备故障诊断与状态监测典型案例

5.3.1 故障诊断和状态监测在石油化工装备管理中的应用

石油化工装备状态监测与故障诊断技术兴起于20世纪80年代，它的出现，为石油化工设备可靠安全运行开辟了新途径。在该技术之前，石油化工设备通常采取两种维修方式：事后维修和定期预防维修，前者适用于造价低、对整个工艺影响不大的小型设备；后者对保证设备安全运行起到一定作用，但会造成过剩维修，增加企业成本。

石油化工设备态监测与故障诊断技术是指在设备运行中，监测设备运行的状态参数，预测故障的类别、部位和原因并提出对策。它的作用主要有：通过监测运行中的石油化工设备，提取特征信号。判断石油化工设备的功能是否正常；能在设备失效前检测和诊断出所存在的故障并及时预报，保障石油化工设备安全可靠运行；根据提取的特征信息确定石油化工设备故障的类别、部位、原因、程度和发展趋势等，做出决策，提出维修措施。状态维修使得意外停机事故减少，延长设备使用寿命，而且大大缩短检修时间，减少了备件消耗和维修工作量，降低了石化企业成本，提高了检修质量和石油化工设备的有效利用率。石油化工设备状态监测包括各种非破坏性的检查技术，如振动监测、应力监测、腐蚀监测、泄漏监测、温度监测、铁谱技术、光谱分析等。

(1)石油化工设备状态监测与诊断的层次

①石油化工设备状态监测与诊断按其监测与诊断的对象和状态参数可分为两方面：一是石油化工设备状态的监测与诊断；二是生产过程状态的监测与诊断。

石油化工设备状态的监测与诊断是指通过监测设备的振动、温度、油压、油质、泄漏情况等运行状态参数，来诊断石油化工设备是否正常。如果异常，要进一步诊断出故障的类型、部位、原因等内容，为石油化工设备维修提供参考资料。

生产过程状态的监测与诊断是指通过监测产品的质量、流量、压力、温度、成分等工艺参数的变化情况，来诊断生产过程是否正常。因为生产过程的状态是由多方面因素决定的，所以，当生产过程中某一参数异常时，需要综合分析判断发生异常的原因。

以上两方面是互相关联的。一方面出现异常则会引起另一方面状态的变化。

②石油化工设备状态监测与诊断按其监测与诊断的手段可分为简易监测与诊断、精密监测与诊断。

简易监测与诊断是指设备维修人员依靠便携式仪器或摸、看、听等感觉和经验对石油化工设备状态正常与否做出检查及判断，这种方法诊断结果的正确性主要依赖检测人员的感觉、经验和技能。由于使用仪器简单、操作容易，这种监测与诊断方法使用较为广泛。

精密监测与诊断是指由专业人员利用各种精密仪器、仪表对重要石油化工设备或石油化工设备的关键部位进行定期、连续监测，获得设备技术状态(如振动、噪声、温度、磨损等)参数及变化图像，对石油化工设备异常状态及时做出报警，并为进一步进行故障分析、性能评估等提供信息和数据。目前此法在大型机组及企业关键设备的监测中较多使用。

(2)设备状态监测与诊断在石油化工设备管理中的具体应用

石油化工设备管理是对设备寿命周期全过程的管理，包括选择石油化工设备、正确使用石油化工设备、维护修理石油化工设备以及更新改造石油化工设备全过程的管理工作。既包括设备的技术管理，又包括设备的经济管理。

①石油化工设备日常点检中的应用。在石油化工设备日常点检过程中，石油化工设备状态监测能够及时发现故障的早期征兆，以便采取相应的措施，避免、减缓、减少重大事故的发生。一旦发生故障，能自动记录下故障过程的完整信息，以便事后进行故障原因分析，避免再次发生同类事故。石油化工设备状态监测使设备运转情况各方面的信息得到积累，建立健全了设备的基础信息，便于分析、摸索规律，对设备状态做到心中有数，不断提高石油化工设备的管理水平。根据化工企业设备的重要程度区分监测等级，确定监测对象开展状态监测工作，要建立关键石油化工设备的状态信息数据库，可以记录贯穿设备寿命周期的各种故障、维修信息等，方便对设备的管理，确保石油化工设备长周期运行，也为石化企业管理层在生产石油化工设备维修决策时提供科学依据。

②优化机组运行的作用。将机组的相关参数引入集中分散控制系统(DCS)，可以直接观察到机组当前的运行状况，从趋势图上了解到参数近期的变化趋势，对机组运行状态做到实时监控。在对机组的跟踪监测中，设备状态监测与诊断技术能够起到优化机组运行的作用。对监测得到的机组运行性能数据进行分析，可及时掌握机组在振动负荷区的运行情况，通过采用调整负荷来避开振动区等措施，提高机组使用寿命，保障机组运行的稳定性和经济性。

③为石油化工设备的检修管理提供全面的技术支持。石油化工设备状态监测

与诊断技术对检修起着重要的指导作用。通过监测数据可发现运行的石油化工设备有没有达到最优状态，有针对性地进行检修。通过对设备异常运行状态的分析，揭示故障的原因、程度、部位，为石油化工设备的在线调理、停机的检修提供科学依据，延长运行周期，降低维修费用；可充分地了解设备性能，为改进设计、制造与维修水平提供有力证据。

石油化工设备状态监测与诊断技术对检修效果可以进行科学、量化评价。以前，石油化工设备维修完毕后，只能凭借耳听、手摸、眼看等经验和现场简单测量仪表、测温仪来进行监测，对于维修到什么程度、维修后达到什么具体要求都没有一个量化的数据，无法与日后设备的运行情况进行对比。实施石油化工设备状态监测与诊断技术后就可以对石油化工设备的维修质量作一个定位，利用状态数据生成的检修前后的各种性能曲线、参数等分析结果进行比对和参考，对检修效果进行评价，以达到整机验收的目的，为石油化工设备的检修管理提供全面的技术支持。

5.3.2 石油化工设备的故障分析与诊断措施

(1)石油化工设备的故障分析

①设计期的故障分析。在石油化工设备应用过程中，基于石油化工设备的安全特性，为了能够确保其能够稳定运行，基于设计环节下，就应该对石油化工设备合理化运行工作提出更高的要求。通过实际调查发现，之前有部分的化工企业，在设计环节中，因为选择的低质量的设备材料，进而不仅导致石油化工设备的安全性较低，而且也不能够很好地作用于石化企业的日常生产环节中。针对这一现状，为了避免后期石油化工设备出现严重磨损现象的同时，充分为企业实际生产工作提供便利，那么设计过程中，就必须保证石油化工设备能够在不同的环境下，还能够良好地运行，进而通过严格的设计工艺内容，努力提高石油化工设备的性能，极大地减少后期故障问题的出现。

②使用期故障分析。石油化工设备出现故障，往往在日常生产环节中的出现率最高。伴随着各项零部件长时间的应用，必然会出现磨损以及消耗等现象，严重降低了石油化工设备的使用周期。为了能够全面处理好该种问题，石化企业就必须安排专业人士，定期对石油化工设备进行必要的检修与维护，避免长时间应用的石油化工设备故障问题出现的同时，还应该针对石油化工设备设备的应用过程进行实时的监督与管理，监管人员一经发现石油化工设备设备存在故障隐患，须第一时间上报领导，安排技术人员加以解决，保证石油化工设备能够正常使用。

③违规操作故障分析。针对石油化工设备的特殊性，石化企业就必须严格按照行业标准，认真贯彻落实各项指标。基于行业标准之下合理地应用石油化工设备，那么将是其故障率明显降低的基础，一旦石化企业生产过程中，违规应用石油化工设备，那么必然会对石油化工设备造成不可避免的损害。在科学技术不断进步的时代背景下，石油化工设备不断地更新换代，身为相关工作人员，如果在借助传统的操作形式进行生产，那么在对石油化工设备造成极大损坏的同时，也增加了安全事故发生率。对此，石化企业应该定期组织工作人员开展专业的教育培训，避免工作人员凭借经验进行生产的问题。最后，针对石油化工设备不同运行环境对其产生的影响，石化企业就必须对设备实施全面的保养，防止因为环境不同而对石油化工设备造成的威胁。

(2)降低石油化工设备故障措施

①运用高质量的石油化工设备。在降低石油化工设备故障的所有方法中，最根本的就是提高石油化工设备的质量和性能。所有的石油化工设备在出厂之前，都有一整套完整的生产流程和工艺，生产的每个环节都必须有规范的操作，如果任何一个环节操作不规范都会产生质量问题，所以在产品的生产、组装过程中都不可以产生任何问题。除此之外，还要充分保证生产环节操作人员的工作效率和熟练程度，在前期的设计中保证机械设备设计的质量，在后期建设的时候保证设备的质量。在石油化工设备实际的采购过程中，还要充分控制石油化工设备的质量，尽可能地根据实际要求保证各种石油化工设备选型正确。

②对石油化工设备进行规范的操作。石油化工设备可以实现后期的规范操作，离不开前期充分完整的设计过程，而在进行设计的过程中，则要明确其操作规范，保证在操作的时候符合相关规定。如果从一开始就可以按照所规定的规章制度来执行，就可以在一定程度上降低可能发生问题的机会。如果操作人员不按照相关规定去执行，违反操作纪律，就会加大故障的产生概率，进一步发生损害石油化工设备的事故，所以必须按照规定的要求进行操作。

③做好石油化工设备的维护和保养。除了保证石油化工设备质量和提高操作人员的专业程度外，还需要定期做好石油化工设备的保养和维护。一台石油化工设备在出厂的时候会按照相关要求操作安装，但是随着时间的推移，不可避免地会发生一些问题，有时候会是一些小问题，有时候是一些大问题，甚至造成较为严重的后果。所以，在使用石油化工设备的时候还需要组织相关人员进行定期的维护和检查，对于可能会出现问题的地方进行日常的维护和保养，减少石油化工设备发生故障的机会，这就要充分做好相关管理工作，稳步推进石油化工设备维

护与保养工作的顺利进行。

5.3.3　石化企业泵振动故障诊断

(1)泵常见故障诊断分析及案例

①泵转子不平衡。泵转子不平衡的影响因素有转子系统的质量偏心及转子部件的缺损。转子质量偏心是由于转子的制造误差、装配误差、材质不均匀等原因造成的，称此为初始不平衡，初始不平衡主要来源于设计、制造和安装等环节；转子部件缺损是指转子在运行中，由于腐蚀、磨损、介质结垢以及转子受疲劳力的作用，使转子的零部件局部损坏、脱落等造成的。

石化企业中，泵大多输送的为各种油浆和化工原料等介质，特别是当输送油浆的组分较重时，介质很容易在泵转子上结焦或结垢，从而造成转子的不平衡。例如，某焦化装置渣油进料泵，其运行情况的好坏将直接影响焦化装置的生产，并且间接影响其他生产装置的运行。该泵运行一段时间后工艺参数未变，而各测点的振值则呈上升趋势，且现场震感明显，泵前、后测点水平方向的振值明显大于垂直方向和轴向的振值，壳体最高振动值达11.2mm/s，运行状态处于“危险”区；从振动频谱来看，各测点均以转子工频占绝对优势，同时存在很小的高次谐波和泵的通过频率。泵产生强振的直接原因是转子的结垢，且因结垢的程度不断加剧，破坏了转子的平衡状态。之后停机检修发现泵的转子和流道严重结垢，与诊断结论相符。

②小流量导致泵强振。以横坐标表示流量，纵坐标表示扬程、效率、轴功率所描绘的曲线，通称为泵的特性曲线。特性曲线主要反应的是泵的操作点和设计点(最高效率点)等问题，但当介质流量变化时，泵的振动也会发生变化，有时甚至会导致强振。某炼油厂焦化装置热渣油进料泵，其设计流量(标准状态)为$180m^3/h$，运行初期振动正常，后来根据生产需要入口的工作流量从$162m^3/h$降至$155m^3/h$，后又降至$113m^3/h$。此时，各测点振动明显增大，尤其是内侧轴承座水平方向的振动烈度明显增大，最高值达11.9mm/s，而正常振值应为4.3mm/s左右。因该泵的备用泵曾发生过断轴事故，为避免事故再次发生，必须做好装置停工的准备。

将该泵人口的工作流量从$113m^3/h$升至$180m^3/h$后，内侧轴承座水平方向的振动烈度值降至5.4mm/s，运行恢复正常，从而有效地避免了一次非计划停工，其挽回的直接经济效益为100多万元。

③泵转子与壳体不同心。产品质量合格的泵若产生转子与壳体不同心故障，

主要原因在于安装环节。泵在正常运行时壳体受到较大作用力产生变形，导致此故障发生，特别是当泵的出、入口管线与泵安装时存在较大偏差时，变形更为严重。

如某烷基化装置泵4101B，自开机以来振动一直较大，对安全生产造成极大的威胁。振动测试结果表明：该泵的最大振值达40mm/s，水平振动明显大于垂直和轴向振动，且呈周期性波动。

对其振动频谱进一步分析，发现各测点的振动(包括管线振动)均以转子工频50Hz为主，且存在较小的低次谐波成分，振值增大主要表现为工频幅值的增大。

经过综合分析认为：泵的振值已严重超标，需检修处理。强振的主要原因是泵的壳体受外力作用及其他因素的影响发生变形，造成转子与壳体不同心所致。建议重点检查泵的出、入口管线的对中情况。

随后检修发现泵的入口法兰与管线在自由状态下错位达150mm，导致转子与壳体严重不同心。

④泵轴承故障。环管反应器轴流泵201是聚丙烯装置的核心设备，制造厂家为美国劳伦斯公司，额定功率500kW，额定流量7000m³/h。1999年5月装置投产以来，运行一直较为稳定。2002年3月6日现场操作人员发现该泵有“呲呲”的声响，在图5.3中测点3振值有所上升且不稳定。4月2日，各测点尤其是轴承箱振动明显上升，测点3垂直方向最大振动值达6mm/s左右。运行至4月8日上午，发现该泵的轴承箱和环管处发出较大的噪声，但持续的时间较短。

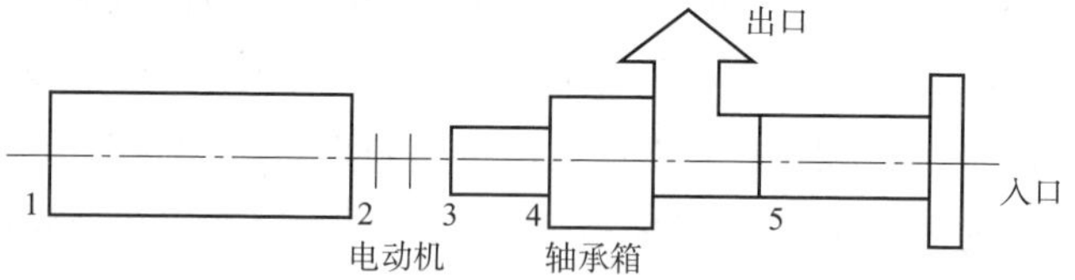

图5.3　泵201测试点

表5.2所示的是连续跟踪测振的情况。由表5.2可见，测点3的振值显著升高。频谱图上各测点频谱在65.0～125.0Hz区间大都存在一明显噪声带，67.5～75.0Hz区间的谱峰尤为显著。经过计算，67.5～75.0Hz之间的谱峰与轴承等零部件缺陷引起的冲击有关。分析认为：泵振动值明显上升与轴承的工作状态恶化有关，轴承(测点3和测点5处)已存在较严重的磨损，需尽快做好停机检修的准备。

表 5.2 泵 201 测点振动烈度变化情况

日期	测点 2			测点 3			测点 4			测点 5		
	H	V	A	H	V	A	H	V	A	H	V	A
2002-3-6	0.5	0.4	0.4	1.6	0.4	0.3	0.7	0.3	0.4	0.7	0.5	0.3
2002-4-2	0.7	0.9	0.6	3.9	0.9	0.6	1.8	1.0	0.9	1.8	0.8	0.6
2002-4-3				3.0~4.4	4.8~6.0	0.9						
2002-4-8				3.8~4.2	4.6~5.3	0.9	1.0	1.4	0.4	1.0	0.8	0.5

思考题

1. 石油化工装备常见的故障有哪些？
2. 石油化工装备故障管理的主要措施有哪些？
3. 石油化工自动化控制仪表常见故障有哪些？
4. 石油化工控制仪表的故障管理有哪些方法？
5. 石油化工自动控制系统的常见故障有哪些？
6. 石油化工自动控制系统的故障管理方法有哪些？
7. 石油化工电气设备的主要故障有哪些？
8. 石油化工电气故障管理的方法有哪些？
9. 信号分析的常见特征参数有哪些？
10. 石油化工装备故障诊断动态参数有哪些？
11. 石油化工装备智能故障诊断理论有哪些？

第6章 石油化工装备的安全管理

安全生产是企业应尽的社会责任，是企业生产经营准入的必要条件，是企业创造效益的基本保证。安全生产也是个人、家庭、社会稳定的基石。党的十七届五中全会把“安全发展”作为一个重要理念写入我国社会主义现代化建设的总体战略，十六届六中全会把加强“安全生产”写入当前和今后一个时期内全社会的安全管理的重要内容之一。

石油化工行业是国家和社会的国民经济支柱型产业，而相应的石油化工生产过程存在着严重的事故潜在威胁。石油化工的生产过程通常容易产生火灾、爆炸、毒气泄漏等问题，无论是管理上的漏洞还是工人操作的失误都有可能导致安全事故的发生，造成人员伤亡甚至威胁到企业的生存和周边居民的正常生活。很多问题不是仅靠政府相关部门的监管能够解决的，而是需要企业自己提高安全管理能力，保证安全生产和社会安全。

石油化工行业完成基本生产任务的前提是安全生产，由于石油化工企业生产过程中原材料、在制品、产生品往往具有易燃、有毒、易爆等特点，而且加工过程复杂，工艺多样，细微的操作错误就有可能导致严重的生产事故。所以，石油化工企业为了保证生产在安全管理方面投入极大，其生产准备、保障成本较高，如何能够做到安全管理水平高的同时，还能够降低生产成本是企业良好发展的关键。否则就会因为安全管理投入成本较高而利润较低导致发展缓慢，或由于安全管理不到位发生大型事故导致企业的重大损失甚至倒闭。这就需要企业通过良好的安全管理来保证生产，同时也要降低在安全管理方面的成本。而降低成本不能够片面，要具有科学性，因此基本安全管理理论的支持应用性理论的实践显得尤为重要，这是保证企业安全管理有效性、低成本的关键所在。

随着中国经济水平的提高，体制的不断完善，经济参与者的多元化，我国的基层员工结构发生了巨大的变化，同时流动性越来越强，管理难度极大，使我国安全生产工作面临许多新情况、新问题。进一步做好工业企业的安全生产工作，是企业管理的一项基本原则，也是发展社会主义经济的重要内容。

6.1 石油化工装备安全管理的理论基础

第一次工业革命后，安全管理问题逐渐受到实业界的重视，并快速进入理论界开始了研究。其原因是虽然工业革命带来了生产力的大幅度提高，但由于生产机械、能源的加入，致使生产过程中的危险性大幅提高。国外风险识别、安全管理等方面的研究开始于此并在后续的第二次工业革命和世界战争的影响下越发成熟。

6.1.1 风险识别管理理论

风险识别是风险管理的第一步，往往在安全管理中被忽视。其含义是指风险事故发生前，人们通过运用相关方法连续、系统地分析所可能面临的各种风险，以及事故风险发生的潜在原因。风险识别过程包含感知风险和分析风险两个环节。由于军事活动风险高、影响大，风险识别最早出现在军事研究领域中，对于风险识别的研究在军事领域中取得了效果后便慢慢拓展到其他领域，至今很多领域均采用了风险管理的方法。其中，经济领域是最早也是最成功的实现风险管理、识别管理方法应用的学科。风险识别方法的分类多种多样，不同的学科或实践领域中是不一样的。在这里我们主要讨论经济学领域中风险识别方法的分类，大体上分为非经济风险识别和经济风险识别。两者的具体应用领域也各不相同，在微观企业的营销、财务等职能方面、国家宏观层面、大型行业层面风险识别的方法主要是经济风险识别方法，相应地自然灾害、军事、社会、交通等方面是非经济风险识别主要的应用对象。石化生产安全风险识别管理体，主要识别石化生产过程中存在的安全隐患，属于灾害方面的识别。

(1)风险识别的基本原理

系统非优理论和系统控制论是风险识别管理基本思想的来源，这两个理论为风险识别管理提供了基本的科学依据和理论逻辑。

①系统非优理论。系统非优理论的理论根源类似于中国的阴阳学说，认为所有系统的全部都是由“非优”状态和“优”状态组成的。如同字面的意思，类似于完全失败等其他不良的结果称为“非优”，相反的，好的结果和状态称之为“优”。

根据系统非优理论对于人类行为、系统方面的论述，人类加之于系统的影响、行为，都有一个获得“优”状态结果的目标，并且为了达到这一目标而付出了相应的成本，这些成本有些是显性的、有些是隐性的，关键看成本的高低和机会成本的影响。虽然追求“优”的状态，但实际上系统的大部分领域都不是“优”状态，而是一种介于绝对的“优”和绝对的“非优”状态的灰色状态。因此，大家面临的实际问题应该基于“非优”的状态，在实际生产生活过程中，不是去努力寻找最优的状态或者模式以实现最优的目标，而是应该去选择一定的手段和方法来控制、消除所控制的体系中那些“非优”的因素和影响关系，这样就能降低这些因素导致的问题，从而减少相应的生产过程中的问题，就能逐渐消除数量众多的严重非优事件。

由此可见，系统非优理论与其说是一种技术方面，不如说是一种理念和认识。通过对系统状态的假定和证明，能从根本上改变管理模式，使管理模式从事后管理到事前管理、事前预防，因为在这个过程中已经逐渐改变了系统控制的关键对象，从整体覆盖到针对性的个体管理。所以，系统非优理论是风险识别理论的基础，认为系统整体是非优的，一直处于不断的变化和运动中，而经常在“优”和“非优”过程中进行转换。

②系统控制论。控制论最早是在美国的贝尔实验室中应用的，并于 20 世纪 50 年代左右在经历了二战之后逐渐在理论界作为一门综合性的学科联系数学、机械、运筹学等内容而出现。通过数学的联系作用，通信工程、计算机技术、自动调节技术、运筹学、神经生理学等相互渗透，进而形成了系统控制论。

系统控制理论具体来说包括一系列相互联系，逻辑紧密的过程或流程，首先要根据研究内容的需要收集相关的数据、信息等，将信息进行加工处理并按照一定的理论进行处理和分析。根据分析的结果，采取相应的手段加之于受控客体而实现主体目标。

风险识别管理从本质上来说也属于控制过程，风险识别管理是一个以预定计划的目标为基础而采用一系列的手段来纠正偏离目标的元素，实现偏差的有效纠正的过程。在任何控制过程中，反馈是控制的重点，而反馈机制的运行依靠信息的有效传递，信息的有效传递依托于信息系统的建立和信息的及时、准确地采集。通过将信息在风险识别系统中进行有效的传递，在风险管理人员按照一定的机制进行有效的信息处理后，及时发现现实中可能出现的风险，并在风险信息处理过程中了解如何消除风险，以及切断内在的交互影响，由此成为实施预控对策的相关参照依据。风险识别管理相关人员在对此类信息进行了处理之后，将可能的危险信息、危险消除参考信息传递给相关的工作人员，就可以对整个系统进行有效的控制，纠正改善不合理的地方，最终实现系统的正常运行，从而保证受控对象尽量保持安全状态，实现了安全状态的维持。

(2)风险识别的方法

在风险识别系统中，临界状态或者临界点以及现行指标是最为重要的两个方面，构成了风险识别管理系统的两大支柱。风险识别的信息系统，以及预控对策的方法与预测系统构成了风险识别方法的体系。风险识别方法所包含的内容极为广泛，包含了多种不同学科层次的风险识别方法，主要是基础数学方面的内容，在模糊评价、神经网络的风险识别方法、层次分析法等内容中有诸多的应用。预测的方面主要是基于统计学的时间序列预测方法和回归分析预测方法。

①经济识别法。风险识别管理最早出现在经济领域之中，随着经济金融等方面的不断发展，有关研究在理论方面突飞猛进，而且由于在现实中实践应用较多，应用和研究都极为深入，风险识别方法在经济学范畴内和金融操作领域内运用都比较成熟，形成了众多的方法，在这些方法中应用最广泛、最为成熟的方法是 ARCH 法和景气指数法。

ARCH 识别法是一个通过计算条件方差，根据方差的时间变化结合方差变化的特点来判断风险，进而了解经济运行的实际情况。景气指数法的应用过程主要是按照一定的规则结合实际建立相应的指数，通过指数的变化来监测有关情况的变化，对整体的经运行情况有一个很好的了解。

②指标处理方法。指标处理方法的选择对于风险识别的有效性有着重要的影响，恰当的方法对于指标处理过程的优化和结果的准确性影响较大。现在采用较多的是人工神经网络法和层次分析法。层次分析法是一种较为成熟的方法，现在也有了网络层次分析法，分析过程更加合理且贴近现实。层次分析法主要是一种处理多目标多标准的决策问题的方法，是一种定量与定性相结合的方法。层次分析法可以解决风险识别系统中警兆指标的权重分配、排序筛选等工作。

(3)风险识别的过程

风险识别管理过程包括明确警义、寻找警源、分析警兆和预报警度。

①明确警义。警度和警素是警义的两个方法。这部分内容的核心思想是分析对象的确定，也就是要搞清楚风险识别的主要对象。从结构组织层面来说，警素是指能够被观察的具体的可测定指标，这些指标不一定是数学语言：对于这些指标有一定的评级，这个评级表现出的危险程度(可能引起的事故危险性大小和引起事故的可能性)称之为警度。专家分析法(传统的方法)、数学分析法(模糊综合评价、层次分析法、统计学方法中的主成分分析法等)是衡量各类警情指标警限的主要方法。

在石化企业的实际生产过程中，只有先明确了风险识别的对象也就是警意才能够确定具体的警素和针对各个警素的警度。进而就能够进行风险识别管理，建立起基于企业自身的风险识别系统和防范体系，从而减少风险危害带来的损失。

②寻找警源。通过相应的指标分析能够知道什么因素的风险最大，也就是导致该风险的原因，找到到底是何种原因导致了该风险，也就是风险的源头。控制风险虽然可以从风险交互影响关系上入手，但是最关键的还是控制风险源头，因为风险源头的控制是较为简单和直接的。

③分析警兆。在做好警意的分析，并且找到警源后，就是根据现实情况针对警源进行严密的监视。能够做到在警源发生重大变化后快速反应，处理可能扩大为严重风险事故的警兆。通过采取相应的措施来保证将生产安全事故消除在初始阶段，真正做到风险事前管理，防患于未然。

④预报警度。当警情指标发生变化并超出了预定的指标标准后，称之为出现警情。随着环境的变化，警界范围也是逐渐变化的，因此，必须根据实际情况重新评估修订各个警情指标的范围值。完成警情识别工作后，通常采用定性与定量相结合的方法结合预先设定的警兆分析范围来提高预报的精度。

(4)国内风险识别研究

①国外风险识别研究。国外对于安全管理的研究较多，最早开始于1899年。当时由于安全生产的理论已经有所发展，相应的风险识别方面的研究逐渐兴起。在巴黎举办的巴黎统计学大会上，西方风险研究者(主要是数学家和经济学家)正式提出了风险识别理论，该理论主要是应用在宏观经济的检测工作中。当时有位法国学者在巴黎统计学大会上发表的《社会和经济的气象研究》中，提出了气象预报方法，该方法主要应用在经济危机的预测，随后逐渐演变为对风险识别预报的应用。该学者认为，气象观测和经济波动是一样的，都是可以识别和预测的，同时根据不同因素对于波动的影响程度将因素分为四类。

美国的哈佛大学于1917年设立了隶属于当时景气监测研究所享誉全国的经济调查委员会，其主要职责为经济监测工作。到了20世纪中叶，风险识别理论以检测的指标标准体系为基础，实现了研究的重要突破。1950年美国的经济统计学家一穆尔提出了新的经济监测系统，主要作用是改善了检测系统的功能，大大提高了系统检测的准确性。

基于此，大量的学者做了众多的跟进研究工作。1959年，相关学者发明了合成指数识别法，在改善经济风险的识别系统方面，实现了功能上的一大突破。同时，西方多数受到经济复苏的影响逐渐开始设立专门的机构来检测国家的宏观经济运行情况，同时在后续措施保证方面也做了大量的工作。预期调查方法被希斯金引入到了经济监测识别的系统中，使系统的信息量大大提高，系统信息渠道获得更好的拓展。

风险识别理论于宏观经济理论中的广泛成功应用致使其效果越来越明显，在理论界和实业等方面受到了越来越多的关注。后来人们发现微观经济领域与宏观经济领域存在着一定的相似性，因此风险识别理论慢慢被应用到微观经济领域。最早开始在微观领域进行风险识别理论研究的是美国学者，研究的重点是企业层面危机危险的识别以及管理。20 世纪 80 年代，风险识别管理理论慢慢在工业企业得到了具体的推广应用。

同时期，日本开始应用风险识别管理理论研究于较为实际的问题，进行了应用性研究，并取得了一定的创新，特别是在企业的危机识别方法或危机管理手段方面取得了巨大的成就。具有了一定的基础之后，研究对象延伸到了跨国公司。但是从危机研究开始，相关研究对危险的起源、成因特别是危机的演变过程和交互影响过程没有系统性的研究。对于事后危机的研究较为广泛，涉及如何摆脱危机。

②国内风险识别研究。我国对于风险识别的研究开始于 20 世纪 90 年代左右，研究领域开始于国家、社会层面的宏观经济循环波动的预测手段和识别措施。我国举办了与宏观经济风险识别有关的研讨会。探讨寻找对于我国的经济波动的宏观经济指标，这些指标能够识别和反映我国宏观经济具体实时的变化。

类似于国外的研究，我国的宏观经济领域也是风险识别理论最早应用的领域，随后才拓展到其他领域。主要是在企业方面，像企业的营销、财务等敏感方面的风险识别。到此时风险识别管理理论在我国的经济领域才得到了广泛的拓展和应用。

由于我国经济研究的前沿，风险识别理论在经济领域的研究促进了风险识别理论的扩展。逐渐渗透到了非经济领域的研究，这些领域主要是高危行业，存在某些风险可能的领域如煤矿安全、地质灾害等。国家自然科学基金委员会立项支持的课题“企业危机的识别原理与方法”的相关研究，该项目的主持者为佘廉和谢范科。这两位学者在该项目的支持下，逐渐深入，陆续出版了相应的专著以搭建风险识别的管理体系，在我国的影响较大，并且对理论界和实业界应用较广。最为重要的贡献是在我国企业危机（风险）识别管理方面奠定了理论基础。佘廉教授的主要研究领域：企业危机的风险识别管理模式、企业在逆境的危机识别管理模式、企业管理波动变动的风险识别管理模式等。谢科范教授认研究包括了像销售市场、财务等更加微观方面的风险识别和防范。

随着风险识别管理研究的不断拓展以及我国石化产业的发展，我国学者在风险识别管理理论于石化企业的应用方面有了一定的研究，逐渐开始设计一个石化生产的安全识别系统，对石化生产的各个环节进行检测，统计相关数据和指标，及时完成各个指标的分析，对于企业的生产安全情况做到全面的掌握。

6.1.2 安全管理理论

安全管理(Safety Management)隶属于管理科学，是其一个重要分支。安全管理是为了达到安全目标而进行的有关计划、决策、控制和组织等方面的活动；运用了现代安全管理的原理、手段和方法，在分析和研究各类不安全因素的基础上，从组织上、技术上和管理上采取有力的对策，消除和解决各类不安全因素，进而防止发生事故。

(1)不同视角的安全管理

随着生产与技术的发展，安全生产问题也随之产生，而人们对安全管理的理解也是在不断的变化之中。传统的观点，根据事故发生的前后，安全系统可以分为两种：第一种是在事故发生后进行研究，该系统被称为事故系统，具有滞后性；另一种是站在预防事故的角度，在事故发生前先行预见可能发生事故的地方，进而阻止事故的发生，该系统被称作安全系统，具有先见性。此外，还有学者认为安全管理的概念不只取决于研究的时点，还与研究的对象有关，中小型企业和大型高危企业产生事故的后果明显不同，对安全的要求自然也不相同。中小企业只需简单了解安全管理的基本概念即可，而大型和高危企业则必须系统地管理安全生产。由此看出，安全管理的概念根据人们的理解而发生变化，并不存在统一的定义和视角。

①事故视角的安全管理。海因里希(W. H. Heinrich)较早地站在事故角度提出了相对应的安全管理理念，详细地阐释了工业事故发生的前因后果。他提出了很多安全管理问题，例如安全和生产之间的关系、不安全行为的原因等，他的理论被称为“工业安全公理”(Axioms of Industrial Safety)。丹麦标准协会也把安全管理当作管理危险的方法。这种方法的优点是比较容易理解，因为它直接将安全管理与事故管理等同，但是也有严重的缺点，就是考虑问题的因素较为单一和片面。正如 Lars Harms - Ringdahl 所说，一般的中小型企业的规模较小，产生事故的危害也较轻，比较适合站在这个角度进行安全管理。

②传统管理视角的安全管理。安全管理对于企业来说至关重要，事故的产生不止影响企业的经济效益，还会造成严重的社会影响，因而安全管理是企业管理

中重要的一环。随着企业管理理论的发展，学术界开始结合企业管理最新的理论对安全管理展开研究。

N. Mitchison 等认为安全管理应关注于企业的人、物和技术等方面，包含企业内所有个人的活动，目的是制定安全政策并保证其执行，而安全管理系统往往由人、物和技术这些安全管理因素所构成。但是这种观点的弊端是将企业管理与安全管理混为一谈，难以展现安全系统的特征及形成相应问题的对策。

我国学者袁昌明认为安全管理主要涉及人、物和环境三个因素，研究它们之间的协调性，对企业的安全工作进行有效管理，综合考虑企业管理、法律法规、教育和技术等多个方面，发现并消除人、物、环境中的不安全因素，目标是实现安全生产。陈宝智认为，安全管理是企业利用管理职能管理人的不安全行为以及控制环境、设备和物质的不安全因素的行为，目的是避免发生伤亡事故，为此企业需要合理组织调动人力物力财力。此外，伤亡事故预防的基本原理和准则对于安全管理同样适用。这两种观点弥补了上述观点的不足，结合企业管理思想的同时，体现了安全系统的内涵和特征。

此外，我国的甘心孟、崔正斌、吴穹等学者也纷纷提出了自己对于安全管理的看法。这些专家都是站在传统企业管理的角度上，看待将安全管理，主张利用计划、组织、控制、协调等传统管理职能进行安全管理。

③系统视角的安全管理。随着企业生产规模的扩大和企业知名度的提高，企业的安全管理也变得越来越重要，因为大规模企业产生事故常常会造成极为恶劣的影响。对于民航、航天、核电等高可靠性企业（high reliability organization）和石油化工等流程工业（process industry），一旦发生事故将产生不可估量的损失和后果，因此要求生产过程中必须保证绝对的安全。

系统安全管理思想把安全管理看作是对“设备”“员工”“制度”“环境”构成的整个安全系统的管理，以系统与协调的观点来处理安全管理过程。

④“不安全”视角的安全管理。将思维逆向，从不安全的视角，研究安全问题逐渐兴起。由不安全的角度发现安全管理问题的方法起源于“人误”的研究，“人误”分成规则基、知识基以及技能基三类，最先开始研究个体安全知识缺陷。后来，“人误”的研究引申到了“企业错误”，提出管理失效的概念，认为事故发生的直接原因是事故的激发机制，肯定有更深层次的原因。

（2）安全管理研究现状。众所周知，人类活动过程中存在安全问题，而且安全问题随着人类的活动的发展而发展。虽然人类已经有了很长的历史，但是受生产力发展水平的影响，安全问题直到第一次工业革命才进入理论研究的范围。因为蒸汽机的发明使人类的工业文明飞速发展，人类的安全问题随着生产过程的复杂化而越发严重。很多危险性大的行业一旦发生事故就会导致成百上千人的死亡，造成特大伤亡事故，因此各国开始高度重视安全事故问题。特别是在西方国家这种深受宗教影响的背景下，对人的生命的重视是极高的。因此，政府机构开始参与进来，研究关于事故预防的问题。在 1919 年成立国际劳工局，以过往事故为分析对象，通过制定工业生产安全法规，逐步建立起各国工业生产的规范与约束。通过一系列管理手段、安全措施和技术的保障防止事故的发生。

有了上述的历史背景，对于安全生产的研究逐渐发展成了一个综合性的科学。从基本朴素的观点来说，没有危险的客观状态就是安全。阿诺德·沃尔弗斯指出："安全，在客观的意义上，表明对所获得价值不存在威胁，在主观意义上，表明不存在这样的价值会受到攻击的恐惧。"通俗来讲，就是客观上没有任何实际的危险，同时在心理上对危险没有恐惧感，当然这种恐惧感缺失最好是建立在实际上安全状态保证的基础上，而不是靠个人强大的心理。而石油化工产业由于原材料、中间品、产成品都存在一定的爆炸可能性和化学毒性，生产过程中始终存在一定的安全隐患，不可能完全消除。生产过程中对安全的要求是基于一定可接受的范围之内，所以对于石油化工企业的安全问题的研究始终是安全问题研究的重点。

6.1.3 安全生产管理理论

安全理论经过多年的探索和发展，特别是在现代化工业进程中，不断提升和更新，形成了一套系统化的安全生产理论和管理。石油化工行业可能涉及的安全管理理论，主要有以下几个方面的理论。

(1)海恩法则

海恩统计了 55 万件机械伤害事故，其中发生重伤人员的事故有 1666 件，轻伤事故 48334 件，其他发生的事故没有造成伤害，属于险肇事故。海恩通过对多起事故的发生概率分析提出了安全生产理论。他进一步提出了 1 起伤亡事故，可能由 29 起轻伤事故和 300 例不安全行为构成，在众多事故的总结中，我们发现这个数字普遍适用，业界管理者把这种理论叫作海恩事故法则。海恩法则在炼油生产中得到了广泛的应用和采纳，为安全管理有效开展和事故的有效控制奠定了良好的理论基础。

(2)木桶理论

木桶理论通常讲的是一个水桶能装多大量的水，取决于最短的木板长度，重点强调的是平齐，齐抓共管。在制造型企业中管理要重心下移，强调每个员工的安全行为、安全知识是平齐的，不能抓大放小，一线的员工直接操作设备、接触危险机械设备，他们的安全防范是否到位，安全技能是否掌握直接关系到操作结果的正确性，以及危险事故发生的可能性。作为管理人员要对安全管理进行综合考评，找出管理的短板，及时提升安全管理的整体水平。

(3)现代事故因果连锁理论

安全管理专家博德结合骨牌效应，将连锁过程分为四个方面：

①管理上的控制不足。很多企业重视生产产量、产品质量、往往忽视安全管理，没有做好事前的预防和控制，企业的管理人员也没有做好安全的计划、组织隐患的排查与治理工作。安全管理水平较为落后，使生产管理现场处在可能发生安全事故的边缘。

②现场没有做好排查。没有从根本上做好隐患消除工作，作业现场存在设备不符合安全技术性能要求的情况，设备没有做好定期的维护和保养，一直处在磨损状态或者“带病”工作状态，员工工作环境不安全，环境中的湿度、粉尘、噪声、照明等不符合职业健康要求。

③直接征兆没有控制。事故发生的直接原因往往是“人的不安全行为”和“物的不安全状态”。人的行为通常是最难管理的，具有不可预知性，所以企业管理人员要做好人员培训工作，让员工知道哪些行为是不安全的，哪些做法是违反了sop文件规定项目，培训合格后才能上岗，不合格再培训或者转岗，坚决杜绝生产中的违章行为。物的不安全状态控制需要专人专岗去检查，比如生产运行人员的岗前、岗中对设备、水电气、能源状态的巡查，电气设备运行的记录都是对过程的一种监督控制手段。

④控制直接接触。事故的发生往往都是接触性的，而生产的物料、设备、能源是时时刻刻存在的，具有不可替代性和转移性，这就要求我们做好过程中的隔离，比如危化品的隔离、分类存放，操作硫酸稀释时要带上防毒面具，防护手套，使用砂轮机打磨物件时要带上防护面罩防止砂轮火花飞溅到眼睛等，这些安全措施有效防止了危险品直接与人体的接触，防止了危险物对人体直接的伤害。

6.1.4　石油化工装备安全管理方法

(1)集成管理法

集成管理方法能够促进管理的提升，对管理具有指导作用。一般来说，事情都是“事”和“物”来构成，物往往独立于客体之外，事是人们的各种经营活动，包括生产、加工、改造，以及人与人之间的合作、互助，以及围绕着生产开展的各种组织和协调。一切使人成功地办事的原则、方法、经验，必定符合事理。从某种意义上说，管理学就是研究事理的科学。

在石化企业运营管理过程中，管理要素包括企业的各种形态的资源和服务对象，通常包括人、财、物以及各种形态的设备和机器，也包括企业的各种组织形式，例如班组、车间、科室、部门，还包括各种工艺设计、技术流程、研发设计、质量控制、物品采购和物流管理等。集成一般可以分为战略集成、组织集成、人与组织集成、知识集成、技术集成等方向。集成管理研究需要管理者采取必要的措施构建合理的集成体系理论，集成管理是一种普遍适应的管理理论，做好集成管理，能够给石化企业带来较大收益。

(2)层次分析法

安全管理是一项专业的技术工种，管理人员必须有良好的管理能力和业务素质，能够站在一定的高度去管理一个企业的安全风险点和预防措施，能够在管理上突出重点、抓住难点，特别是方案的选择上。当面对各种方案时，需要对所有的因素加以比较、判断、评价，才能做出相对较好的决策。为了让决策更加科学合理，T. L. Saaty 等美国运筹学家在 20 世纪 70 年代提出了一种科学的分析方法，即层次分析法，英文全称 Analytic Hierarchy Process，简称 AHP 法。运用层次分析法的基本步骤如下：

使用 AHP 分析法解决问题时要建立科学合理的数据模型，在安全管理中要首先对各个风险要素统一评估和分析，判断出风险和要害关系，构造风险结构层次，并做好上下层次的连接和支持关系，层次分类通常有以下几种分类和表达方法：

①目标层，即我们要达到的目的和要求的层次。

②指标层，通常是为了实现我们的管理目标所涉及的管理准则、要素、指标等。中间层也可以进一步深度细分，例如准则层、策略层和约束层等多个层次关系。

③方案层，表示为把目标得以实施的方法和手段以及方案的决策等，在 AHP 分析中通常采用直线来显示上下要素的衔接和相互关系。

6.2 石化企业安全生产管理与隐患排查

6.2.1 石化企业安全管理的主要内容

炼油工程企业安全管理从管理的要素上来分共计 13 个大项目，分别涉及安全管理目标、安全职责、组织机构、安全培训、作业安全、设备设施、应急处理等多个要素，从管理对象上可以分为软隐患和硬隐患。隐患的排查和治理工作是炼油工程企业开展安全管理的根本途径。一般的管理思路是，首先隐患排查，特别是引导一线员工做好现场的隐患排查，让现场的危险源可控，让隐患得到消除，这是治理工作的第一步。其次，要重视隐患治理，隐患不消除，就有发生安全事故的可能，所以隐患的治理是安全管理的重点工作。由于隐患的发生和转移也是动态的，隐患治理的开展也是持续性，长期性的。最后安全管理的一项重要内容是做好人员培训，提升能力，只有员工的意识和能力做到了同步上升，才能做好安全管理。

6.2.2 事故隐患与危险源的关系

根据“海恩法则”中提到的，很多事故都是有前兆，事故的发生都是有概率的，如果小的事故不去管理、不去消除，往往就会造成较大事故。在生产经营性企业中，危险源通常是超出预想，释放出的危险物质或者能量，可能对周围场所中的人员、设备造成损伤或者破坏。它通常存在于一定的空间场所、位置、区域。危险源可以是动态的，也可能是静态的，一个位置可能存在多个危险源，也可能在一定时候不存在危险源。有危险源的地方不一定会发生安全事故，但是危险源是安全管理重点关注的事项。防止危险源的失控，炼油工程企业往往存在多个危险源。

《职业安全卫生术语》中是这样描述安全生产事故隐患，生产经营单位没有按照安全生产法律法规、章程的规定，导致生产现场存在物的不安全状态和人的不安全行为作业规范，这些存在事故发生的潜在根源，通常我们把它叫做事故隐患。但是在生产企业中“人的行为”在管理控制中较难，通常表现为违规操作，违章指挥，违反劳动纪律，采取培训的方式让人知道危害性，采取激励考核的形式对人的行为进行约束。物的不安全状态采取常说的现场检查、整改、验收模式，让“物”处在一个相对稳定的环境中。

安全事故的发生起源于隐患的存在，隐患不除，则事故难断。安全事故的后果与隐患大小无直接关系。后果是不可预计的，它与事故现场的情况及企业的安全管理、事故处置关系密切，因此不能因为隐患小而放松隐患治理要求。企业在生产经营活动过程中，危险源是时时刻刻都会有的。管理得当，就杜绝和减少安全事故的发生。事故隐患必须整改根除，虽然隐患不是事故，但它可以导致事故的发生，是事故的发展和突发的可能性阶段。在这个阶段我们管理人员要采取一定的管理措施和技术手段，进行消除隐患，隔离危险源，把预防性的措施放在最前面。

事故隐患和事故有一定的关联性，美国工程师帕布斯·海恩通过大量的实验统计研究认为，每一次大的安全事故的发生，都会有小的安全征兆，事故发生是事件累加的结果，所以在管理中我们要做到防微杜渐，安全中的任何一个事件都要认真对待。

6.2.3 安全隐患灰关联控制

(1)数据采集

杜绝事故的关键是发现隐患，石化企业在确定隐患排查范围的基础上编写隐患排查表，并根据事故隐患排查表对企业安全生产管理人员和从业人员进行教育培训，最后根据安全生产的需要和特点，采取多种检查方式进行隐患排查。如果隐患危害较大或整改难度较大，则应停产停业整顿。整改治理时间较长的隐患，或由于外部因素导致企业自身无法排除的隐患应报至上一级政府或安全监督管理部门。石化项目主要的安全生产事故根据企业性质不同略有不同，以常有的施工项目为例，可能发生的事故主要有车辆伤害、机械伤害、触电等；在露天施工中多发的事故主要有高处坠落、物体打击、起重伤害、触电、机械伤害、坍塌等；而在厂区转运物料时常发生的事故主要是叉车、运输车辆等对厂区人员造成的车辆伤害、机械伤害、触电等。在水处理监测系统中可能发生的事故有触电，烫伤、坠落等安全事故。造成事故的直接原因，一是人的不安全行为；二是物的不安全状态；三是不良环境；间接原因有技术、管理等方面的原因，主要还是管理方面。

(2)关联指标确定

①专业人员综合判断法。专业人员综合判断法：公司安全管理部门牵头，组织安全工程师、工艺人员、技术人员、生产人员组织成一个评审小组，定期对工作岗位进行综合评估，特别是对设备、厂房、工艺这些容易出现重大安全事故的区域，进行全面的安全隐患识别和风险管控。识别后要做好登记，确实现场的风险等级，加强安全巡视和控制。

②LEC 评价法。隐患评估主要通过分析隐患的实际状况，评估隐患可能造成事故的危害后果。现阶段先分析潜在的危险源，然后采用 LEC 法进行分级，最后对照潜在危险源对隐患危害进行评估。LEC 法为生产作业条件安全评价法，通过计算事故或危险事件发生的可能性、暴露于危险环境的频率、发生事故或危险事件的可能结果确定危险的大小。

LEC 评价法是一种常用的定性评价法—评分法，用来评价作业条件的危险性。如下式表示：

$$D = L \cdot E \cdot C \tag{6.1}$$

式中，D 表示危险性；L 表示发生事故的可能性大小；E 表示人体暴露在这种危险环境中的频次程度；C 表示一旦发生事故会造成的后果。

指标 L、E 和 C 的取值分别见表 6.1～表 6.3。

表 6.1　*L* 的取值

事故发生的可能性	分数值
完全可以预料	10
相当可能	6
可能，当不经常	3
可能性小，完全意外	1
很不可能，可以设想	0.5
极不可能	0.2
实际不可能	0.1

表 6.2　*E* 的取值

暴露于危险环境中的频次程度	分数值
连续暴露	12
每天工作时间内暴露	8
每周一次，或偶然暴露	4
每月一次暴露	3
每年几次暴露	2
非常罕见暴露	1

表 6.3　*C* 的取值

发生事故产生的后果	分数值
大灾难，许多人死亡	100
灾难，数人死亡	50
非常严重，一人死亡	20
严重，重伤	8
重大，致残	4
引人注目，需要救护	2

针对被评价的具体作业条件，评价人员依据过去的经历、有关的知识，经充分讨论，估定 L、E 和 C 的分数值。然后计算三个指标的乘积，得出危险性分值，并按照表 6.4 所列的分数来评定风险等级。

表 6.4　D 的取值及其危险等级

D 值	风险等级
>300	不可容许风险
151 ~ 300	重大风险，需要立即整改
61 ~ 150	显著风险，需要整改
30 ~ 60	一般危险，需要关注
<30	稍有危险，能够接受

③安全隐患关联度的计算。关联度的大小取决于安全隐患的相似程度，安全隐患相似程度越高对应的关联度也就越大，反之，越小。

某一参考序列为：

$$X_i^{(0)} = \{x_i^{(0)}(1),\ x_i^{(0)}(2),\ \cdots,\ x_i^{(0)}(n)\} \tag{6.2}$$

原始数据序列进行均值化处理，相应的计算公式为：

$$\bar{x}^{(0)} = \frac{1}{n}\sum_{i=1}^{n}\bar{x}^{(0)}(k),k = 1,2,\cdots,n \tag{6.3}$$

$$x^{(1)} = \{\frac{x^{(1)}(1)}{\bar{x}^{(0)}},\ \frac{x^{(1)}(2)}{\bar{x}^{(0)}},\ \cdots,\ \frac{x^{(1)}(n)}{\bar{x}^{(0)}}\},\ k = 1,\ 2,\ \cdots,\ n \tag{6.4}$$

参考数据序列与对比序列的最大差和最小差为：

$$\Delta_i(k) = |\ x_0(k) - x_i(k)\ |\ ,\ i = 1,\ 2,\ \cdots,\ m \tag{6.5}$$

两数据序列的两级最大差为：

$$\Delta_{\max} = \max_i \max_k \Delta_i(k),\ i = 1,\ 2,\ \cdots,\ m \tag{6.6}$$

两数据序列的两级最小差为：

$$\Delta_{\min} = \min_i \min_k \Delta_i(k),\ i = 1,\ 2,\ \cdots,\ m \tag{6.7}$$

那么，两个数据序列（X_0 与 X_i）在数据点 k 的灰色关联系数的公式为：

$$\xi_i(k) = \frac{\Delta_{\min} + \rho\Delta_{\max}}{\Delta_i(k) + \rho\Delta_{\max}} = \frac{\min_i \min_k \Delta_i(k) + \rho \max_i \max_k \Delta_i(k)}{\Delta_i(k) + \rho \max_i \max_k \Delta_i(k)} \tag{6.8}$$

式中，ρ 表示分辨系数，$0 \leqslant \rho \leqslant 1$。

两个数据序列（X_0 与 X_i）的灰色关联度系数 γ_{0i} 表示如下：

$$\gamma_{0i} = \frac{1}{n}\sum_{t=1}^{n}\left(\frac{\min_i \min_k | x_0(k) - x_i(k) | + \rho \max_i \max_k | x_0(k) - x_i(k) |}{| x_0(k) - x_i(k) | + \rho \max_i \max_k | x_0(k) - x_i(k) |}\right) \tag{6.9}$$

分别将参考序列 $X_0^{(0)}(t)$ 同其余对比序列 $X_i^{(0)}(t)$ 的灰色关联度表示为 γ_{01}、γ_{02}、…、γ_{0m}。针对对比序列 $X_i^{(0)}(t)$ 相较于参考序列 $X_0^{(0)}(t)$ 而言，其大小能够准确地确定对比序列相较于参考序列的优先级别分别是“主要隐患”“次要隐患”还是“一般隐患”，具体可以表示如下：

$\gamma_{0m} > \cdots > \gamma_{02} > \gamma_{01}$ 时，为石化化工装备的主要隐患；

$\gamma_{0m} < \cdots < \gamma_{02} < \gamma_{01}$ 时，为石化化工装备的次要隐患；

$\gamma_{0m} = \cdots = \gamma_{02} = \gamma_{01}$ 时，为石化化工装备的一般隐患。

根据灰关联度理论计算进一步明确隐患的存在的一般发生的概率大小，在诸多隐患中可以找出当前管理的主要问题和次要问题，调整企业安全管理的方向和管理的重难点，分析多个矛盾中的主次要矛盾问题。在《安全生产事故隐患排查治理暂行规定》，隐患分为两种：一般事故隐患和重大事故隐患。隐患分级还可以根据行业企业实际情况再进行细分，隐患分级表见表 6.5。

表 6.5 隐患分级表

隐患等级	分级判据
	可能造成的死亡人数
特别重大隐患	>30 人
重大隐患	10 ~ 29 人
较大隐患	3 ~ 9 人
一般隐患	<2 人

6.3 石油化工装备安全管理体系

6.3.1 石油化工装备管理体系的目标

通过更为科学、系统的安全管理实现石油化工装备的安全管理。避免油库、加油站改造项目安全事故的发生，保证项目安全、顺利地实施，不仅保障改造项目的人身安全和财产安全，同时也保障项目的质量安全、资金管理安全和环境安全，并有相应的保障措施保障安全管理体系良好运行，最大限度地以安全管理体系来约束改造项目各参与方的安全行为，而不是依靠各参与方的安全意识和能力高低。建立一个以建设单位为核心、施工单位负责、各参建单位参与其中，全方位落实的合力安全管理写作体系，有效落实各方责任，将安全第一、综合治理的方针贯彻执行到底。

6.3.2 石油化工装备安全管理体系的构建依据

(1)安全木桶理论

木桶理论的含义：一个木桶用长短大小不一的木板共同镶嵌造成的，木桶的容积并不是一块木板能决定的，如果想要增大木桶的最大范围，不是增加整体木板的长度，而是要把最短的木板增加到合理值。

安全木桶理论的优点：在安全工作上可以突出重点、及时发现问题的主要矛盾和次要矛盾；能够清晰找到安全工作的薄弱环节，查缺补漏。由于许多频发的安全事故有一定的共性，所以在已经完善的管理系统中依然需要用安全木桶理论发现目前依然存在的问题和最大隐患所在，促进安全工作更上一层楼。安全木桶理论能够让石油化工装备相关安全管理人员在参考其他企业以及本企业原有体系安全管理经验的前提下群策群力，用头脑风暴的方法列举出目前石油化工装备安全管理现状、系统分析、更加能够发现其中的问题，来完善石化企业的整体安全管理水平。

(2)模糊评价法

模糊评价方法是以模糊数学的相关理论为基础的。模糊数学的核心内涵是模糊集，它主要用于定义现实世界中难以准确定义的事物。模糊评价方法的最终目标是给出一个综合评价，即先给出目标评价对象的隶属度，再通过定量评价。这种方法非常适合于模糊研究的定义。模糊评价方法不仅能给出最优和其他最优条件下的不同值，而且能根据次优程度给出比最优值小的值。评价值与评价因子值之间的函数关系也可以根据各种评价因子的特点来确定。模糊评价方法在企业文化评价、人才评价、绩效评价等方面得到了广泛的应用，为企业内部控制评价提供了参考。可以采用层次分析法和模糊评价法相结合的方法，对石油化工装备安全管理体系的效果进行分析。

(3)IDEAL 模型

IDEAL 模型为着重过程改进的模型，可分为五个阶段：Initiating(准备阶段)、Diagnosing(诊断阶段)、Establishing(建立阶段)、Acting(实施阶段)、Leveraging(调整阶段)。石油化工装备安全管理体系的运行采用 IDEAL 模型来实现启动、规划和分阶段运行，通过这五个阶段的循环，实现动态改进。

6.3.3　安全管理职责分配

石油化工装备安全管理需要石化企业全体上下部门通力合作。依据层次要素确定人员职责分配，见表6.6和表6.7。

表6.6　石油化工装备分层次人员安全职责表

层次	职责范围
领导层	安全管理第一责任人 制定相关安全管理政策 建立相关安全管理监督机制 科学分配有关资源
管理层	熟悉职责分工内容 稳步推进日常工作 进一步考查人员资质和培训教育经历 明确检查措施和方法 按照规定从严落实奖惩 不断加强个人自身建设 严谨工作
作业人员	自觉接受培训教育 从严落实好相关规定制度 及时向上报告有关事宜

表6.7　石油化工装备相关安全要素职责分配表

要素	主管部门	要素	主管部门
规章制度	总经理办公室	运行控制	安全管理部
辨识危险	安全管理部	应急预案	安全管理部
法律法规	法律部	测量工作	安全管理部
既定目标	总经理办公室	监督预防措施	安全管理部
管理方案	安全管理部	记录管理	安全管理部
结构和职责	总经理办公室	审核	安全管理部
培训意识和能力	人事处	评审	总经理办公室
文件资料	总工程师办公室		

6.3.4 石油化工装备安全管理体系的组成

(1)内部组织体系的构建

建立石油化工装备的三级安全管理组织机构，企业内实现分级领导负责制度，总经理为安全管理小组组长，分管经理为副组长，各部门处长和地市公司领导班子为组员。同时，各处室设立1名改造项目兼职人员负责配合改造项目各项工作的实施与安全管理。安全处和发展处共同设置工程项目管理督查大队，对承包商施工现场实施全覆盖、全天候安全督查。设立基建线条的安全专业分委会，每季度对改造项目开展情况和下季度工作计划进行汇报。组织机构如图6.1所示。

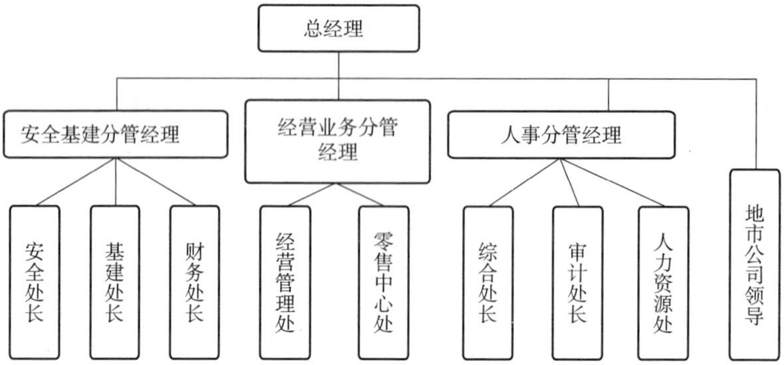

图6.1 石油化工装备安全管理组织机构

(2)石油化工装备安全管理指标体系构建

为保证安全管理体系的运行工作，必须进一步完善相关制度，明确各方人员安全管理权力和职责。为保证管理人员能够准确地掌握石油化工装备安全管理需求和下一步所需改进应用的地方，对石油化工装备安全管理采用层次分析法和模糊数学法中的综合评判技术。按照AHP层次分析法的理论原则，结合实际调查资料，拟定指标体系分为三个层次，包括目标层A、准则层B、指标层C，由于石油化工装备安全管理中安全预防指标所涉及的影响要素较多，为符合研究实际，在指标体系构建中尽可能突出重要性预防措施内容，这样就能避免大量的计算工作。结合石油化工装备安全管理实际，构建石油化工装备安全管理层次结构模型，见表6.8。

表6.8 石油化工装备安全管理指标体系

目标层	准则层	指标层	判断内容
石油化工装备安全管理水平	安全预防 B_1	教育培训、监督专业知识 C_1	培训内容符合法律要求、上岗人员前期培训、对外来人员实施安全教育和危害告知、组织开展安全文化活动，备案完整记录
		安全措施 C_2	制定总计划、分解安全生产目标、制定具体目标、安全管理目标经主要负责人审批、安全管理目标对外公布、安全管理内容定期考核。
		安全生产费用 C_3	安全生产费用专款专用、建立完整台账、程序和操作规范
		安全隐患排查 C_4	建立安全隐患台账、隐患等级档案、组织隐患排查、制定隐患防治方式
	安全监督考核 B_2	危险源和安全行为监控 C_5	建立危险源清单、告知操作人员危害信息、组织全面性辨识评估、定期进行完整性评估
		监督安全操作 C_6	监理安全技术程序标准、安全安全管理人员监督、明确操作人员的岗位职责、开展专项检查
		安全检查 C_7	检查操作现场安全情况、专人负责定期查看安全生产情况、检查石油化工装备的安全状况、检查上岗人员的资质
		安全考核 C_8	安全考核制度、安全考核结果
	组织责任 B_3	安全法规和规范 C_9	定期发布法律法规清单、及时跟踪法律法规修订情况、定期进行培训
		组织机构职责分解和执行 C_{10}	安全管理状况申报备案、安全管理责任制细化、发布安全管理责任书、各层级人员履行安全职责
		安全管理的关注度 C_{11}	定期进行安全管理、负责人参与管理、保送安全检查结果、持续改进安全管理的目标和指标以及操作规范
		应急管理团队 C_{11}	构建应急管理体系、下发应急管理文件、制定完整应急预案、及时调整应急组织机构人员、执行应急演练

(3)石油化工装备安全管理评价模型

风险评估方法主要分为定性分析和定量分析。定性分析法具有简单易于实现的特点，能够制定风险调查方案处理不确定性信息，可以利用分类树和风险源清单处理。定性分析能够确定石油化工装置生产过程中存在的风险，找出风险产生的原因及产生的后果。定量分析法能够从数量关系确定石油化工装置的风险水平。层次分析法是石油化工装置风险评价的主要方法之一。

层次分析法是由美国科学家萨蒂提出的，主要把和决策有关的要素划分为目标层、准则层、方案层。通过定性分析和定量分析相融合，对石油化工装置风险评估问题进行层次权重分析，可以用于分析多主体目标交叉问题的分析。

层次分析法属于定量和定性分析的综合方法，主要有以下特点：层次分析法属于系统分析法，以系统的角度对石油化工装置风险进行综合评估。层次分析法在进行石油化工装置风险评估过程中考虑不同指标的相互影响，并且能够将指标的影响程度量化，能够更好地分析复杂问题。层次分析法易于理解，易于实现，无需应用复杂的数学运算，也不用复杂的逻辑推理，能够把复杂主体进行拆解，实现复杂问题的具体化，从而能够令人接受。这种方法能够使分析者更好地把握问题本质，节约人力且提高效率。层次分析法具有指导意义，该方法可以将石油化工装置风险指标与石化企业风险管控者主观评估结合起来，更好地明确石油化工装置风险管理存在的漏洞。

①指标选取的基本原则。在确定石油化工装置风险评价指标时，应该根据石油化工装置风险的实际特征，并且依据如下原则：

全面性原则：评价指标应该全面，从而能够提供评价准确性，能够更好地确定石油化工装置风险管理水平。应该通过系统分析确定评价指标。

指导性原则：石油化工装置风险的影响因素很多，但是应该选择那些符合实际、能够准确体现石油化工装置风险的指标，从而能够获得有价值的评估结果。

客观性原则：应该选择真实准确的指标，确保所选择的指标能够体现石油化工装置风险的实际情况。

可变性原则：选择评价指标时，不能选择确定的指标，应该选择能够根据生产实际情况以及客观因素做出及时变化的指标，这样才能更好地进行石油化工装置风险评估。

②可行性分析。层次分析法在19世纪70年代已经得到了重视，并逐步趋于成熟。为构建基于层次分析法的石油化工装置风险评估模型奠定理论基础。目前，石油化工装置风险存在许多相互影响的复杂影响因素，应该从石油化工装置风险的实际特点出发，选择有针对性的指标构建评估系统，从而能够获得准确可

靠评估结果。

为了能够适应石油化工装置的不断发展，石油化工装置风险管理理念更加先进，石化企业风险管理者也具备了更高的素养，相关理论也趋于成熟，从而为石油化工装置风险评估提供有利的理论依据。

③层次分析法的基本模型。层次分析法属于一种复杂的决策模型，主要构建序列层次架构，依据有关影响因素的重要程度进行评估，分析其中的支配关系并且实现分类。利用判断矩阵比较不同因素并确定各个因素的重要程度，进而为决策提供影响因素的排序情况。层次分析法在难以定量分析的问题中具有较大的优势。

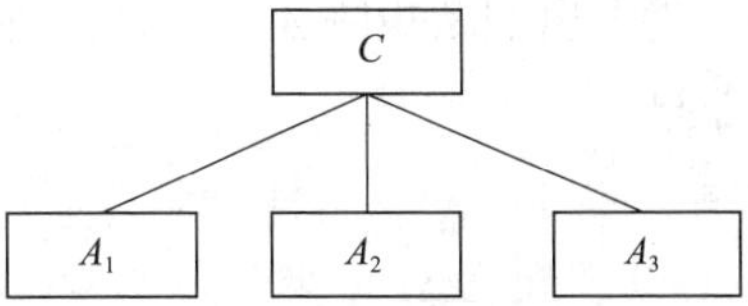

图 6.2　单层次层次分析法模型

C—评估目标；A_1、A_2、A_3—各个评价指标。

层次分析法的理论模型有两种，分别为单层次模型和多层次模型。单层次模型如图 6.2 所示。

可以通过单层次分析模型对各个指标进行评估，确定各个指标的优劣程度。在实际操作中，通过两两比较指标获得最终的定量分析结果，操作步骤如下所示：

步骤 1：构建石油化工装置风险评估的层次结构

确定评估内容和范围、评估指标和关联，构建石油化工装置风险评估的层次结构。讨论系统中不同指标间的联系，依据各自的属性把指标划分为若干层次。同一层次的指标隶属于上一层次的指标，并且指引下一层次的指标。不同级别指标之间的作用是垂直的。第一层次为目标层，最下面一个层次是底层，中间包括多个级别，可称为标准层、指标层和分指标层。

步骤 2：构建判断矩阵

利用评估目标矩阵 C 描述不同指标间重要程度，如下所示：

$$C=\begin{bmatrix} A_{11} & A_{12} & \cdots & A_{1n} \\ A_{21} & A_{22} & \cdots & A_{2n} \\ \vdots & \vdots & \ddots & \vdots \\ A_{n1} & A_{n2} & \cdots & A_{nn} \end{bmatrix} \tag{6.10}$$

式中，指标等于 1 时表示两者具有相同的重要性，9 表示前者相对于后者极端重要，其他情况指标取值在 1 和 9 之间。

如果存在 n 个指标进行比较，形成一个两两比较判断的征互矩阵：

$$A=(a_{ij})_{n\times n} \tag{6.11}$$

步骤3：层次排序

依据构造的判断矩阵，也就是指标间的相对权重，求出各个因子相对单一标准下的上层因子的重要程度顺序的权重，即求出判断矩阵的特征值和特征向量。计算过程如下：

①求出判断矩阵 $A=(a_{ij})_{n\times n}$ 中各行全部元素乘积的 n 次方根，V_i 可以得到如下向量：

$$V=(V_1,\ V_2,\ \cdots,\ V_n)^T \tag{6.12}$$

式中，$V_i=\sqrt[n]{\prod\limits^{n}a_{ij}}(i=1,\ 2,\ \cdots,\ n)$。

②针对向量 V 进行归一化处理，可以获得权向量：

$$W=(W_1,\ W_2,\ \cdots,\ W_n)^T \tag{6.13}$$

式中，$W_i=\dfrac{V_i}{\sum\limits_{i=1}^{n}V_i}$。

③求出判断矩阵 A 的最大特征根

$$\lambda_{\max}=\frac{1}{n}\sum_{i=1}^{n}\frac{(AW)_i}{W_i} \tag{6.14}$$

④一致性检验

判断矩阵的一致性检验指标可以通过下式计算：

$$CI=\frac{\lambda_{\max}-n}{n-1} \tag{6.15}$$

一致性比率可以通过下式计算：

$$CR=\frac{CI}{RI} \tag{6.16}$$

式中，RI 表示平均一致性指标，通过任意的方式构建500个矩阵，利用标度和标度的倒数构造矩阵的上三角阵，矩阵的主对角线的元素值等于1，转置矩阵对应元素为以上相应位置任意数的倒数。接着求出不同任意矩阵和矩阵的一致性指标值。并且计算 RI 值和 CI 值，当一致性比率 $CR=\dfrac{CI}{RI}<0.1$ 时，可以认定层次分析排序的结论是可以接受的，权重分配时恰当的；反之，应该重新选择矩阵元素值，并且重新确定权重系数。

6.4　石油化工装备防腐保温管理信息系统

6.4.1　系统的设计原则

(1)先进性和实用性相结合的原则

在进行系统设计时，选择先进而又成熟的数据库技术、信息处理结构和开发工具。在系统信息模型的设计上，充分融入石化企业先进、成熟的设备管理经验，并以现代管理的理论为指导。力求开发的系统先进而实用，同时能使具有一般微机知识或不具备微机知识的设备管理人员较快地掌握，以利于推广应用。

(2)开放性和灵活性并举的原则

石油化工装备综合管理信息系统是一个庞大的系统，由多个专业管理子系统组成的。系统设计时，要对各子系统的界限进行明确的划分和各个功能模块的完整的开发。同时根据实际应用中，各专业管理客观的内在的联系，建立了各项功能模块的深度关联的关系，设置数据库各项接口，使各子系统既能独立运行，又可进行方便灵活的组合使用。另外，在系统设计时，要充分考虑系统的开放性，对已经开发成熟的设备管理系统及石化企业的其他相关管理系统能方便地衔接。对系统的功能设计要留有扩展余地，便于以后系统的扩充和发展。

(3)数据完整性与一致性原则

为了保证设备综合管理系统中数据库数据的正确性、一致性，在系统设计时要充分利用网络数据库的共享能力，对原始数据的录入力求做到只有一个入口，保证数据的完整性与一致性。

(4)做到操作和维护简单方便

在软件开发时，采取友好界面，力求做到界面美观、简洁，采用分级导航式菜单，使操作简单易学。在系统设计时，要充分考虑系统的可维护性，对系统的恢复、代码、数据的维护、备份等都要采取一定的措施。同时，系统设计时，要提供完善的在线帮助功能。

(5)设置完备的安全机制

系统设计时要充分考虑系统的安全性，对操作人员的使用权限要加以限制，对数据库的操作过程要有完整的记录。

6.4.2 腐蚀信息处理

腐蚀科学技术的目标是要降低腐蚀的危害，这需要从几个方面努力，一要发展腐蚀理论，研究各种腐蚀的规律和影响因素，在此基础上开发更有效的防腐蚀技术，特别是要解决一些重大的设备腐蚀问题，使现在还属于“不可避免”的一些腐蚀损失变为“可以避免的损失”；二要大力宣传推广已有的防腐蚀技术，使它们发挥更大的作用，将“可以避免的损失”大大降低。然而，生产实际中经常发生许多设备腐蚀事故，其中一个重要的原因是生产单位发生破坏事故后，没有很好地对事故原因进行分析，往往为了急于恢复生产而简单地将损坏的设备更换或采取临时的补救措施。应该说，腐蚀破坏事故分析是腐蚀科学技术中很重要的一个过程。设备、管道发生了腐蚀或破坏自然是坏事，但腐蚀破坏事故又为我们提供了研究实际腐蚀问题的难得机会，这种研究是实验室模拟环境下不可能完成的。所以每当发生了设备腐蚀破坏事故或发生破坏的明显趋势，都应当进行认真的科学的分析，找准造成设备发生腐蚀的真正原因，从而提出解决问题的有效措施，使类似问题不再发生。坚持对每次的腐蚀破坏事故进行分析，做好技术总结，就能够使设备防腐工作的技术水平得到不断提高。所谓失败是成功之母，只有善于对失败进行总结，从失败中引出教训，才能把过去的失败变成将来的成功。所以，我们主张在进行设备管理的过程中，加强设备腐蚀信息的管理和分析工作，并将这些信息进行整理，以便今后在设备的采购、制作、运行等过程中借鉴，减少腐蚀破坏事故的发生。

腐蚀是由于材料与其周围的环境相互作用而产生的破坏。在生产中，各种设备所处的介质是各种各样的，因而引起设备腐蚀的类型也各种各样。由于制造设备的材料在周围环境中的现象和机理比较复杂。因而在记录其状态参数时的侧重点也不同，不可能形成一种统一的处理方式，只能将材料的腐蚀信息进行分类处理。

目前，材料的腐蚀分类方法多种多样。按照腐蚀环境，可分为化学介质腐蚀、大气腐蚀、海水腐蚀和土壤腐蚀等；根据腐蚀过程的特点可分为化学腐蚀、电化学腐蚀和物理腐蚀；按照腐蚀破坏的基本特征可分为全面腐蚀和局部腐蚀两大类。以上这些分类方法，应该用哪种方法将腐蚀信息分类呢？在工厂的生产管理条件下，同一地域所属的气候条件相同，固定的生产设备其环境介质是不变的。这样似乎按腐蚀环境分类比较合理。但是这种方法只能帮助我们按照材料所处的周围环境去认识腐蚀规律，而不能直观，格式化地去记录处理腐蚀信息。从材料所接触的介质种类，可以具体区分材料腐蚀是按照哪种机理进行，从腐蚀机理的深度上对腐蚀信息进行区分能够让管理者抓住腐蚀的关键信息，有效地监测、控制腐蚀。但目前腐蚀介质不同，腐蚀机理也千差万别，特别是由于许多腐蚀反应的机理不统一，对同一个腐蚀实例，出现多种腐蚀模型和机理，确定腐蚀反应的控制步骤的参数也很不直观，不便于生产管理。腐蚀破坏的基本特征是腐蚀的外部特征，根据不同的外部特征，采取不同的检测方法，这对于腐蚀数据的采集和处理都是比较直观和方便的。

信息管理系统主要管理石油化工装备的防腐保温信息，因此大部分内容为防腐信息档案、腐蚀数据和检测记录等。整个系统包括设备投用前的腐蚀分析，使用中的腐蚀检测信息和检测后的数据处理结果及检测分析评价。由于腐蚀数据的多种多样，为了简化处理数据的方法，将腐蚀处理类型划分为均匀腐蚀和局部腐蚀，这两种类型分别使用不同的信息记录方式和处理方式。

石油化工装备防腐总体框架如图6.3所示。

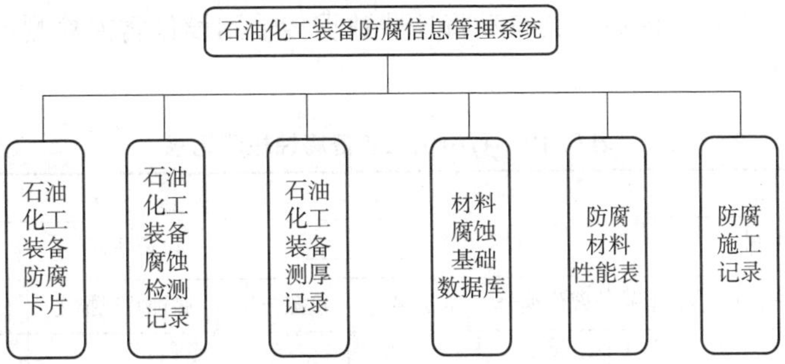

图6.3　石油化工装备防腐总体框架

6.4.3　防腐子系统

石油化工装备防腐系统主要记录和管理设备防腐的主要信息，这些信息的设置符合生产实际和防腐管理的需要。该系统包括以下几个功能模块：

(1)设备防腐卡片

每台设备建立一张设备防腐卡片，防腐卡片记录设备各个构件不同部位的腐蚀类型、防腐措施、检测方法等详细信息。设备防腐卡片是每次设备腐蚀检查信息的汇总。其内容见表6.9。每台设备有一张腐蚀部位分布图，显示各个构件不同腐蚀部位的位置，从设备防腐卡片可以进入分布图操作界面浏览设备腐蚀部位分布。

表6.9　石油化工装备防腐卡片

单　位______				部　门________				装　置__________			
设备类别______				设备位号________				设备名称__________			
构件				腐蚀部位					主要腐蚀类型	防腐措施	检测方法
序号	名称	规格型号	材料	编号	名称	腐蚀介质名称	温度	压力			

(2)石油化工装备腐蚀检测记录

设备腐蚀检测记录表记录了每次设备腐蚀检查的信息，见表6.10。本表格形式与防腐蚀仁片基本相同，但内容更详细全面，一张表是一个设备在一次腐蚀检测中的腐蚀记录。该表中的构件情况和腐蚀部位情况与设备腐蚀卡片中内容对应，设备防腐卡片生成后，会自动将这些数据传输到设备腐蚀检测记录中，用户无须自己输入。

表6.10　石油化工装备腐蚀检测记录

单　位______			部　门________			装　置__________	
设备类别______			设备位号________			设备名称__________	
序号	构件编号	构件名称	部位编号	部位名称	检测方法	腐蚀状况描述	分析评价结论

在操作界面上，检测内容、检测结果及分析分别安排在两个标签页中，在检测内容页，显示了在同一检测批次中所检测的所有内容。同一批次中，根据腐蚀部位腐蚀状况的轻重有选择地检测，因而检测的腐蚀部位不一定相同。每次检测后，将腐蚀状况和分析情况进行汇总记录在检测结果及分析标签页内。用户可以进入“腐蚀部位分布图”界面，查找腐蚀部位在设备上的具体位置，也可进入“腐蚀照片”界面来查看确定检测时间的腐蚀照片情况，其操作见图形管理模块。

(3)测厚记录

对于重要的和腐蚀严重的石油化工装备，需要定期监测石油化工装备壁厚减薄情况。用户可在设备的不同部位上选取有代表性的点定点测量壁厚值。每次测厚要将同一点的几次测量数据进行平均，然后将平均值和测量时间录入到石油化工装备测厚记录中。石油化工装备测厚记录表还实现了当每个监测点的壁厚实测平均值存入数据库后自动计算壁厚减薄和均匀腐蚀率的功能。石油化工装备测厚记录的打印界面如表 6.11 所示。

表 6.11　石油化工装备测厚记录的打印界面

单　　位________　　部　　门________　　装　　置________

设备位号	设备名称	压力/MPa		温度/℃		介质名称	投用时间	规格型号	备注
		设计	工作	设计	工作				

序号	构件名称	构件编号	构件材料	测点编号	极限厚度/mm	名义厚度/mm	腐蚀裕度/mm	测厚数据	检测时间	检测单位	腐蚀率/(mm/a)	剩余寿命/a

按照用户习惯，在进行输入时是将同一批次的检测数据一起输入数据库中，即在输入数据时是按检测时间批量输入的，而用户所关心的是在一个腐蚀部位不同时间的测厚数据走向或腐蚀率的变化，即用户需要的是按腐蚀部位得到的计算值和减薄趋势。

腐蚀率的计算公式如下：

$$C=\frac{D_L-D_T}{\Delta T} \tag{6.17}$$

式中，C 表示腐蚀率，mm/a；D_L 表示上次检测数据，mm；D_T 表示本次检测数据，mm；ΔT 表示两次检测的时间差，a。

$$L_L=\frac{D_L-H_c}{C} \tag{6.18}$$

式中，L_L 表示剩余寿命，a；H_c 表示测点极限厚度，mm。

以上计算公式为理想情况下的公式，根据设备腐蚀实际情况，当设备由于锈蚀、结垢等原因而使厚度增大时，可以认为此次检测腐蚀率为 0，暂不计算剩余寿命。系统根据每个测点不同时间的腐蚀率，自动生成腐蚀率随时间变化的腐蚀率曲线图。

(4) 石油化工装备防腐施工记录

为了减少设备腐蚀对生产环节的影响，需要定期对设备进行防腐施工。有效管理施工的实施内容和施工时间间隔能够尽量控制设备的腐蚀速度，使设备创造更大的效益。设备防腐施工记录表记录了设备在不同时间进行的防腐施工情况，包括施工时间、施工单位、施工情况描述和使用材料情况等内容。其打印内容如表 6.12 所示。

表 6.12 石油化工装备防腐施工记录

<table>
<tr><td colspan="6">单　位________　　部　门________　　装　置________</td></tr>
<tr><td>施工时间</td><td></td><td>施工单位</td><td></td><td colspan="2">项目负责人</td></tr>
<tr><td colspan="6">检修情况描述</td></tr>
<tr><td>序号</td><td>名称</td><td>规格型号</td><td>计量单位</td><td>数量</td><td>备注</td></tr>
<tr><td></td><td></td><td></td><td></td><td></td><td></td></tr>
<tr><td></td><td></td><td></td><td></td><td></td><td></td></tr>
</table>

(5)图形管理模块

图形管理模块设计为管理设备的图像信息，包括设备腐蚀部位分布图和腐蚀照片。检测人员检测设备时，对设备的腐蚀表面拍照。当照片越来越多时，分散的照片既不利于保存，也不便于查找。防腐管理人员很难从一大堆照片中找出设备腐蚀随时间变化的规律。本系统中，每个设备都有一张设备腐蚀部位分布图，分布图标明了该设备较易发生腐蚀或有腐蚀倾向部位的位置。

腐蚀照片操作模块也实现了图形的增加和浏览功能，它使用标签页(TAB页)管理，在第一页内将同一设备的腐蚀照片按拍摄时间汇集成目录，用户在此页中选择一条记录，进入第二页就可以看到相应的照片。这种管理使用户可以按拍摄时间来浏览设备的腐蚀照片，容易发现设备腐蚀趋势。

(6)防腐材料性能表

防腐材料性能表记录了施工中经常使用的材料情况，主要包括材料名称、组成成分、化学稳定性、施工要点、主要用途等内容。通过防腐材料性能表，可以在施工前，对使用材料进行评估，了解其特性和要点。其打印内容见表 6.13。

表 6.13 石油化工装备防腐材料性能表

序号	型号	名称	类别	组成成分	化学稳定性	其他特性	使用温度	主要用途	施工要点	主要生产厂

(7)材料腐蚀基础数据库

为了在石油化工装备发生腐蚀时，方便技术人员查找材料的耐腐蚀性能，分析材料与环境之间的作用，本系统包含了金属材料腐蚀数据库和非金属材料腐蚀数据库。因为这两种基础数据库软件已经是成品软件，在将它们集成到设备防腐保温系统中时，只需要简单调用这两个软件，通过菜单将石油化工装备防腐保温系统和材料腐蚀数据库关联起来。

6.5 石油化工装备作业前的主要工作

作业前，应对作业人员进行安全教育，主要内容如下：

①作业单位和生产单位应对作业现场和作业过程中可能存在的危险、有害因素进行辨识，制定相应的安全措施。

②作业过程中所使用的个体防护器具的使用方法及使用注意事项。

作业前，生产单位应进行如下工作：

①对设备进行隔绝、清洗、置换，并确认满足作业安全要求。

②腐蚀性介质的作业场所配备人员应急用冲洗水源。

③夜间作业的场所应设满足要求的照明装置。

④会同作业单位作业人员了解和熟悉现场环境，进一步核实安全措施的可靠性，熟悉应急救援器材的位置及分布。

作业前，作业单位对作业现场及作业涉及的设备、设施、工器具等进行检查，并使之符合如下要求：

①作业现场消防通道、行车通道应保持畅通；影响作业安全的杂物应清理干净。

②作业现场的梯子、栏杆、平台、箅子板、盖板等应确保安全。

③作业现场可能危及安全的坑、井、沟、孔洞等应采取有效防护措施，并设警示标志，夜间应设警示红灯；需要检修的设备上的电器电源应可靠断电，并在电源开关处加锁，并加挂安全警示牌。

④作业使用的个体防护器具、消防器材、通信设备、照明设备等应完好。

⑤作业使用的脚手架、简易起重机械等各种工器具应符合作业安全要求。

进入作业现场的人员应正确佩戴符合 GB 2811—2019《头部防护安全帽》要求的安全帽。作业时，作业人员应遵守本工种安全技术操作规程，并按规定着装及佩戴相应的个体防护用品，多工种、多层次交叉作业应统一协调。

作业前，作业单位应办理作业审批手续，并有相关责任人签名确认，同一作业涉及用火、进入受限空间、盲板抽堵、高处作业、吊装、临时用电、动土等作业时应办理相应的特殊作业许可证。

作业时审批手续应齐全、安全措施应全部落实、作业环境应符合安全要求。作业审批手续符合相关规定。作业许可证的确认、签发必须由监护人、作业人、作业审核人、作业审批人本人签字，不允许代签作业许可证。

作业许可证签发后，作业许可涉及的安全措施已确认全部落实完毕。

当生产装置或作业现场出现异常情况可能危及作业人员安全时，生产单位应立即通知作业人员停止作业，迅速撤离，作业单位应立即通知生产单位。

作业完毕，应恢复作业时拆移的盖板、箅子板、扶手、栏杆、防护罩等安全设施的安全使用功能；将作业用的工器具、脚手架、临时电源、临时照明设备等及时撤离现场；将废料、杂物、垃圾、油污等清理干净；尽快恢复正常交通等。

作业完毕，班长负责确认“工完料净场地清”，并在完工验收栏签字。

安全监督检查按照“全员、全过程、全方位、全天候”的原则实施分级管理，各级安全管理部门和业务主管部门对主管业务实施现场安全监督检查。

一般作业许可证的管理

①一般作业许可证一式三联，第一联由审批单位在操作、控制室或岗位留存，第二联由施工单位现场作业负责人留存，第三联由监护人持有。

②一般作业许可证有效期为一个作业周期，但最长不超过 3 天。中间间断作业超过 1 小时，重新作业前必须经作业许可证签批单位同意方能进入现场作业，未经同意私自进入装置作业的按未办理作业许可证处理。

③一般作业许可证是进入生产装置、作业区域的依据，不得涂改、不得代签。如确需涂改，必须由作业审批人在涂改处签字确认。一般作业许可证由业务主管单位负责按月装订保存，保存期为 1 年。

思考题

1. 风险识别的基本原理有哪些？
2. 风险识别的过程包括哪些步骤？
3. 安全生产管理理论有哪些？
4. 石油化工装备安全管理方法有哪些？
5. 石油化工装备安全管理体系什么？

6. 石油化工装备安全管理体系的主要内容是什么？
7. 石油化工装备安全管理评价指标选取的原则是什么？
8. 石油化工装备防腐信息管理系统的主要内容有哪些？
9. 石油化工装备作业前的主要工作有哪些？

第 7 章　石油化工装备的断裂事故管理

7.1　断裂力学的发展沿革

近年来，断裂事故频繁发生，造成了大量的人员伤亡和财产损失，根据统计，我国发生压力容器的爆炸事故每年都数千起，人员伤亡累计每年数万人，居于国内安全事故的第二位，我国的压力容器爆炸事故比工业化先进国家高出 10 倍。因此，应该采用理论方法对断裂事故进行分析，找出产生的原因，制定断裂事故的预防措施。疲劳理论和断裂力学是分析和预防断裂事故有效方法，将疲劳理论和断裂力学应用于设备安全的分析和管理中是切实可行的。

7.1.1　断裂力学理论

如图 7.1 所示，由于板件的几何形式不同，相应的应力条件也有所不同。

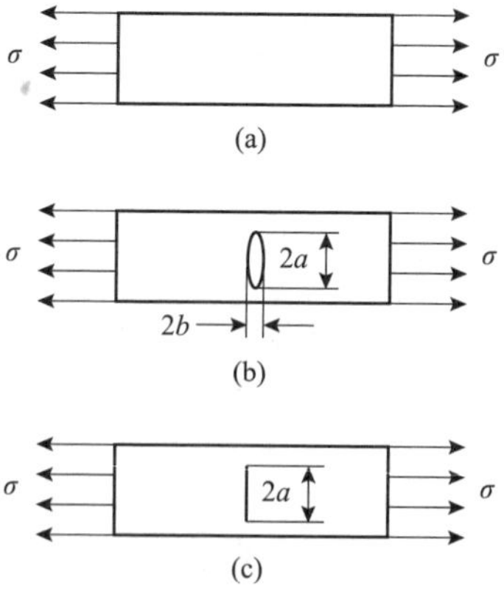

图 7.1　不同类型板件的受力图

图 7.1(a)的强度条件为：

$$\sigma \leqslant [\sigma] \tag{7.1}$$

图 7.1(b)的最大应力计算公式为：

$$\sigma_{max}=\sigma\left(1+2\frac{a}{b}\right) \tag{7.2}$$

图7.1(c)的应力如何来计算，需要依靠断裂力学的理论进行计算。

根据大量实验研究可以发现，用分子论的观点计算出绝大部分固体材料的强度为103MPa，而实际材料的断裂强度为100MPa，为什么会产生这个现象，需要借助断裂力学的基本理论进行剖析。

(1)压力容器断裂事例

随着现代工业的迅速发展，压力容器向大型化发展。由于设计压力的提高、高强度和超高强度材料的大量采用、焊接技术的普遍运用及设备使用条件的严酷化(温度、介质、载荷波动、原子辐射等)等，曾使压力容器的断裂事故普遍增多。一些按照常规的强度理论进行设计并满足强度要求的压力容器，会在服役期间甚至在试压期间发生灾难性的破坏。

事例1：1965年美国发生著名的260SL－1固体火箭发动机压力壳体断裂事故，260SL－1固体火箭发动机压力壳示意图如图7.2所示。

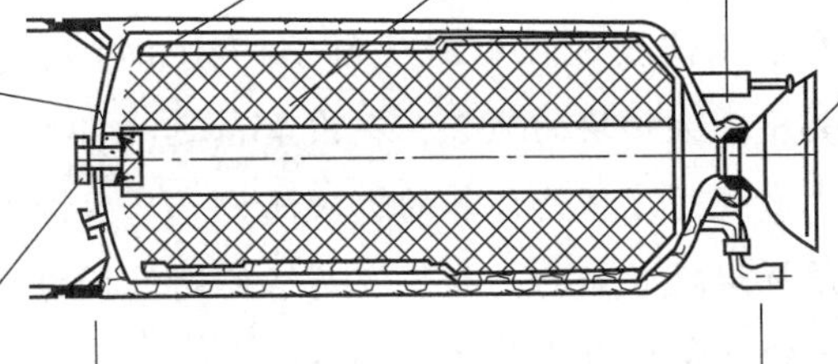

图7.2　260SL－1固体火箭发动机压力壳示意图

该壳体内径为6600mm。为减轻壳体重量以增大火箭推力，选用了高强度钢材18NiCoMoTi，其抗拉强度为2500MPa，屈服点为1750MPa，设计中取偏低值，再考虑焊缝系数为0.9，因此，取屈服强度为1450MPa。设计内压力为6.1MPa，取安全系数为1.3，平均半径为3310mm，则壳体壁厚为：

$$t=pRn_s/\sigma_s=18.1\mathrm{mm} \tag{7.3}$$

壳体制成后按设计规则要求进行水压试验，合格后方可验收。由于火箭是一次负载，故(美国)标准规定最大试验压力为6.7MPa。结果在水压试验时，当压力达到3.8MPa时就发生了爆炸飞裂。此压力仅为水压试验压力的56%，其断裂应力为695MPa。此应力不但远低于材料的屈服应力(1750MPa)，还远低于工作应力(1100MPa)。

事后调查，从断裂的碎块中找到了三个大的断裂源，其中一个为深3mm，长15.2mm的表面裂纹。

事例2：英国JohnThompson公司1965年12月制造的一台大型氨合成塔，水压试验时发生脆断。大型氨合成塔示意图如图7.3所示。

图7.3 大型氨合成塔示意图

该容器内径为1925mm，壁厚为156mm，全长为18.3m，总重为160t。材料MnCr－MoV钢，抗拉强度为582MPa，屈服应力为460MPa，设计压力为36MPa，水压试验压力为49MPa。该容器外径与内径之比为1.156，接近厚壁容器。按拉美公式和弹性失效准则计算得到的屈服压力为66.2MPa和爆破压力为83.8MPa。

按塑性失效准则（Tresca屈服条件）屈服压为66.7MPa和爆破压力为84.4MPa。

根据上面的计算结果，此容器是完全符合强度要求的。

但是，该容器在水压试验过程中加压到35.3MPa时就突然爆破，断成两截并飞出四块碎片，其中最大一块约为2t，飞出45m远。可见，爆破压力也远小于试验压力，更远小于常规强度理论计算的爆破压力。事后检查发现，断裂是从法兰锻件和筒体的埋弧焊焊缝开始的，断裂源是锻件侧偏折的热影响区到焊缝金属有一边长约为10mm的三角形埋藏裂纹。

事例3：1966年英国Cockenzil电站高压锅炉汽包在水压试验时发生断裂破坏。

该汽包筒体全长为23m，内径为170mm，壁厚为140mm，材质为MnCrMoV钢。设计压力为19.5MPa，水压试验压力为28MPa。该汽包的设计、选材、制造、热处理及检验均符合英国标准BS51113—1958的要求。焊接完毕后，磁粉探伤并未发现任何裂纹。经过3次水压试验容器无事，而在电站作投产前的水压试验，当压力接近满压（28MPa）时，筒体突然发生脆性断裂，裂门长达5m。分析发现，脆断起源是汽包筒身内侧靠近省煤器接头处有一个长330mm、深90mm的埋藏裂纹。

事例4：1969年联邦德国一台用MnNiMoV低合金钢制成的锅炉汽包断裂事故。

该汽包内径为1450mm，壁厚为75mm，总长为11.6m。当水压试验压力达到工作压力的1.3倍时，汽包突然发生断裂。断口分析表明：在第一个下降管接头附近有一条深15mm、长240mm的裂纹。裂纹从第一个下降管缺陷位置开始，向封头扩展有3条裂纹。

事例5：1970年3月，芬兰一台合成氨高压气体水冷器在运行中突然断裂。

该水冷器是1968年12月制造的，管箱外径1090mm，最小壁厚为85mm，设计压力为31MPa，材料为MnNiMoV钢。1969年11月第一次投产运行75天，1970年3月第二次投产在23.5MPa压力下运行1h突然发生断裂。产生断裂的原因是：消除应力热处理温度太低，未能很好地消除焊接残余应力，且升温速度过快，导致产生退火再热裂纹。由于疲劳反应力腐蚀等作用，使得原尺寸为12mm×3mm的裂纹扩展到70mm×5mm，达到了临界裂纹尺而断裂。

事例6：1974年，日本一个很小的高压氢气瓶断裂。

该气瓶外径为230mm，壁厚为8mm，高为1.2m。在一次卡车运送途中发生断裂泄漏。此事故原因：在制造时(挤压成型)，底部与筒体相邻部位有一道伤痕，这道伤痕在使用过程中由于压力交变作用使其产生裂纹并逐渐变大，直到这次卡车运行中外界颠簸作用使瓶底伤痕处进一步撕裂，氢气由此处漏山而泄压，形成的环向裂纹在外壁尺寸为80mm，在内壁尺寸为175mm，贯穿了壁厚，类似半椭圆状。可以想象若高气瓶压力泄不出，裂纹继续扩展到沿底部环状断开时，该气瓶就会像火箭一样射出去。

事例7：中国四川某化肥厂合成塔断裂事故。

该合成塔内径为452mm，壁厚为25mm，设计压力为15MPa，材料为16Mn无缝钢管。1976年制造，1979年1月1日运行中发生断裂破坏，断裂时压力为15MPa。此事故发生前一周已有预兆—塔顶着火。当时停车检验环焊缝未发现缺陷，又继续使用而发生断裂。事后检查发现，无缝钢管母材部位有一埋藏裂纹。

(2)工程中的断裂事故

英国铁路在实行私有化后，在1997~2002年短短5年中，接连发生13起严重事故，其中造成重大伤亡的事故有7起，共导致59人死亡，数百人受伤。

1997年，两列车相撞，7人死亡，150人受伤。

1999年10月5日，伦敦帕丁顿车站，一列闯红灯的列车与迎面驶来的列车相撞，31人死亡、500多人受伤。

2000年10月17日，一列旅客列车在驶过伦敦附近哈特菲德的弯道时出轨，4人死亡，近100人受伤。原因：钢轨出现发丝般的裂隙，导致断裂。

2001 年 2 月 28 日，英格兰北部大黑克镇，一列高速运行的客车和一列货车相撞，13 人死亡，70 人重伤。

2002 年初，数家客运公司工人要求提高工资待遇未果，陆续罢工，部分列车停驶。2 月 28 日晚在林肯郡，一列旅客列车与一辆小货车相撞，货车司机当场死亡，3 名旅客受伤。

2002 年 5 月 10 日，在英国波特斯巴车站，一列从伦敦始发的客车脱轨，一节车厢冲上站台，7 人死亡、67 人受伤，遇难者中有两名台湾女记者，香港凤凰卫视主播人刘海若重伤。事故发生后，火车乘客下降了 50%，运营公司要向罹难者家属和受伤旅客赔偿 1200 万英镑，面临破产威胁。

2003 年 10 月 18 日至 19 日，在英国连续发生两次出轨事故，7 人受伤。

1938 年 3 月 14 日，比利时费廉尔大桥断成三节，1947 ~ 1950 年比利时又有 14 座大桥脆性破坏。

第二次世界大战期间，美国 2500 艘自由轮，700 艘被严重破坏，其中 145 艘断成两段，10 艘在平静海面发生。同时发生了大量战机事故，主要原因：广泛采用焊接工艺和高强度材料。

1954 年 1 月 10 日，英国大型喷气民航客机“彗星号”坠落，同时期共 3 架坠落。

1958 年，美国北极星号导弹固体燃料发动机壳体爆炸。

1969 年 11 月，美国 F3 左翼脱落。

1972 年，我国歼 5 坠毁。

以上压力容器的事故案例中，其容器破坏特征基本一致，即容器基本上未发生塑性变形；断裂发生碎块；断口发亮，且为平齐断口。这些容器在总体上都呈现脆性特征。另外，断裂压力均小于设计压力或试验压力，更小于常规理论计算的爆破压力。所以，均属于低应力脆性断裂。

由这些破坏事故提出这样一个问题：既然这些容器设计都符合常规强度要求，那么为什么没有超过强度条件的情况下发生断裂破坏呢?

从断裂力学观点来看，这些破坏事故发生主要是由于作为设计依据的常规强度理论是把材料一律视为理想的均匀连续体(无缺陷)，而事实上，在焊接构件内部总难免存在着如夹渣、气孔、未焊透、裂纹等缺陷。大量的灾难性事故，正是由于裂纹类缺陷在一定外部条件下迅速扩展而造成的(上述事故的断裂源也都是裂纹)。

英国调查事故原因分类见表 7. 1。

表 7.1　英国调查事故原因分类

事故原因	事故次数/次
裂纹	118
腐蚀	2
使用不当	8
制造缺陷	3
蠕变	1
总计	132

中国调查压力容器事故原因分类见表 7.2。

表 7.2　中国调查压力容器事故原因分类

事故原因	事故次数/次
裂纹	50
腐蚀(含氢脆)	22
焊接缺陷	6
错用材料	2
总计	80

从以上调查表中可以看到，大量的压力容器断裂事故均是由于裂纹的存在所致。从这个意义上说，作为常规强度指标(屈服点应力和抗拉强度等)是由近于理想连续体的小试样得到的，与实际(缺陷不可避免)结构的破坏并无直接联系。因此，常规强度准则并不能完全保证压力容器的安全使用。除压力容器断裂事故外，大量发生过焊接船舶因焊接缺陷而断裂的事故；还有结构桥梁、航天器的焊接缺陷，均导致过严重事故。于是，产生了断裂力学。

(3)裂纹的形成机理

传统的设计方法、材料或结构在外力的作用下是以应力、应变这两个物理量来描述的，并可以根据其结构类型、尺寸和外力预先确定出来，材料的物理性质可用屈服极限和强度极限来表示。

通过工作应力和屈服应力、强度极限之间的关系来满足设计的条件，具体的设计条件为：

$$\sigma_{eq} \leqslant [\sigma] \tag{7.4}$$

式中，$[\sigma]$取$\{\sigma_s/n_s,\ \sigma_b/n_b,\ \sigma_D/n_D,\ \sigma_n/n_n\}$。

传统设计思想的基础是建立在材料的连续性、均匀性、各向同性假设上的，认为材料中没有裂纹和缺陷的存在。

实际上，裂纹和缺陷是不可避免的，这里所说的裂纹不是分子、原子数量级或晶体数量级的微观裂纹，而是指用低倍数工具显微镜或肉眼能看到的宏观裂纹。裂纹的产生途径主要包括以下几个：

冶金过程存在夹杂、微孔洞。

工艺过程存在冷、热加工过程的轧制夹层、切割损伤。

热处理会产生过高的内应力。

焊接过程产生位焊透、夹渣、气孔。

使用过程使原来的微观裂纹在力、腐蚀作用下形成宏观裂纹。

根据大量实验研究可知，断裂发生的主要因素是裂纹长度、载荷应力、材料的断裂韧性。其他因素有温度、加载速率、应力集中、残余应力。

断裂力学抛弃了物体的连续性假设，从物体中含有裂纹这一前提出发，以弹性力学和塑性力学为理论工具，确定含裂纹体裂纹尖端的应力场、位移场分布，据此找出决定裂纹扩展的物理量。同时，通过试验测试获得材料抗抵抗裂纹扩展的能力，并建立两者之间的关系，即建立断裂准则。

7.1.2 断裂力学的发展史

断裂力学所说的裂纹是指宏观的、肉眼可见的裂纹。工程材料中的各种缺陷可近似地看作裂纹。断裂力学的基本研究内容包括：①裂纹的起裂条件；②裂纹在外部载荷和(或)其他因素作用下的扩展过程；③裂纹扩展到什么程度物体会发生断裂。另外，为了工程方面的需要，还研究含裂纹的结构在什么条件下破坏；在一定载荷下，可允许结构含有多大裂纹；在结构裂纹和结构工作条件一定的情况下，结构还有多长的寿命等。

该学科是研究含裂纹构件强度与寿命的一门固体力学的新分支，结构损伤容限设计的理论基础。

分为线弹性断裂力学与弹塑性断裂力学两大类别，前者适用于裂纹尖端附近小范围屈服的情况；而后者适用于裂纹尖端附近大范围屈服的情况。弹塑性断裂力学发展很快，但是线弹性断裂力学在结构损伤容限设计中仍然占据重要地位。

现代断裂理论大约是在 1948 ~ 1957 年间形成，它是在当时生产实践问题的强烈推动下，在经典 Griffith 理论的基础上发展起来的，20 世纪 60 年代是其大发展时期。

我国断裂力学工作起步至少比国外晚了 20 年，直到 20 世纪 70 年代，断裂力学才广泛引入我国，一些单位和科技工作者逐步开展了断裂力学的研究和应用工作。

断裂力学是起源于20世纪初期，发展于20世纪后期，且为不断发展和完善的一门科学。

断裂力学是研究含裂纹物体的强度和裂纹扩展规律的科学，固体力学的一个分支，又称裂纹力学。它萌芽于20世纪20年代A. A. 格里菲斯对玻璃低应力脆断的研究。其后，国际上发生了一系列重大的低应力脆断灾难性事故，促进这方面的研究，并于20世纪50年代开始形成断裂力学。根据所研究的裂纹尖端附近材料塑性区的大小，可分为线弹性断裂力学和弹塑性断裂力学；根据所研究的引起材料断裂的载荷性质，可分为断裂(静)力学和断裂动力学。断裂力学的任务：求得各类材料的断裂韧度；确定物体在给定外力作用下是否发生断裂，即建立断裂准则；研究载荷作用过程中裂纹扩展规律；研究在腐蚀环境和应力同时作用下物体的断裂(即应力腐蚀)问题。断裂力学已在航空、航天、交通运输、化工、机械、材料、能源等工程领域得到广泛应用。

断裂力学是20世纪50年代开始形成的。随着航天工业等的发展出现了超高强度的材料，对于这种材料，传统的强度设计已不能满足需要。传统的强度理论把材料和结构看成是没有裂纹的完整体。实际材料和结构中存在着裂纹，但如果材料的强度较低，裂纹的存在对结构安全的影响通常并不明显，由于在设计中采用了一定的安全系数，设计也就能够满足工程需要。但对于高强度材料或处在某些条件下的材料，裂纹的存在会使情况发生根本变化，这就必须考虑材料对于裂纹扩展的抵抗能力，为此引进了材料的断裂韧性这一力学概念，并出现了断裂力学。

在断裂力学出现以前，由于生产知识的积累，人们曾总结出一些材料的韧性指标，如冷脆转变温度、冲击能量等，这些都是一些定性的经验参量，只能在一定条件下用于评定材料，而不能用于设计。在美国的G. R. 欧文等人的努力下，逐步建立起线弹性断裂力学，并进而发展出弹塑性断裂力学，提出了一些描述裂纹扩展的参量，如应力强度因子、J积分、裂纹张开位移(见COD法)等，它们可以定量地用于设计。将这些参量和传统的强度理论结合起来，可以设计出更安全和更经济的工程结构。因此，在航天、核电工程等领域断裂力学的应用越来越广泛。

由于裂纹顶端的一个很小的区域对于裂纹扩展规律有重要影响，因此，裂纹扩展同材料的一些微观特性，特别是冶金性质(如晶粒大小、二相粒子、位错等)关系极大，这就要求断裂力学在研究中把材料工艺学、冶金学、金属物理学等方面的成果同力学结合起来。随着断裂力学的发展，微观裂纹已进入研究范围。在研究裂纹扩展规律时，也开始涉及裂纹产生的原因。

①线弹性断裂力学：在弹性力学线性理论的基础上研究脆性材料中的裂纹扩展规律，并以应力强度因子和能量释放率等作为控制裂纹扩展的参量。脆性材料是指在裂纹扩展直至最后破坏的过程中，其内部出现较小塑性变形的材料。

应用线弹性理论研究物体裂纹扩展规律和断裂准则。1921 年，格里菲斯通过分析材料的低应力脆断，提出裂纹失稳扩展准则格里菲斯准则。1957 年，G. R. 欧文通过分析裂纹尖端附近的应力场，提出应力强度因子的概念，建立了以应力强度因子为参量的裂纹扩展准则。线弹性断裂力学可用来解决脆性材料的平面应变断裂问题，适用于大型构件(如发电机转子、较大的接头、车轴等)和脆性材料的断裂分析。实际上，裂纹尖端附近总是存在塑性区，若塑性区很小(如远小于裂纹长度)，则可采用线弹性断裂力学方法进行分析。

②弹塑性断裂力学：在弹性力学线性理论的基础上研究脆性材料中的裂纹扩展规律，并以应力强度因子和能晕释放率等作为控制裂纹扩展的参量。脆性材料是指在裂纹扩展直至最后破坏的过程中，其内部出现较小塑性变形的材料。

应用弹性力学、塑性力学研究物体裂纹扩展规律和断裂准则，适用于裂纹体内裂纹尖端附近有较大范围塑性区的情况。由于直接求裂纹尖端附近塑性区断裂问题的解析解十分困难，因此多采用 J 积分法、COD(裂纹张开位移)法、R(阻力)曲线法等近似或实验方法进行分析。通常对薄板平面应力断裂问题的研究，也要采用弹塑性断裂力学。弹塑性断裂力学在焊接结构的缺陷评定、核电工程的安全性评定、压力容器和飞行器的断裂控制以及结构物的低周疲劳和蠕变断裂的研究等方面起重要作用。弹塑性断裂力学的理论迄今仍不成熟，弹塑性裂纹的扩展规律还有待进一步研究。

③断裂动力学：研究高速加载或裂纹高速扩展条件下的裂纹扩展规律，在研究中须考虑物体的惯性。采用连续介质力学方法，考虑物体惯性，研究固体在高速加载或裂纹高速扩展下的断裂规律。断裂动力学的主要研究内容：断裂准则，包括裂纹在高速加载下的响应及起始和失稳扩展准则、高速扩展裂纹的分叉判据；高速扩展裂纹尖端附近的应力应变场；裂纹高速扩展的极限速度。裂纹高速扩展的停止(止裂)原理；高应变率条件下的材料特性及其对高速扩展裂纹阻力的影响；裂纹高速扩展中的能量转换；高速碰撞下的侵彻和穿孔问题。断裂动力学研究方法分理论分析和动态实验两方面。断裂动力学已在冶金学、地震学、合

成化学以及水坝工程、飞机和船舶设计、核动力装置和武器装备等方面得到一些实际应用，但理论尚不够成熟。

7.1.3　断裂力学的任务

①研究裂纹体的应力场、应变场与位移场，寻找控制材料开裂的物理参量。

②研究材料抵抗裂纹扩展的能力——韧性指标的变化规律，确定其数值及测定方法。

③建立裂纹扩展的临界条件——断裂准则。

④含裂纹的各几何构件在不同载荷作用下，控制材料开裂物理参量的计算。

⑤将③和④结合起来解决如下问题：

第一，给定结构型式、裂纹，计算含裂纹体的承载能力。

第二，给定结构型式、载荷，计算允许裂纹长度——损伤容限。

第三，给定结构损伤容限和载荷，设计结构几何尺寸。

第四，计算重复载荷作用下裂纹扩展至容许长度寿命。

第五，为结构选择材料。

第六，结构的止裂与修补。

7.2　石油化工装备金属材料的断裂

7.2.1　金属断裂的基本概念

断裂就是金属的完全破裂；金属的断口是指金属构件断裂后，破坏部分外观形貌的通称。

在断裂过程中，金属材料中的裂纹扩展方向总是沿着最小阻力路线，因此，一般也是材料中性能最薄弱、应力最大的部位。断口的结构和外貌反映了材料从出厂时的供应状态到以后经受各种加工处理和使用条件(温度、应力、介质等)以及记录着裂纹的产生、发展和断裂的全过程，是断裂以后留下的宝贵资料。金属断裂的类型可按如下方式分类。

①按裂纹扩展的形态分类。按断裂的宏观变形量分为脆性断裂和韧性断裂。

脆性断裂：脆性断裂在断裂以前从宏观上几乎不发生显著的变形。断裂时构件的几何尺寸不变、断口光亮平齐、断裂之后两个断口对接吻合良好。脆性断口与正应力垂直，它的形态是沿特定的晶界(解理面)劈裂而断裂的解理断裂，断口具有明亮的光泽。另一种脆性断裂是沿晶断裂，断口上常呈现出冰糖似的结晶颗粒，断口有人字纹和放射花样。

脆性断裂是一种突然发生的断裂，断裂之前没有任何预兆。脆性断裂的特点：低应力脆断裂；脆性断裂是从材料或构件的宏观裂纹开始的；脆性断裂一般发生在高强度钢和厚的中低强度钢，断裂发生时温度较低；脆性断裂的断口光亮而平齐，且与正应力垂直。断口附近的截面在厚度方向上收缩很小，一般不超过3%。

韧性断裂：韧性断裂从宏观上看，断裂前发生显著的塑性变形，断裂构件的几何尺寸发生显著的变化，断口对接时不能很好地吻合。

韧性断裂的断口分为：一是垂直于正应力的断口，即构件材料内部平面应变状态下的韧性断裂，用肉眼和低倍的显微镜观察，断口上有细小的凹凸、呈暗灰色、纤维状。二是倾斜于正应力的断口，即在剪切应力下或在平面应力状态下，沿剪切应力最大方向(45°方向)的剪切断裂，断口是倾斜的。

韧性断裂和脆性断裂的区别：裂纹的扩展行为不同。对于脆性材料，当达到临界应力时，则裂纹失稳扩展，直至完全破坏。对于韧性材料，随着应力的增加，裂纹不断缓慢扩展，直至达到临界应力时裂纹失稳扩展。值得注意的是韧断裂和脆性断裂是相对的。

在实际载荷作用下，同一种材料会由于温度、应力、环境的不同，表现为不同的断裂类型，例如，高的应变速率、三维应力状态以及低温条件等因素都能使正常情况下的韧性材料处于脆性状态。

②按裂纹扩展路径分类。按裂纹扩展所走的路径和纤维组织关系分为：穿晶断裂和沿晶断裂

穿晶断裂：穿晶断裂是裂纹穿过组织的晶粒内部或相的内部所发生的断裂。穿晶断裂有的以解理形式(原子键的简单拉断)穿过晶粒，有的以滑移和空洞方式穿过晶粒。穿晶断裂依其断裂方式分为解理和剪切。

解理断裂是一种在正应力作用下所产生的穿晶断裂，通常沿一定的晶面，即解理面分离，也可以沿滑移面或孪晶界分离。解理断裂一般出现在体心立方、密排立方金属以及合金，特殊情况下，出现在面心立方金属，铝也可以产生解理断裂。

低温、应力集中、冲击有利于解理断裂。解理断裂大多是脆性断裂，但是有些解理断裂也呈现很大的延性，所以不能把解理断裂和脆性断裂结合起来。

沿晶断裂：沿晶断裂是裂纹沿着组织的晶界或相界扩展所发生的断裂。沿晶断裂通常是由于晶界存在着脆性相、应力腐蚀、氢脆或回脆性等原因引起的，沿晶断裂多属于脆性断裂，也有的属于韧性断裂，如高温蠕变断裂等。

除了以上分类方法，金属的断裂还有剪切断裂，在剪切力的作用下，沿滑移面滑开造成的断裂，包括两类，一类是滑断或纯剪切，发生在纯单相金属中，特别是纯单晶体中，断裂滑移面与最大正应力呈45°角。另一类是微孔聚集性断裂，多见于铁等工程结构材料，在外力作用下，因为强烈的滑移、位错堆积在局部地区，产生许多微孔洞；或者因为夹杂物破碎、夹杂物和基体金属界面破碎而造成的微孔洞。微孔洞在外力的作用下不断变大，聚集，并产生更大的微孔洞，最终导致整个材料的破坏。

7.2.2 断口的分析方法

金属的断口分析包括宏观分析和微观分析。宏观断口分析是用肉眼、放大镜来研究断口特征的方法，是断口分析过程的第一步，是整个断口分析的基础。宏观断口分析可以确定金属断裂的性质，是脆性断裂、韧性断裂还是疲劳断裂。通过宏观断口分析还可以判断材质。宏观断口分析需要进一步深化，即采用微观断口分析。微观断口分析可以观测断口的细节、研究裂纹的萌生和扩展的机理。

断口分析的目的：

①判定断裂的性质，分析、找出破坏的原因。

②研究断裂的机理。

③提出预防断裂的措施。

宏观断口分析和微观断口分析是整个分析的两个阶段。微观断口分析是宏观断口分析的深化，两者之间相辅相成。

①断口的宏观分析。在实际的断裂事故及断裂实验中，通过对断口的宏观分析发现，尽管材料不同，断裂的方式不同，但是从断裂方式看，断口常呈现三个区域：纤维区(F)、放射区(R)和剪切区(S)。

纤维区呈粗糙的纤维状，它是断裂的开始区，裂纹源在这个地方产生。在应力的作用下材料的晶界、某些夹杂物等有缺陷的地方产生微孔洞或微裂纹，最终导致产生宏观裂纹，发生断裂。纤维区属于韧性断裂区。

放射区呈现放射花样状，放射区是裂纹的扩展区，该区和纤维区相邻。纤维区和放射区的交界标志着裂纹由缓慢扩展向快速扩展的转化。构件的形状不同，放射区的放射花样也不同。放射方向和裂纹的扩展方向一致，并且逆指向裂纹源。放射区属于脆性断裂区。

剪切唇表面比较光滑，与应力轴呈45°角，剪切唇是裂纹扩展的最后阶段，剪切唇是裂纹快速不稳定扩展的区域。根据断裂力学的观点，它是在平面应力条件下发生的不稳定扩展。剪切唇是韧性断裂区。

疲劳断口和静载荷下断口的宏观特点不同。疲劳断口的特点：贝纹花样，它是疲劳裂纹扩展留下的痕迹。贝纹线从疲劳核心开始，呈弧状向外推进。疲劳裂纹的扩展方向与最大拉应力相垂直。断裂区是疲劳裂纹扩展达到临界尺寸后产生的快速破断而形成的，呈现剪切唇或放射花样。通过断口的宏观分析可以判断该种断裂是疲劳断裂还是静载下断裂，如果存在贝纹花样，则表明构件是疲劳断裂。

通过断口的宏观分析可以大致估计断裂的性质，即脆性断裂和韧性断裂。材料韧性好，纤维区占的面积较大，甚至没有放射区，全是纤维区和剪切唇。材料的脆性增大，放射区增加，纤维区减少，甚至不存在纤维区和剪切唇，并且放射区的花样很小，变的不明显和呈现别的特征。

断口的粗糙程度、光泽和颜色可以大致估计断裂的性质。断口越粗糙、颜色越灰暗，表明裂纹扩展过程中塑性变形越大，韧性断裂的程度越大。反之，断口越平齐、光泽，则脆性断裂所占的比重越大。断口的宏观分析可以找到裂纹源的位置，根据放射花样或人字纹的走向，确定裂纹源的位置。

②裂纹源及裂纹扩展方向的判别。裂纹位置的判别：裂纹源位置：材料表面、材料次表面、材料内部(夹渣、气孔等)、应力集中处(尖角、油孔、凹槽、划痕等)。

裂纹源的判别方法，利用断口宏观形貌特征来判别：

第一，断口的三要素：纤维区中心、放射线或人字纹收敛处、无煎切唇处。

第二，疲劳断口：裂纹源位于平滑区，疲劳前沿线曲率半径最小处。

第三，环境裂断裂：裂纹源位于氧化或腐蚀最严重的表面或者次表面。

③断口的一般分析技术。

第一，宏观断口分析技术：用肉眼、放大镜、体视显微镜等来观察分析断口的宏观形貌特征的一种方法。

第二，微观断口分析技术：扫描电子显微镜、光学显微镜、透射电子显微镜。断口分析的主要技术手段比较见表 7.3。

表 7.3　断口分析的主要技术手段比较

分析手段	放大倍数	功能
肉眼观察 放大镜 体视显微镜	 1 ~ 10 1 ~ 100	对断口形貌有全面了解，用于分析断裂原因，但不能判明断口的精细结构。可以确定裂纹起点和扩展途径，为微观分析确定最重要的途径

续表

分析手段	放大倍数	功能
金相显微镜	50～500	除了上述功能外，利用其焦深浅和易调动焦距可测定凹凸高度差，疲劳条纹间距，裂纹形态，但对断口形貌难以作详细观察。分辨率大于0.3μm
透射电子显微镜	1000～几十万	焦深大，能观察其一次复型或二次复型凹凸不平的表面，分辨率高，成像质量好，不必破坏断口。但不能再低倍下作扫描观察
扫描电子显微镜	5万～20万	可直接扫描断口，也可以用复型法观察，放大倍数可在一定范围内连续变化，高低倍比较具有方面、直接快速的优点。但是分辨率不如TEM，样品尺寸受限，有时要破坏

④断裂机制图。断裂微观机制的分析，有可能把断口的形貌分析同断裂力学指标联系起来，其中最重要的成果之一是系统地建立了断裂机制图，这对解决一些工程断裂问题十分有用。所谓断裂机制图，是指选择适当的断裂参数、力学参数或物理参数作为坐标系，用它来确立各种可能出现的微观断裂机制的区域，以便发现各类金属断裂的普遍规律。在工程应用上，断裂机制图对工程设计，材料的选择，使用条件的限制以及失效分析等都能提供十分重要的指导性意见和数据资料，目前正大力开展这方面的工作。

⑤金属断裂的微观机制。为了阐明断裂的全过程(包括裂纹的生核和扩展，以及环境因素对断裂过程的影响等)，提出主要是以断口的微观形态为基础，并根据断裂性质、断裂方式以及同环境和时间因素的密切相关性而加以分类。

⑥解理断裂。解理断裂属于一种穿晶脆性断裂，根据金属原子键合力的强度分析，对于一定晶系的金属，均有一组原子键合力最弱、在正应力下容易开裂的晶面，这种晶面通常称为解理面。解理断裂的特点：断裂具有明显的结晶学性质，即它的断裂面是结晶学的解理面，裂纹扩展方向是沿着一定的结晶方向。在每个解理面上可以看到一些十分接近于裂纹扩展方向的阶梯，通常称为解理阶。解理阶的形态是多种多样的，同金属的组织状态和应力状态的变化有关。其中所谓“河流花样”是解理断口的最基本的微观特征。

7.2.3　韧窝断裂

金属多晶材料的断裂，通过空洞核的形成、长大和相互连接的过程进行，这种断裂称为韧窝断裂。韧窝断裂是属于一种高能吸收过程的延性断裂。其断口特征为：宏观形貌呈纤维状，微观形态呈蜂窝状。断裂面是由一些细小的窝坑构成，窝坑实际上是长大了的空洞核，通常称为韧窝，它是韧窝断裂的最基本形貌特征和识别韧窝断裂机制的最基本依据。

7.3 线弹性断裂力学

7.3.1 基本概念

线弹性断裂力学是断裂力学理论中最基本、最简单，且较为成熟的部分。线弹性断裂力学是建立在弹性力学基础上的。线弹性断裂力学的基本理论是从能量平衡、转换关系和裂纹尖端应力场分布三个方面建立起来的。1920 年，Griffit 提出能量释放率准则；1957 年，Irwin 提出应力强度因子理论；G 理论和 K 理论构成了线弹性断裂力学的基本理论，这两个理论从不同的角度分析断裂现象，有着内在的联系，具有同一性。

线弹性断裂力学适用于断裂前裂纹尖端没有塑性变形的理想脆性材料(如，玻璃和陶瓷)和仅有很小塑性变形区的下范围屈服材料。对于工程中较多的金属材料，线弹性断裂力学适用于高强度钢、低温或者足够厚的中、低强度钢和长裂纹的情况。

石油化工装备的断裂，尤其是石油化工装备的低应力脆断几乎都起源于裂纹。裂纹在外界因素作用下的行为(静止或扩展)与裂纹尖端的应力场直接相关。人们通过对裂纹尖端应力场的研究，提出了一个重要、能反映裂纹尖端应力场大小的参量—应力强度因子，并建立起相应的适合于工程应用的断裂判据。

(1)裂纹与裂纹扩展的类型

①裂纹的类型。在断裂力学中，根据裂纹在构件中所处的位置不同，一般可把裂纹分为穿透裂纹、埋藏裂纹和表面裂纹三种类型，如图 7.4 所示。穿透裂纹是指贯穿构件整个厚度的裂纹；埋藏裂纹是指处于构件印材料之内并不与材料的表面相接触的裂纹；表面裂纹是指与构件的表面之一相接触的裂纹。

②裂纹扩展的类型。裂纹扩展时呈现的形式是多种多样的，归纳起来有三种基本形式：张开型、滑开型(或称滑移型)、撕开型(或称撕裂型)。任何裂纹的扩展都是这三种形式之一或是它们的某种组合。

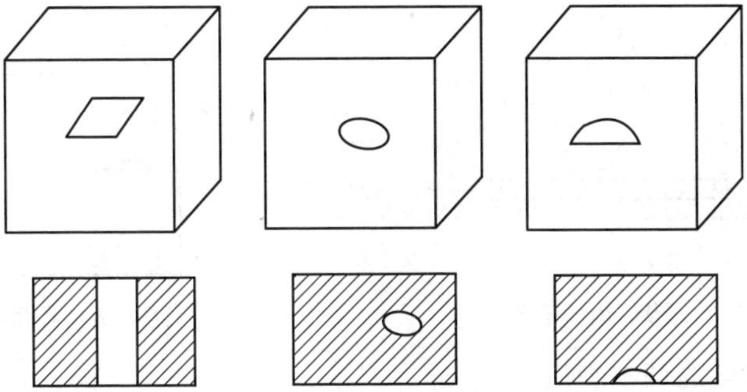

(a)穿透裂纹　　(b)埋藏裂纹　　(c)表面裂纹

图7.4 裂纹的类型

张开型扩展也称Ⅰ型扩展(Ⅰ型加载)，它是在垂直于裂纹面的拉应力 σ 作用下裂纹尖端张开而扩展的扩展形式，扩展方向与拉应力 σ 的方向垂直。张开型扩展的裂纹通常称为张开型裂纹，也叫Ⅰ型裂纹。如图7.5所示。

在工程结构中，尤其是在压力容器中，Ⅰ型裂纹最常见，也是最具危险的裂纹。圆筒形压力容器中，沿轴线方向的纵向裂纹以及垂直于轴线力向的环向裂纹都是典型的Ⅰ型裂纹。

滑开型扩展也称Ⅱ型扩展，它是在平行于裂纹表面的切应力作用下，裂纹滑开而扩展的扩展形式。扩展方向与剪应力方向平行。滑开型扩展的裂纹称为滑开型裂纹，也称Ⅱ型裂纹。如图7.6所示。

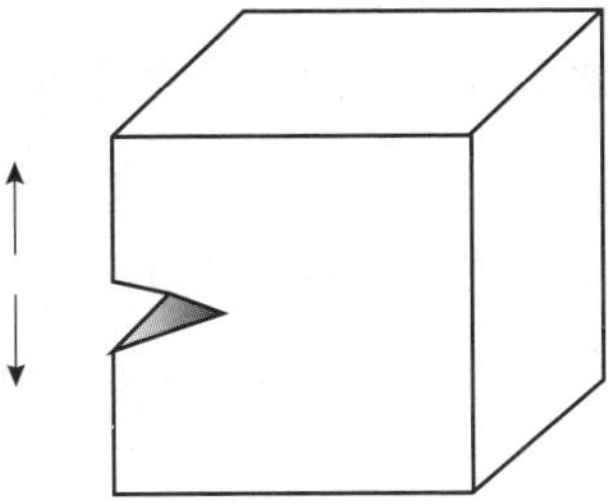

图7.5 Ⅰ型裂纹

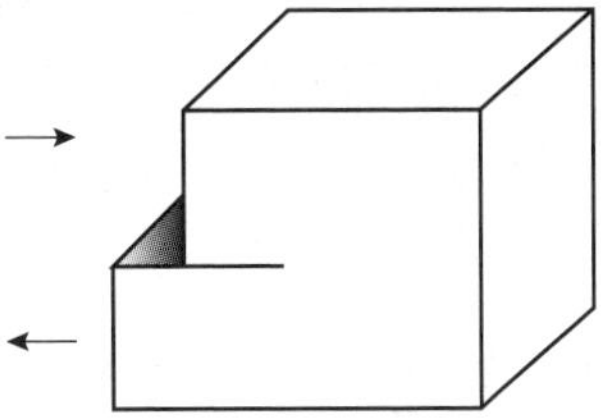

图7.6 Ⅱ型裂纹

受纯剪的构件在受剪平面上的裂纹属于Ⅱ型裂纹。例如：铆钉中的裂纹，如图7.7所示。

撕开型扩展也称Ⅲ型扩展，它是在平行于裂纹表面的切应力作用下，裂纹表面相互撕开(扭开)而扩展的扩展形式。扩展方向与切应力方向垂直。撕开型扩展的裂纹称为撕开型裂纹，也称Ⅲ型裂纹，如图7.8所示。例如：搅拌釜的搅拌轴中，齐垂直于轴线的平面内扩展的裂纹属于Ⅲ型裂纹。

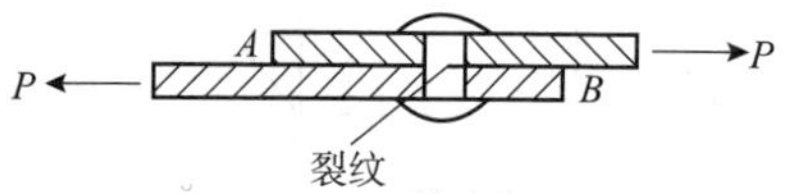

图 7.7　铆钉中的裂纹

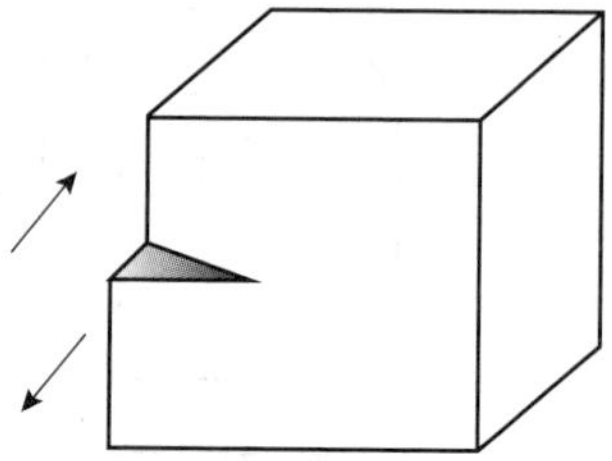

图 7.8　Ⅲ型裂纹

(2)弹性力学的基本理论

①弹性力学的基本假设如下。

连续性假设：应力、应变和位移等物理量可用连续函数表示。

完全弹性假设：假定物体服从胡克定律。

均匀性假设：材料常数不随位置坐标变化。

各向同性假设：物体内一点的弹性性质在各个方向上相同。

小变形假设：可以用变形前的尺寸代替变形后的尺寸。

②弹性力学的基本概念

外力：外力主要包括体力和面力。凡是作用分布在体积上的力都叫体力，除了重力和惯性力外，如果材料具有磁性或者分布有非自由电荷，那么磁力和静电力也是体力，体力的方向与正轴方向一致为正。面力即面分布力施加在结构或构件单位面积上的力，方向与正轴方向一致为正。

应力：物体由于外因(受力、湿度、温度场变化等)而变形时，在物体内各部分之间产生相互作用的内力，以抵抗这种外因的作用，并试图使物体从变形后的位置恢复到变形前的位置。

应变：应变指在外力和非均匀温度场等因素作用下物体局部的相对变形。物体在受到外力作用下会产生一定的变形，变形的程度称应变。应变有正应变(线应变)、切应变(角应变)及体应变。

③平面应力问题

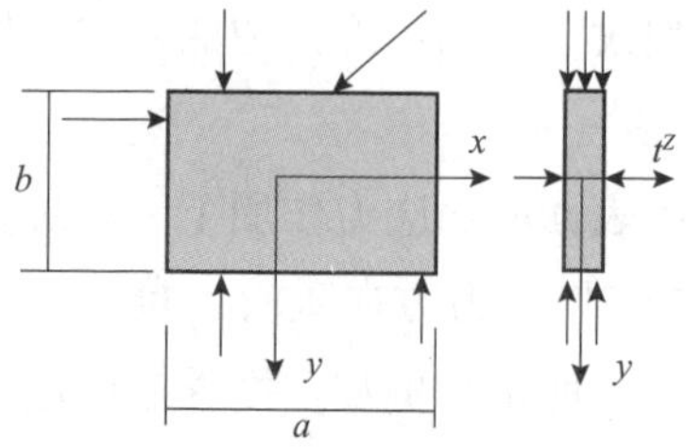

图 7.9　平面应力问题

几何特征：一个方向的尺寸比另两个方向的尺寸小得多，如图 7.9 所示。$t \ll a$，$t \ll b$，平板属于平面应力问题，例如：板式吊钩，旋转圆盘，工字形梁的腹板等。

受力特征：外力(体力、面力)和约束，仅平行于板面作用，沿 z 方向不变化。

简化的应力特征：如图选取坐标系，以板的中面为 xy 平面，垂直于中面的任一直线为 z 轴。由于板面上不受力，有：$(\sigma_z)_{z=\pm\frac{t}{2}}=0$，$(\tau_{zx})_{z=\pm\frac{t}{2}}=0$，$(\tau_{zy})_{z=\pm\frac{t}{2}}=0$

因板很薄，且外力沿 z 轴方向不变。可认为整个薄板的各点都有：$\sigma_z=0$，$\tau_{zx}=0$，$\tau_{zy}=0$。

由剪应力互等定理，有：$\tau_{zx}=\tau_{xz}=0$，$\tau_{zy}=\tau_{yz}=0$。

结论：

a. 平面应力问题只有三个应力分量：$\sigma_x=\sigma_x(x, y)$，$\sigma_y=\sigma_y(x, y)$，$\tau_{xy}=\tau_{yx}=\tau_{xy}(x, y)$。

b. 应变分量、位移分量也仅为 x、y 的函数，与 z 无关：$\varepsilon_x=\varepsilon_x(x, y)$，$\varepsilon_y=\varepsilon_y(x, y)$，$\gamma_{xy}=\gamma_{yx}=\gamma_{xy}(x, y)$。

c. $\varepsilon_z\neq0$，平面应力的应力状态如图 7.10 所示。

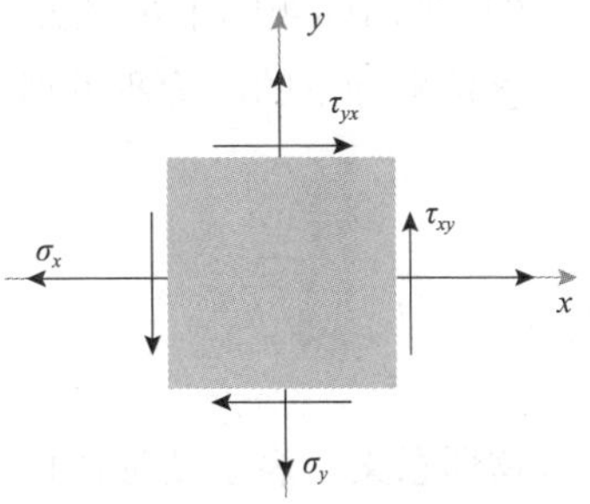

图 7.10　平面应力的应力状态图

(3)平面应变问题

几何特征：一个方向的尺寸比另两个方向的尺寸大得多，且沿长度方向几何形状和尺寸不变化。近似认为无限长。例如，大坝，滚柱，厚壁圆筒等都属于平面应变问题，如图 7.11 所示。

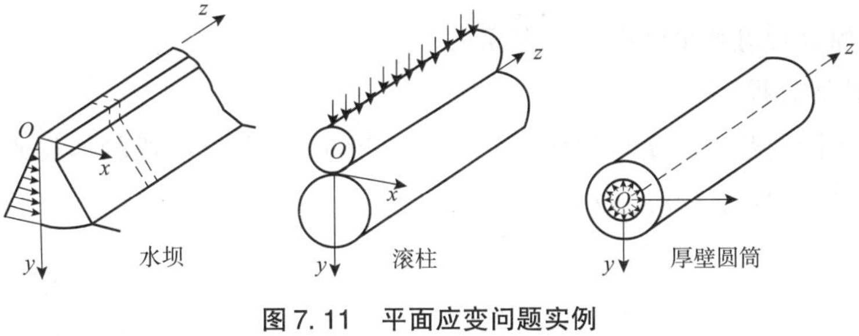

图 7.11　平面应变问题实例

外力特征：外力(体力、面力)平行于横截面作用，且沿长度 z 方向不变化。约束沿长度 z 方向不变化。

简化的变形特征：如图 7.11 建立坐标系：以任一横截面为 $x-y$ 面，任一纵线为 z 轴。设 z 方向为无限长，则 σ_x，$\cdots\varepsilon_x$，$\cdots u$，$\cdots$沿 z 方向都不变化，仅为 x，y 的函数。任一横截面均可视为对称面。

因为任一横截面均可视为对称面，则有：$w\equiv 0$，则 $\varepsilon_z\equiv 0$；$\tau_{zx}=\tau_{zy}=0$，则 $\gamma_{zy}=\gamma_{yz}\equiv 0$，$\gamma_{zx}=\gamma_{xz}\equiv 0$。

结论：

a. $\sigma_x=\sigma_x(x, y)$，$\sigma_y=\sigma_y(x, y)$，$\tau_{xy}=\tau_{yx}=\tau_{xy}(x, y)$。

b. $\varepsilon_x=\varepsilon_x(x, y)$，$\varepsilon_y=\varepsilon_y(x, y)$，$\gamma_{xy}=\gamma_{yx}=\gamma_{xy}(x, y)$，$\sigma_z\neq 0$。

可近似为平面应变问题的例子：煤矿巷道的变形与破坏分析；挡土墙；重力坝等。

(4)平面问题的平衡微分方程

直角坐标下的应力平衡微分方程：

$$\begin{cases}\dfrac{\partial\sigma_x}{\partial x}+\dfrac{\partial\tau_{yx}}{\partial y}+X=0\\[2ex]\dfrac{\partial\tau_{xy}}{\partial x}+\dfrac{\partial\sigma_y}{\partial y}+Y=0\end{cases}\tag{7.5}$$

物理意义：表示变形体内无限相邻两质点的应力状态的关系。对弹性变形和塑性变形均适用。

①两个平衡微分方程，三个未知量：σ_x，σ_y，$\tau_{xy}=\tau_{yx}$，超静定问题，需找补充方程才能求解。

②对于平面应变问题，x、y 方向的平衡方程相同，z 方向自成平衡，上述方程两类平面问题均适用。

③平衡方程中不含 E、μ，方程与材料性质无关(钢、石料、混凝土等)。

④平衡方程对整个弹性体内都满足。

(5)几何方程

建立平面问题中应变与位移的关系。一点的变形包括线段的伸长或缩短和线段间的相对转动：ε_x，ε_y，$\gamma_{xy}=\gamma_{yx}$。

$$\begin{cases}\varepsilon_x=\dfrac{\partial u}{\partial x}\\[2ex]\varepsilon_y=\dfrac{\partial v}{\partial y}\\[2ex]\gamma_{xy}=\dfrac{\partial v}{\partial x}+\dfrac{\partial u}{\partial y}\end{cases}\tag{7.6}$$

(6)物理方程

建立平面问题中应力与应变的关系，物理方程也称本构方程、本构关系、物性方程。在完全弹性和各向同性的情况下，物性方程即为材料力学中的广义虎克

(Hooke)定律。

$$\begin{cases}\varepsilon_x = \dfrac{1}{E}[\sigma_x - \mu(\sigma_y + \sigma_z)] \\ \varepsilon_y = \dfrac{1}{E}[\sigma_y - \mu(\sigma_z + \sigma_x)] \\ \varepsilon_z = \dfrac{1}{E}[\sigma_z - \mu(\sigma_x + \sigma_y)]\end{cases} \tag{7.7}$$

$$\begin{cases}\gamma_{yz} = \dfrac{1}{G}\tau_{yz} \\ \gamma_{zx} = \dfrac{1}{G}\tau_{zx} \\ \gamma_{xy} = \dfrac{1}{G}\tau_{xy}\end{cases} \tag{7.8}$$

式中：E 为拉压弹性模量；G 为剪切弹性模量；μ 为侧向收缩系数，又称泊松比。

(7)平面应力问题的物理方程

由于平面应力问题中，$\sigma_z = \tau_{yz} = \tau_{zx} = 0$，则有：

$$\begin{cases}\varepsilon_x = \dfrac{1}{E}(\sigma_x - \mu\sigma_y) \\ \varepsilon_y = \dfrac{1}{E}(\sigma_y - \mu\sigma_x) \\ \gamma_{xy} = \dfrac{2(1+\mu)}{E}\tau_{xy}\end{cases} \tag{7.9}$$

物理方程的另一形式：

$$\begin{cases}\sigma_x = \dfrac{E}{1-\mu^2}(\varepsilon_x + \mu\varepsilon_y) \\ \sigma_y = \dfrac{E}{1-\mu^2}(\varepsilon_y + \mu\varepsilon_x) \\ \tau_{xy} = \dfrac{E}{2(1+\mu)}\gamma_{xy}\end{cases} \tag{7.10}$$

$\varepsilon_z \neq 0$，则 $\varepsilon_z = -\dfrac{\mu}{E}(\sigma_x + \sigma_y)$。

(8)平面应变问题的物理方程

由于平面应变问题中，$\varepsilon_z = \gamma_{yz} = \gamma_{zx} = 0$，由虎克定律第三式，得 $\sigma_z = \mu(\sigma_x + \sigma_y)$。平面应变问题的物理方程如下所示：

$$\begin{cases}\varepsilon_x = \dfrac{1-\mu^2}{E}\left(\sigma_x - \dfrac{\mu}{1-\mu}\sigma_y\right)\\ \varepsilon_y = \dfrac{1-\mu^2}{E}\left(\sigma_y - \dfrac{\mu}{1-\mu}\sigma_x\right)\\ \gamma_{xy} = \dfrac{2(1+\mu)}{E}\tau_{xy}\end{cases} \tag{7.11}$$

平面应变问题中，$\varepsilon_z=0$，$\sigma_z\neq 0$。

(9)平面问题的求解

[**例题**]已知：外力(体力、面力)、边界条件，求：σ_x，σ_y，τ_{xy}，ε_x，ε_y，γ_{xy}，u，v。

需建立三个方面的关系：

①静力学关系：应力与体力、面力间的关系(平衡微分方程)。

②几何学关系：应变与位移间的关系(几何方程)。

③物理学关系：应变与应力间的关系(物理方程)。

建立边界条件：

①应力边界条件。

②位移边界条件。

(10)相容方程

为了满足连续条件，应变分量之间必然有一定的相互关系。对几何方程中各项分别进行二次微分，并经适当运算，可得：

$$\frac{\partial^2\varepsilon_x}{\partial y^2}+\frac{\partial^2\varepsilon_y}{\partial x^2}=\frac{\partial^2\gamma_{xy}}{\partial y^2} \tag{7.12}$$

将物理方程代入上式，可得：

$$\left(\frac{\partial^2}{\partial x^2}+\frac{\partial^2}{\partial y^2}\right)(\sigma_x+\sigma_y)=\nabla^2(\sigma_x+\sigma_y)=0 \tag{7.13}$$

此方程可适用于平面应力和平面应变状态。

(11)应力函数

利用平衡方程和相互容方程联立求解应力分量，三个偏微分方程，可求得三个未知数，利用边界条件确定积分常数。

$$\begin{cases}\sigma_x=\dfrac{\partial^2\varphi}{\partial y^2}\\ \sigma_y=\dfrac{\partial^2\varphi}{\partial x^2}\\ \tau_{xy}=\dfrac{\partial^2\varphi}{\partial x\partial y}\end{cases} \tag{7.14}$$

将上式代入相容方程，可得：

$$\left(\frac{\partial^2}{\partial x^2}+\frac{\partial^2}{\partial y^2}\right)\left(\frac{\partial^2}{\partial x^2}+\frac{\partial^2}{\partial y^2}\right)\varphi=\nabla^2\nabla^2\varphi=0 \tag{7.15}$$

式(7.15)为用应力函数表示的相容方程，这种方程形式称为重调和方程，通过该式解出应力函数，即可求出各处的应力分量，这个方法为应力函数的求解方法。应力函数一般是根据经验选定的，所选定的应力函数本身必须为重调和函数，同时应该保证应力分量满足边界条件。

7.3.2 Westergaard 应力函数法

Westergaard 应力函数如下所示：

$$\varphi=\mathrm{Re}\bar{\bar{Z}}+y\mathrm{Im}Z \tag{7.16}$$

式中，$\bar{\bar{Z}}=\int\bar{Z}dz=\mathrm{Re}\bar{\bar{Z}}+i\mathrm{Im}\bar{\bar{Z}}$，$Z=\int Zdz=\mathrm{Re}Z+i\mathrm{Im}\bar{Z}$。$Z$ 为解析函数，用此函数可以求 I 型裂纹的应力场、应变场和位移场。

Westergaard 应力函数满足相容条件，已知应力函数，可以计算出应力分量：

$$\begin{cases}\sigma_x=\mathrm{Re}Z-y\mathrm{Im}Z'\\ \sigma_x=\mathrm{Re}Z+y\mathrm{Im}Z'\\ \tau_{xy}=-y\mathrm{Re}Z'\end{cases} \tag{7.17}$$

通过物理方程可以求出应变分量：

$$\begin{cases}\varepsilon_x=\dfrac{1}{2G(1+\mu')}[(1-\mu')\mathrm{Re}Z-(1+\mu')y\mathrm{Im}Z']\\ \varepsilon_x=\dfrac{1}{2G(1+\mu')}[(1-\mu')\mathrm{Re}Z+(1+\mu')y\mathrm{Im}Z']\\ \gamma_{xy}=-\dfrac{1}{G}y\mathrm{Re}Z'\end{cases} \tag{7.18}$$

通过几何方程可以得到位移分量：

$$\begin{cases}u=\dfrac{1}{2G(1+\mu')}[(1-\mu')\mathrm{Re}\bar{Z}-(1+\mu')y\mathrm{Im}Z]\\ v=\dfrac{1}{2G(1+\mu')}[2y\mathrm{Im}\bar{Z}-(1+\mu')y\mathrm{Re}Z]\end{cases} \tag{7.19}$$

利用 Westergaard 函数得到了应力分量、应变分量以及位移分量是对 I 型裂纹的普遍公式，而对每一种特定的受力情况，则要确定一个合适的解析函数，以满足不同的边界条件。

7.3.3 双向拉伸中心贯穿裂纹问题

如图7.12所示，无限大板内有一条长为$2a$的中心贯穿裂纹，在无限远处受双向应力的作用，这是一张开型裂纹问题。

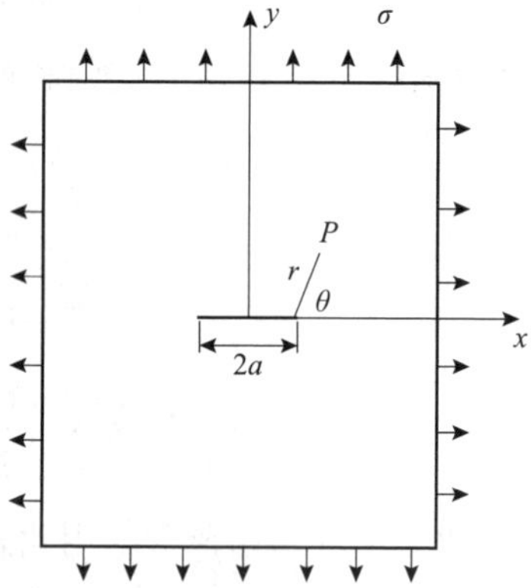

图7.12　双向拉伸中心贯穿裂纹

关键问题是要用边界条件选定$Z(z)$函数，从而可以通过Westergaard应力函数求得的应力分量、应变分量以及位移分量的表达式确定该问题的解，就可以计算出裂纹尖端的应力、应变场。

图7.12所示模型的边界条件为：$y=0$，$|x|<a$，$\sigma_y=\tau_{xy}=0$；$|z|\to\infty$，$\sigma_x=\sigma_y=\sigma$，$\tau_{xy}=0$。针对边界条件，选择I型裂纹的Z_I函数：

$$Z_{\text{I}}=\frac{\sigma z}{\sqrt{z^2-a^2}} \tag{7.20}$$

经过计算可得：

$$\sigma_x=\frac{K_{\text{I}}}{\sqrt{2\pi r}}\cos\frac{\theta}{2}\left(1-\sin\frac{\theta}{2}\sin\frac{3\theta}{2}\right) \tag{7.21}$$

$$\sigma_y=\frac{K_{\text{I}}}{\sqrt{2\pi r}}\cos\frac{\theta}{2}\left(1+\sin\frac{\theta}{2}\sin\frac{3\theta}{2}\right) \tag{7.22}$$

$$\tau_{xy}=\frac{K_{\text{I}}}{\sqrt{2\pi r}}\cos\frac{\theta}{2}\sin\frac{\theta}{2}\cos\frac{3\theta}{2} \tag{7.23}$$

$$u=\frac{K_{\text{I}}}{4G}\sqrt{\frac{r}{2\pi}}\left[(2k-1)\cos\frac{\theta}{2}-\cos\frac{3\theta}{2}\right] \tag{7.24}$$

$$v=\frac{K_{\text{I}}}{4G}\sqrt{\frac{r}{2\pi}}\left[(2k+1)\sin\frac{\theta}{2}-\sin\frac{3\theta}{2}\right] \tag{7.25}$$

式中，$k=4-3\mu$，平面应变；$k=\frac{3-\mu}{1+\mu}$，平面应力。

K_{I}为I型裂纹应力场强度因子：

$$K_{\text{I}}=Y\sigma\sqrt{\pi a} \tag{7.26}$$

式中，下标I表示I型裂纹；Y表示形状系数，与裂纹的形状、位置有关；对于远处受均匀拉应力的无限大平板，具有中间穿透裂纹的情况，$Y=1$。上面的计算结果只适用于裂纹尖端附近。

将 Z 函数进行级数展开，会有第二项、第三项，…，当 ξ 趋近于0时，这些项目都会趋于0。因此，上面得到的应力是无穷级数的主项，把其余项忽略不计。如果不能满足 $r \ll a$，则误差就会很大。$r/a=0.02$ 时，近似解比精确解小1.5%。当 r 小于等于 $0.02a$ 时，上述近似解可以适用。

7.3.4 单向拉伸Ⅰ型裂纹尖端的应力场

该种问题裂纹尖端的应力场求解方法和求解双向拉伸Ⅰ型裂纹的情况相同，只要求出满足相应边界条件 $Z(z)$ 函数就可以了。单向拉伸Ⅰ型裂纹示意图如图7.13所示。

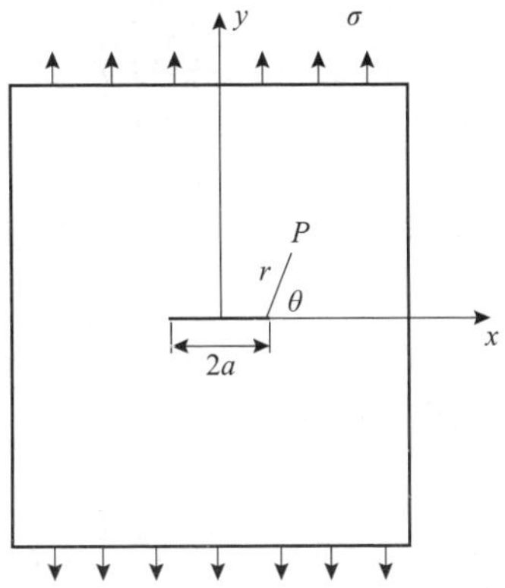

图7.13 单向拉伸Ⅰ型裂纹

裂纹尖端的应力解为：

$$\sigma_x=\frac{K_{\rm I}}{\sqrt{2\pi r}}\cos\frac{\theta}{2}\left(1-\sin\frac{\theta}{2}\sin\frac{3\theta}{2}\right)-\sigma \tag{7.27}$$

$$\sigma_y=\frac{K_{\rm I}}{\sqrt{2\pi r}}\cos\frac{\theta}{2}\left(1+\sin\frac{\theta}{2}\sin\frac{3\theta}{2}\right) \tag{7.28}$$

$$\tau_{xy}=\frac{K_{\rm I}}{\sqrt{2\pi r}}\cos\frac{\theta}{2}\sin\frac{\theta}{2}\cos\frac{3\theta}{2} \tag{7.29}$$

裂纹尖端的位移解为：

$$u=\frac{K_{\rm I}}{4G}\sqrt{\frac{r}{2\pi}}\left[(2k-1)\cos\frac{\theta}{2}-\cos\frac{3\theta}{2}\right] \tag{7.30}$$

$$v=\frac{K_{\rm I}}{4G}\sqrt{\frac{r}{2\pi}}\left[(2k+1)\sin\frac{\theta}{2}-\sin\frac{3\theta}{2}\right] \tag{7.31}$$

式中，$k=4-3\mu$，平面应变；$k=\dfrac{3-\mu}{1+\mu}$，平面应力。

单向拉伸裂纹尖端附近的应力场与双向拉伸时的应力场，仅仅在 σ_x 上差一个常数项 $-\sigma$，其他应力项相同。

7.3.5 Ⅱ型裂纹和Ⅲ型裂纹尖端的应力、位移场

(1) Ⅱ型裂纹

设无限大平板含长度为 $2a$ 的中心裂纹，无穷远受剪切应力的作用，如图7.14所示。

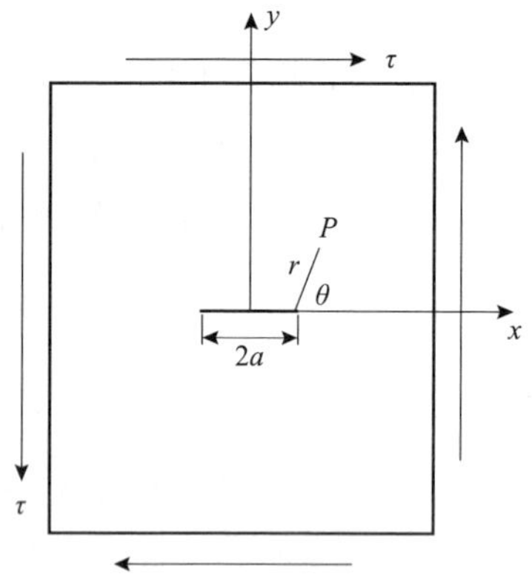

图 7.14 Ⅱ型裂纹

Ⅱ型裂纹的边界条件为：$y=0$，$|x|<a$，$\sigma_y=\tau_{xy}=0$；$|z|\to\infty$，$\sigma_x=\sigma_y=\tau$，$\tau_{xy}=0$。

针对边界条件，选择Ⅱ型裂纹的 Z_{II} 函数：

$$Z_{\mathrm{II}}=\frac{\tau z}{\sqrt{z^2-a^2}} \tag{7.32}$$

Z_{II} 函数能够满足全部边界条件。

裂纹尖端的应力解为：

$$\sigma_x=\frac{K_{\mathrm{II}}}{\sqrt{2\pi r}}\sin\frac{\theta}{2}\left(2+\cos\frac{\theta}{2}\cos\frac{3\theta}{2}\right) \tag{7.33}$$

$$\sigma_y=\frac{K_{\mathrm{II}}}{\sqrt{2\pi r}}\cos\frac{\theta}{2}\sin\frac{\theta}{2}\cos\frac{3\theta}{2} \tag{7.34}$$

$$\tau_{xy}=\frac{K_{\mathrm{II}}}{\sqrt{2\pi r}}\cos\frac{\theta}{2}\left(1-\sin\frac{\theta}{2}\sin\frac{3\theta}{2}\right) \tag{7.35}$$

裂纹尖端的位移解为：

$$u=\frac{K_{\mathrm{II}}}{4G}\sqrt{\frac{r}{2\pi}}\left[(2k+3)\sin\frac{\theta}{2}+\sin\frac{3\theta}{2}\right] \tag{7.36}$$

$$v=\frac{K_{\mathrm{II}}}{4G}\sqrt{\frac{r}{2\pi}}\left[(2k-2)\sin\frac{\theta}{2}+\cos\frac{3\theta}{2}\right] \tag{7.37}$$

式中，$k=4-3\mu$，平面应变；$k=\frac{3-\mu}{1+\mu}$，平面应力。

K_{II} 为Ⅱ型裂纹应力场强度因子，计算表达式如下：

$$K_{\mathrm{II}}=Y\tau\sqrt{\pi a} \tag{7.38}$$

式中，下标Ⅱ表示Ⅱ型裂纹；Y 表示形状系数，与裂纹的形状、位置有关；对于远处受均匀切应力的无限大平板，具有中间穿透裂纹的情况，$Y=1$。

(2)撕开型裂纹(Ⅲ型裂纹)

如图 7.15 所示，无限大板，中心穿透裂纹长度为 $2a$，无限远处受与 z 方向平行的剪切力作用。

K_{III} 为Ⅲ型裂纹应力场强度因子，其计算表达式如下：

$$K_{\mathrm{III}}=\tau\sqrt{\pi a} \tag{7.39}$$

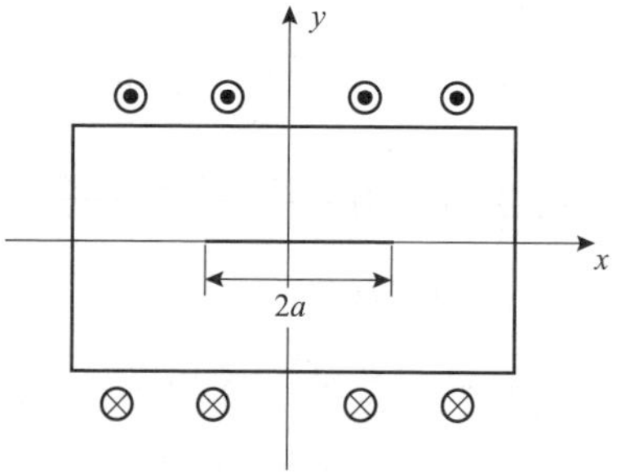

图 7.15 撕开型裂纹

7.3.6 应力强度因子

上述裂纹尖端的应力场计算公式是在 $\xi \to 0$ 的条件下推导的。利用上述方法导出的应力计算公式是准确应力场的第一项。

按弹性力学理论求得的含裂纹体全域都准确的应力场可表达为如下的极数形式：

$$\sigma_{ij}=\frac{K}{\sqrt{2\pi r}}f(\theta)+r^{0}f_1(\theta)+r^{1/2}f_2(\theta)+rf_3(\theta)+r^{3/2}f_4(\theta)+\cdots \quad (7.40)$$

由上式可以看出，在裂纹尖端附近($r\to 0$)，第一项是主要的，称为主项，其余项目都很小，可以忽略。

从裂纹尖端应力场的计算公式可以看出，当在裂纹尖端($r\to 0$)处，各应力分量均趋于无穷大，这说明裂纹尖端的应力场存在奇异性。

此时，按照传统强度理论的观点，说明当材料或构件一旦出现裂纹，其承载能力将完全丧失，这个结论与实际情况是不相符的，说明存在缺陷的构件不能按常规强度理论，按应力大小来评价其强度了。

在裂纹尖端附近的应力分量，位移分量都和 K_{I}(K_{II}，K_{III})成正比，这说明 K_{I}(K_{II}，K_{III})可以反映裂纹尖端附近的应力场强度。应力场和 K_{I}(K_{II}，K_{III})成正比，与角函数 $f(\theta)$ 成正比，与 $r-1/2$ 成反比。因此，K_{I}(K_{II}，K_{III})是表征裂纹尖端附近应力场强弱程度的唯一有效参量，称 K_{I}(K_{II}，K_{III})为应力强度因子。

裂纹尖端附近的应力场强弱程度将直接影响裂纹是否断裂，所以用应力强度因子这个参量建立断裂准则是恰当的。应力强度因子在断裂力学中具有重要意义，其中 K_{I}，K_{II}，K_{III} 分别是Ⅰ型、Ⅱ型和Ⅲ型裂纹的应力强度因子，数学表达式分别为：

$$K_{\mathrm{I}}=\lim_{r\to 0}\sigma_{y}(r,0)\sqrt{2\pi r} \quad (7.41)$$

$$K_{\mathrm{II}}=\lim_{r\to 0}\tau_{xy}(r,0)\sqrt{2\pi r} \quad (7.42)$$

$$K_{\mathrm{III}}=\lim_{r\to 0}\tau_{yz}(r,0)\sqrt{2\pi r} \quad (7.43)$$

K 的量纲为[力][长度]$^{-3/2}$；工程单位是 $\mathrm{kgf/cm^{3/2}}$；国际单位是 $\mathrm{MN/m^{3/2}}$ 或 $\mathrm{MPa\cdot m^{1/2}}$；$K_{\mathrm{I}}$，$K_{\mathrm{II}}$，$K_{\mathrm{III}}$ 的物理意义是裂纹尖端应力、应变场强度的度量。K_{I}、K_{II}、K_{III} 越大，则裂纹尖端应力、应变就越大。K_{I}、K_{II}、K_{III} 是裂纹尖端应力场和应变场的度量。

裂纹尖端奇异应力场只有在尖裂纹(即裂纹尖端的曲率半径等于零)的情况下才成立，而实际裂纹中很多是尖裂纹，对裂纹尖端曲率半径很小的裂纹，完全可以近似地把它看成为尖裂纹。尖裂纹模型是线弹性断裂力学的合理模型。

7.3.7 *K* 准则

(1)*K* 准则

在裂纹尖端处，$r=0$，诸应力、应变分量均趋向无穷大，这是裂纹尖端奇异性的反映，因此，无法根据裂纹尖端的应力、应变分量来判断裂纹的扩展。应力强度因子是表示裂纹尖端应力强度的唯一有效参量，用应力强度因子这个参量建立准则是恰当的。

对于载荷作用下的含裂纹构件，当其应力强度因子 K 达到某一临界值 K_c 时，裂纹将失稳扩展。

以Ⅰ型裂纹为例，断裂准则可以表示为：

$$K_{\mathrm{I}}=K_{\mathrm{IC}} \tag{7.44}$$

式中，K_{IC}表示 K_{I} 的临界值，表示材料抵抗宏观裂纹失稳扩展的韧性参数，即断裂韧性，是材料本身的固有属性。

根据公式 $K_{\mathrm{I}}=\sigma\sqrt{\pi a}$可知，当 a 一定时，K_{I} 随应力的增加而增大。K_{I} 达到临界值 K_{IC}时，裂纹尖端应力也达到临界值，从而使裂纹失稳扩展、构件断裂。K_{IC}的数值和构件的几何形状、加载状况、实验环境均有关。实验证明，在一定温度下，只要材料厚度 B 超过 B_{C} 时，K_{IC}就是一个常数。此时，裂纹前缘材料基本处于平面应变状态，塑性区尺寸很小，发生脆性断裂。K_{IC}称为材料的平面应变断裂韧性、或平面应变状态下应力强度因子的临界值。当材料厚度小于 B_{C}时，发生断裂的 K 值记为 K_{C}，此时 K_{C}不再是常数，称为材料平面应力断裂韧性。对于有足够厚度，处于平面应变状态下的含裂纹构件，断裂时塑性变形很小，可以应用 K 准则，因此 K 准则是平面应变状态下的脆性断裂准则。

平面应力状态下的构件，裂纹在扩展前会发展裂纹的稳定扩展以及裂纹扩展阻力变化的情况，对于准则的应用更为复杂。对于Ⅱ型和Ⅲ型裂纹可以建立相同的准则，但是由于重要性不如Ⅰ型裂纹且 K_{IIC}、K_{IIIC}难以测定，目前都是通过复合断裂准则建立 K_{IIC}、K_{IIIC}和 K_{IC}的关系，以 K_{IC}为基准得到 K_{IIC}、K_{IIIC}。材料的 K_{IC}可由《金属材料平面应变断裂韧性 K_{IC}数据手册》查出。K_{IC}的测试可以根据

《金属材料平面应变断裂韧性 K_{IC}试验方法》(GB 4161—1994)获得。

(2)影响断裂韧性的因素

①影响断裂韧性的组织因素。影响材料断裂韧性的组织因素有晶粒尺寸、杂质和第二相的含量与分布，组织组成物的种类和形状等。晶粒尺寸越小，材料的韧性越大。高温淬火，断裂韧性提高。材料中存在夹杂物及第二相等，会使其断裂韧性降低。脆性相(钢中硫化物、碳化物、氧化物、金属间化合物)使断裂韧性降低。金属组织类型对断裂韧性的影响也较明显：一是钢中片状马氏体比板条状马氏体断裂韧性低。二是上贝氏体组织比回火马氏体韧性低。三是下贝氏体与板条马氏体相近，比片状马氏体韧性好。四是钢中存在一定的残余奥氏体，可以提高其韧性。

目前，提高断裂韧性方法是变形热处理，它通过相变加形变的综合强化方法，改善材料的综合机械性能，同时提高材料的断裂韧性。

②影响断裂韧性的外部因素

影响材料断裂韧性的外部因素有温度、加载速度、试件尺寸及环境介质。大多数金属材料，断裂韧性随温度降低及加载速度的增加而降低。材料的断裂韧性与材料的板厚有关，当薄板时，板内处于平面应力状态，测出平面应力断裂韧性，随着板厚度的增加，断裂韧性降低，当厚度达到平面应变状态时，测得平面应变断裂韧性。

7.3.8　应力强度因子的计算方法

K_I的计算方法包括理论方法和实验方法。理论方法包括：Westergaard 应力函数法、Mushkelishvili 应力函数法、复变应力函数法、位错模型法、Green 函数法、保角映射法、应力集中法、交替法、有限元法、边界配位法。实验方法包括柔度法、光弹性法、疲劳裂纹扩展速率法、干涉法、全息摄影法。

(1)应力强度因子的求解方法

K_I的普遍公式。根据 $\lim\limits_{|\xi|\to 0} Z(\xi) = \lim\limits_{|\xi|\to 0} f(\xi)\frac{1}{\sqrt{\xi}} = \frac{K_I}{\sqrt{2\pi\xi}}$可得：

$$K_I = \lim_{|\xi|\to 0} Z(\xi)\sqrt{2\pi\xi} \tag{7.45}$$

式(7.46)为用 Westergaar 应力函数法求Ⅰ型裂纹尖端应力场强度因子 K_I的普遍表达式，如果所选定的 $Z(z)$能满足问题的边界条件，由上式可以求出 K_I值。

(2)两向均匀受拉的无限大板

两向均匀受拉的无限大板，在同一轴线上有一系列周期性分布的穿透裂纹，如图 7.16 所示。

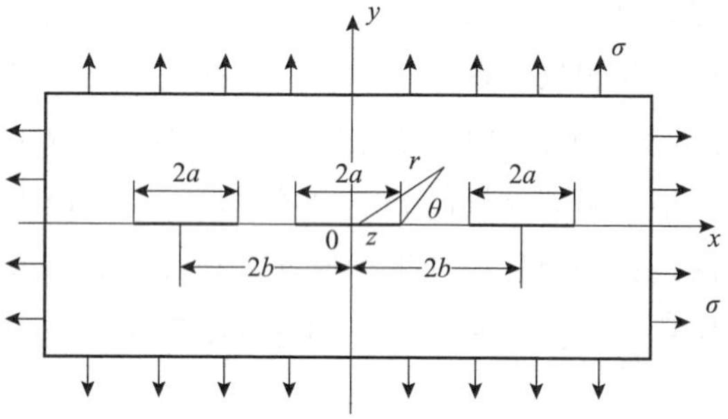

图 7.16 两向均匀受拉的无限大板

力学模型的边界条件为：$z\to\infty$，$\sigma_x=\sigma$，$\sigma_y=\sigma$，$\tau_{xy}=0$；$y=0$，$2nb+a>x>2nb-a$，$n=0$，±1，±2，$\cdots$，$\sigma_y=0$，$\tau_{xy}=0$。

满足其边界条件的 $Z(z)$ 函数如下所示：

$$Z=\frac{\sigma\sin\frac{\pi z}{2b}}{\left[\left(\sin\frac{\pi z}{2b}\right)^2-\left(\sin\frac{\pi a}{2b}\right)^2\right]^{1/2}} \tag{7.46}$$

经过计算和简化可得：

$$K_{\mathrm{I}}=\sigma\sqrt{\pi a}\cdot\left(\frac{2b}{\pi a}\cdot\tan\frac{\pi a}{2b}\right)^{1/2} \tag{7.47}$$

由数学方法可以证明：

$$\frac{2b}{\pi a}\cdot\tan\frac{\pi a}{2b}\geqslant1 \tag{7.48}$$

若相邻两裂纹之间的距离 b 很大时，则其相互影响就很小，可以忽略不计，此时修正系数等于 1，即为无限大中心贯穿裂纹情况。

(3)半无限大板贯穿裂纹(单边侧裂纹)

在一块大板的一侧，有一条长度为 a 的裂纹。这块板可以看成无限大板。可以看成无限大平板沿对称轴 AB 一切为二的右半块平板，如图 7.17 所示。

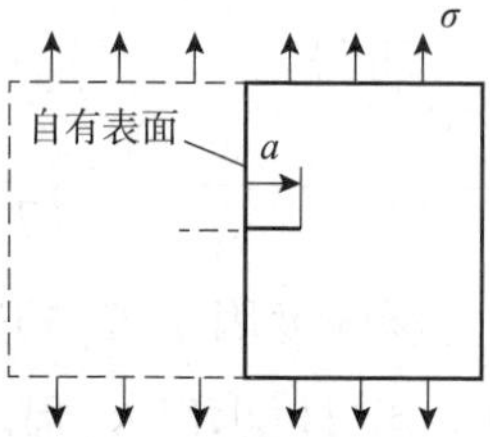

图 7.17 半无限大板贯穿裂纹

板的边缘是自由边缘，自由边缘上的边界条件是垂直于自由边缘方向的正应力等于 0，而位移不受约束，因此不等于0。

无限大板在对称轴上，由于对称条件可知位移为0，而沿对称轴截面的垂直正应力不等于0。因此，半无限大平板的 K_I 和无限大板是有区别的。由于自由边缘放松了对位移的约束，使裂纹尖端的应力场有所增加。这种裂纹的应力强度因子的计算公式如下：

$$K_I = 1.1215\sigma\sqrt{\pi a},\ Y = 1.1215 \tag{7.49}$$

(4)有限宽板贯穿裂纹

①有限宽板中心贯穿裂纹

有限宽板中心贯穿裂纹如图7.18所示。

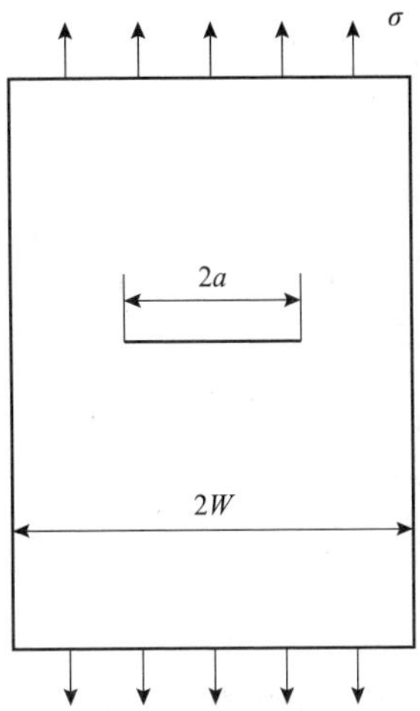

图7.18　有限宽板中心贯穿裂纹

当板宽减小时，则两侧的自由边缘对裂纹的尖端的应力场强度就会发生影响，其影响的大小随着 a/W 的增加而增加，此种情况下相当于无限大平板，在同一轴线上有一系列周期性分布的穿透裂纹情况，此时相当于将无限大板沿两裂纹中间切开，其结果等价。

这种裂纹的应力强度因子计算公式如下：

$$K_I = \sigma\sqrt{\pi a}\cdot\sqrt{\frac{2W}{\pi a}\text{tg}\frac{\pi a}{2W}},\ Y = \sqrt{\frac{2W}{\pi a}\text{tg}\frac{\pi a}{2W}} \tag{7.50}$$

也有人认为可以用下面简单的公式进行计算：

$$K_I = \sigma\sqrt{\pi a}\cdot\sqrt{\sec\frac{\pi a}{2W}},\ Y = \sqrt{\sec\frac{\pi a}{2W}} \tag{7.51}$$

当 $a/W \leqslant 0.6$ 时，两式的计算结果相差较小。当 $a/W > 0.6$ 时，两式计算结果的差异较大。

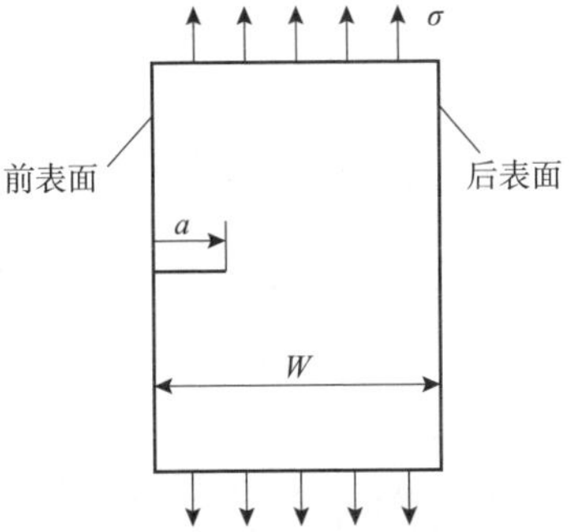

图7.19　半无限大板贯穿裂纹

②有限宽板单边侧裂纹

有限宽板单边侧裂纹如图7.19所示，这种情况裂纹尖端的应力场不仅受到前表面的影响，而且受到后表面的影响，因此，应力强度因子的修正系数可以看成上面两种裂纹的乘积。

有限宽板单边侧裂纹的应力强度因子计算公式如下所示：

$$K_{\mathrm{I}}=\sigma\sqrt{\pi a}\cdot 1.1215\sqrt{\sec\frac{\pi a}{2W}},\quad Y=1.1215\sqrt{\sec\frac{\pi a}{2W}} \tag{7.52}$$

有人提出了如下计算公式：

$$K_{\mathrm{I}}=\sigma\sqrt{\pi a}\cdot Y \tag{7.53}$$

式中，$Y=1.1215+0.231\left(\frac{a}{W}\right)+10.55\left(\frac{a}{W}\right)^2-2.17\left(\frac{a}{W}\right)^3+30.55\left(\frac{a}{W}\right)^4$。

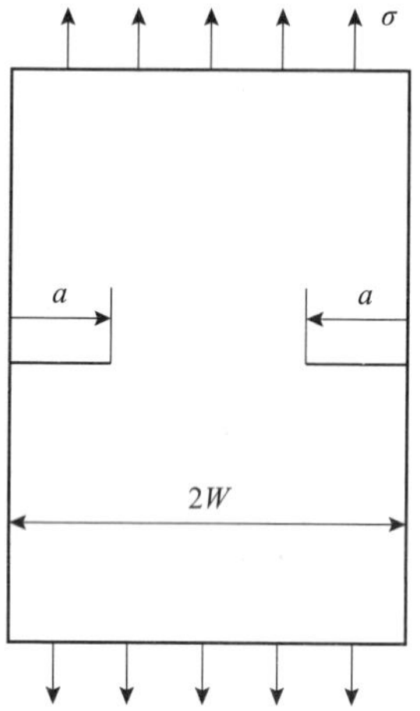

图 7.20　有限宽板双边侧裂纹

③有限宽板双边侧裂纹

有限宽板双边侧裂纹如图 7.20 所示。

有限宽板双边侧裂纹应力强度因子的计算公式如下所示：

$$K_{\mathrm{I}}=\sigma\sqrt{\pi a}\cdot\left[\frac{2W}{\pi a}\left(tg\frac{\pi a}{2W}+0.1\sin\frac{2\pi a}{2W}\right)\right]^{1/2} \tag{7.54}$$

(5)三点弯曲试件的应力强度因子

测定材料的断裂韧性，采用最多的试件就是三点弯曲试件。三点弯曲试件如图 7.21 所示。它需要的试件尺寸较小，原材料重量和试验机吨位都较小，且试件形状简单便于加工。在三点弯曲试件中，裂纹受到的不是拉伸应力，对这种情况的应力强度因子还没有精确解。

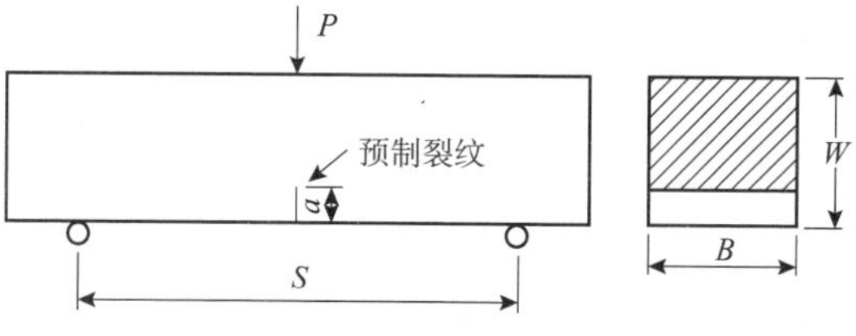

图 7.21　三点弯曲试件

通过边界配位法可以获得其裂纹尖端应力强度因子，计算公式如下所示：

$$K_{\mathrm{I}}=\frac{PS}{BW^{1/2}}\times f\left(\frac{a}{W}\right) \tag{7.55}$$

式中，

$$f\left(\frac{a}{W}\right)=2.9\times\left(\frac{a}{W}\right)^{1/2}-4.6\times\left(\frac{a}{W}\right)^{3/2}+21.8\times\left(\frac{a}{W}\right)^{5/2}$$
$$-37.6\times\left(\frac{a}{W}\right)^{7/2}+38.7\times\left(\frac{a}{W}\right)^{9/2}。$$

在美国 ASTM E399－83 中，$f\left(\frac{a}{W}\right)$按下式计算：

$$f\left(\frac{a}{W}\right)=\frac{3\left(\frac{a}{W}\right)^{1/2}\cdot\left[1.99-\left(\frac{a}{W}\right)\times\left(1-\frac{a}{W}\right)\times\left(2.15-3.93\frac{a}{W}+2.7\frac{a^2}{W^2}\right)\right]}{2\left(1+2\frac{a}{W}\right)\times\left(1-\frac{a}{W}\right)^{3/2}}\tag{7.56}$$

北京钢铁研究院的陈篪提出一个适用于$\frac{a}{W}=0.4\sim0.6$范围的应力强度因子计算公式，其表达式如下所示：

$$K_{\mathrm{I}}=\frac{PS}{4BW^{3/2}}\left(7.31+0.21\times\sqrt{\frac{S}{W}-2.9}\right)\times\sec\frac{\pi a}{2W}\times\sqrt{\tan\frac{\pi a}{2W}}\tag{7.57}$$

(6)深埋裂纹

压力容器中，存在穿透裂纹的情况是极少的，压力容器壳体上的裂纹大多是深埋裂纹和表面裂纹，这些裂纹的应力、应变场已不是二维问题，他们随三个方向变化，因而是复杂的三维问题，深埋裂纹示意图如图 7.22 所示。

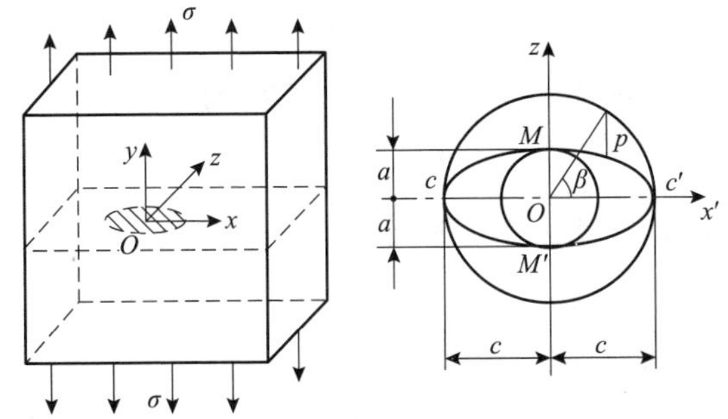

图 7.22 深埋裂纹

无论是深埋裂纹还是表面裂纹，裂纹的前缘可能是一个任意的曲线封闭路组成，为了便于运算，我们将闭路曲线外接为一个椭圆，故无限大板中深埋裂纹通常是指深埋椭圆裂纹，受到与此裂纹面相垂直的拉应力作用。

Iwrin 根据 Green 和 Snedden 对弹性体内椭圆形片状裂纹附近的应力、位移分析结果推导得到裂纹边缘处 p 点的应力强度因子 K_{I} 为：

$$K_{\mathrm{I}}=\frac{\sigma\sqrt{\pi a}}{\varphi}\left[\sin^2\beta+\left(\frac{a}{c}\right)^2\times\cos^2\beta\right]^{1/4}\tag{7.58}$$

式中，φ 为第二类椭圆积分，$\varphi=\int_0^{\pi/2}\left[\cos^2\beta+\left(\frac{a}{c}\right)\times\sin^2\beta\right]^{1/2}\mathrm{d}\beta$。

φ 可以查表 7.4 得到。

表 7.4　第二类椭圆积分表

$\frac{a}{c}$	0	0.05	0.10	0.15	0.20	0.25	0.30	0.35	0.40	0.45
φ	1.0000	1.0045	1.0146	1.0314	1.0505	1.0723	1.0965	11227	1.1507	1.1802
$\frac{a}{c}$	0.55	0.60	0.65	0.70	0.75	0.80	0.85	0.90	0.95	1.00
φ	1.2432	1.2764	1.3105	1.3456	1.3815	1.4181	1.4796	1.4935	1.5318	1.5708

φ 也可以按下式近似计算：

$$\varphi = \left[1 + 1.464 \times \left(\frac{a}{c}\right)^{1.65}\right]^{1/2} \tag{7.59}$$

工程上，一般都把深埋椭圆片状裂纹在短轴处的最大应力强度因子作为其应力强度因子计算的基本公式，即：

$$K_{\mathrm{I}} = \sigma\sqrt{\pi a}/\varphi \tag{7.60}$$

$a = c$ 趋向于 0 时，长轴比算轴大得多，此时有：

$$K_{\mathrm{I}} = \sigma\sqrt{\pi a} \tag{7.61}$$

这就是具有中心贯穿裂纹的无限大平板受单向拉应力时，应力强度因子 K_{I} 的表达式。

(7)有限宽板中表面裂纹

对于实际构件，尤其对石油化工装备来说，表面裂纹是最为常见的裂纹。对于一些浅表面裂纹，可作为半无限体中的表面裂纹处理，而对于一些较深的表面裂纹则可把它们处理为有限体中的表面裂纹，如图 7.23 所示。

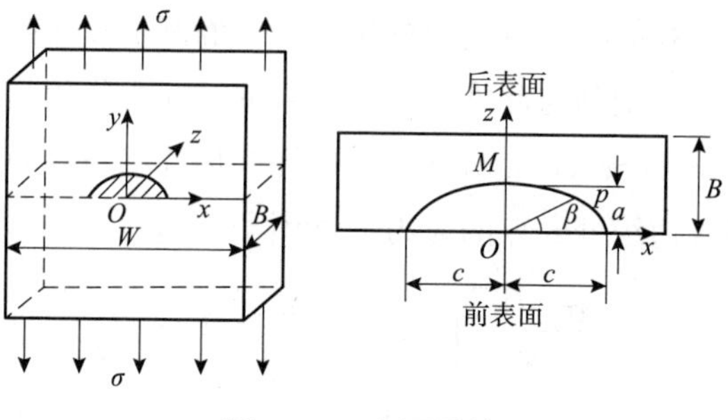

图 7.23　表面裂纹

有限体半椭圆片状裂纹的应力强度因子近似表达式，其形式如下所示：

$$K_{\mathrm{I}} = M_1 M_2 \times \frac{\sigma \sqrt{\pi a}}{\left[\varphi^2 - 0.212 \times \left(\frac{\sigma}{\sigma_s}\right)^2\right]^{1/2}} \tag{7.62}$$

式中，M_1 表示前自由界面的修正系数；M_2 表示后自由界面的修正系数。

系数 M_1，M_2 的算法主要包括以下四种：

①Iwrin 解式。Iwrin 指出当 a/t 很小时，浅裂纹时，两个自由表面的影响系数是有限宽板双边侧裂纹的应力强度因子和有限宽板中心贯穿裂纹应力强度因子的比值。

$$M_1 M_2 = \left[1 + \frac{0.1\sin\frac{2\pi a}{2t}}{\mathrm{tg}\frac{\pi a}{2t}}\right]^{1/2} = \sqrt{1.2} = 1.1 \tag{7.63}$$

Iwrin 近似计算式的前提是浅裂纹，只考虑了 a/t 的影响，没有考虑 a/c 的影响，因此，此算法是比较粗糙的，其数值偏小，由于公式简单，在工程广泛应用。

②Paris（帕尔斯）—sih（薛昌明）修正式。对于前表面修正系数 M_1：

当 a/c 趋近于0，采用单边侧裂纹时间的前表面修正系数，$M_1 = 1.1215$。

当 a/c 趋近于1，可以看作半圆裂纹时表面修正系数，$M_1 = 1$。

介于两种情况之间的各种 a/c，采用内插法计算：

$$\text{线性内插法：} M_1 = 1 + 0.12\left(1 - \frac{a}{c}\right) \tag{7.64}$$

$$\text{抛物线内插法：} M_1 = 1 + 0.12\left(1 - \frac{a}{2c}\right)^2 \tag{7.65}$$

后表面修正系数 M_2 借助有限宽板中心贯穿裂纹的修正公式。

$$M_2 = \sqrt{\frac{2t}{\pi a}\mathrm{tg}\frac{\pi a}{2t}} \tag{7.66}$$

③牛曼—雷朱（Newman - Rajiu）修正式。牛曼—雷朱利用一个 F 代替 M_1 和 M_2，并且联合起来一同考虑，表达式如下：

$$F = M_1' + M_2'\left(\frac{a}{t}\right)^2 + M_3'\left(\frac{a}{t}\right)^4 \tag{7.67}$$

式中，$M_1' = 1.13 - 0.09\frac{a}{c}$，$M_2' = -0.54 + \frac{0.89}{0.2 + a/c}$，

$$M_3' = 0.5\frac{10}{0.65 + a/c} + 18\left(1.0 - \frac{a}{c}\right)^{24}。$$

④PVRC 法。1972 年美国压力容器研究委员会专家工作组提出的修正系数计算公式，修正系数如下：

$$F = 1.1 + 5.2\,(0.5)^{5a/c}\left(\frac{a}{t}\right)^{1.8 + a/c} \tag{7.68}$$

此法已经纳入美国材料试验学会有关规范中，式(7.68)中的 F 值比其他计算方法的结果要高，因此偏于安全，并与某些实验结果相符。

7.3.9 裂纹尖端塑性区

根据线弹性力学，由应力场计算公式可知，当 $r \to 0$ 时，$\sigma_{ij} \to \infty$。但实际上，对于一般金属材料，当应力超过材料的屈服强度，将发生塑性变形，在裂纹顶端将出现塑性区。

由于塑性区带来的问题：一方面，这是因为断裂是裂纹的扩展过程，裂纹扩展所需要的能量主要消耗塑性变形功，材料的塑性尺寸越大，消耗的塑性变形功越大，材料的断裂韧性 K_{IC} 相应也就越大。另外一方面，由于我们是根据线弹性断裂力学来讨论裂纹顶端的应力应变场的，当塑性区尺寸增大时，线弹性断裂理论是否适用就成了问题。

裂纹顶端的主应力可由下式求解：

$$\sigma_1 = \frac{\sigma_x + \sigma_y}{2} + \left[\left(\frac{\sigma_x + \sigma_y}{2}\right)^2 + \tau_{xy}\right]^{1/2} \tag{7.69}$$

$$\sigma_2 = \frac{\sigma_x + \sigma_y}{2} - \left[\left(\frac{\sigma_x - \sigma_y}{2}\right)^2 + \tau_{xy}\right]^{1/2} \tag{7.70}$$

$$\sigma_3 = 0\text{，平面应力} \tag{7.71}$$

$$\sigma_3 = \mu(\sigma_1 + \sigma_2)\text{，平面应变} \tag{7.72}$$

将式(7.21)~式(7.23)代入式(7.70)~式(7.73)可得：

$$\sigma_1 = \frac{K_I}{(2\pi r)^{1/2}}\cos\frac{\theta}{2}\left[1 + \sin\frac{\theta}{2}\right] \tag{7.73}$$

$$\sigma_2 = \frac{K_I}{(2\pi r)^{1/2}}\cos\frac{\theta}{2}\left[1 - \sin\frac{\theta}{2}\right] \tag{7.74}$$

$$\sigma_3 = 0\text{，平面应力} \tag{7.75}$$

$$\sigma_3 = \frac{2\mu K_I}{(2\pi r)^{1/2}}\cos\frac{\theta}{2}\text{，平面应变} \tag{7.76}$$

(1)按第四强度理论

$$(\sigma_1 - \sigma_2)^2 + (\sigma_2 - \sigma_3)^2 + (\sigma_3 - \sigma_1)^2 = 2\sigma_s^2 \tag{7.77}$$

其中，σ_1，σ_2 和 σ_3 为主应力。

将上述的主应力代入到第四强度理论中，可计算得到裂纹顶端塑性区的边界方程为：

$$r(\theta)=\frac{1}{2\pi}\left(\frac{K_{\mathrm{I}}}{\sigma_{\mathrm{s}}}\right)^2\left[\cos^2\frac{\theta}{2}\left(1+3\sin^2\frac{\theta}{2}\right)\right]\text{，平面应力} \tag{7.78}$$

$$r(\theta)=\frac{1}{2\pi}\left(\frac{K_{\mathrm{I}}}{\sigma_{\mathrm{s}}}\right)^2\cos^2\frac{\theta}{2}\left[(1-2\mu)^2+3\sin^2\frac{\theta}{2}\right]\text{，平面应变} \tag{7.79}$$

第四强度理论的无量纲塑性边界区如图 7.24 所示。

(2)按第三强度理论

$$\tau_{\max}=\frac{\sigma_1-\sigma_3}{2}=\frac{\sigma_s}{2} \tag{7.80}$$

裂纹尖端的塑性区为：

$$r(\theta)=\frac{1}{2\pi}\left(\frac{K_{\mathrm{I}}}{\sigma_s}\right)^2\cos^2\frac{\theta}{2}\left(1+\sin^2\frac{\theta}{2}\right)^2\text{，平面应力} \tag{7.81}$$

$$r(\theta)=\frac{1}{2\pi}\left(\frac{K_{\mathrm{I}}}{\sigma_s}\right)^2\cos^2\frac{\theta}{2}\left(1-2\mu+\sin\frac{\theta}{2}\right)^2\text{，平面应变} \tag{7.82}$$

第三强度理论的无量纲塑性边界区如图 7.25 所示。

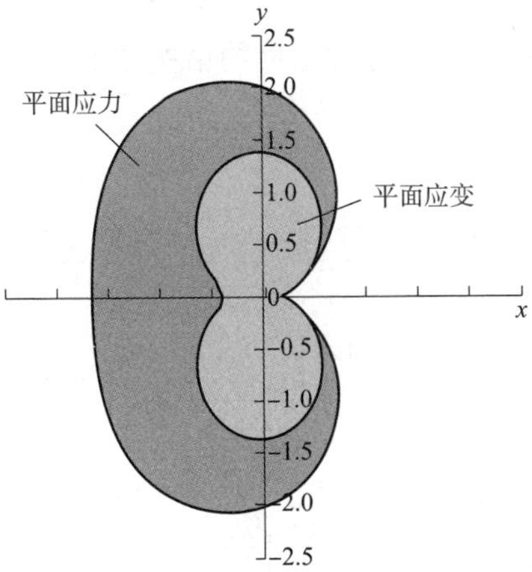

图 7.24 第四强度理论的无量纲塑性边界区

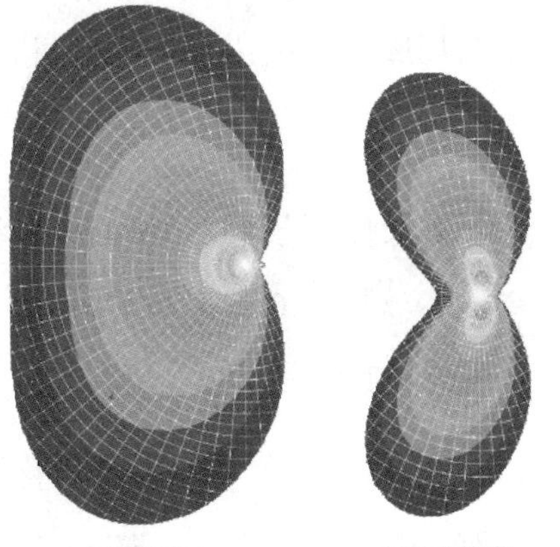

图 7.25 第三强度理论的无量纲塑性边界区

塑性区的特征尺寸：在裂纹延长线 $\theta=0$ 的尺寸：

$$r_0=\frac{1}{2\pi}\left(\frac{K_{\mathrm{I}}}{\sigma_s}\right)^2\text{，平面应力} \tag{7.83}$$

$$r_0=\frac{(1-2\mu)^2}{2\pi}\left(\frac{K_{\mathrm{I}}}{\sigma_s}\right)^2=0.16\frac{K_{\mathrm{I}}^2}{2\pi\sigma_s}\text{，平面应变，取}\mu=0.3 \tag{7.84}$$

平面应变的塑性区只有平面应力的 16%，这是因为在平面应变状态下，沿板厚方向有较强的弹性约束，使材料处于三向拉伸状态，材料不易塑性变形的缘故，这实际上反映了这两种不同的应力状态，在裂纹顶端屈服强度的不同。从图 7.26 可以看出，平面应变的塑性区比平面应力的塑性区小得多。对于厚板，表面是平面应力状态，而心部则为平面应变状态。

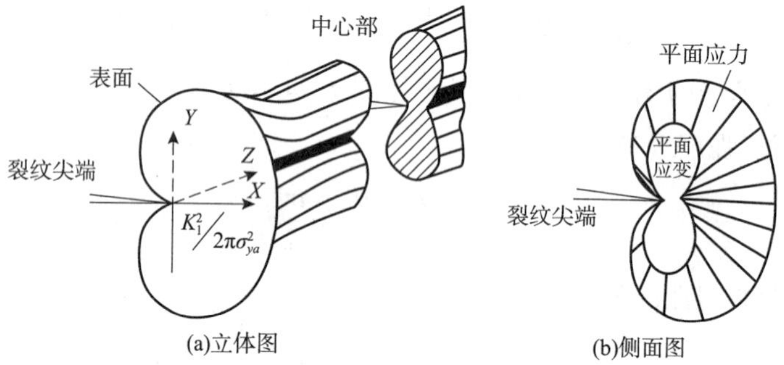

图 7.26　板件塑性区的三维图

7.3.10　有效屈服应力与塑性约束系数

通常将引起塑性变形的最大主应力，称为有效屈服应力，定义为 σ_{ys}。

有效屈服强度 σ_{ys} 与单向拉伸屈服强度 σ_s 之比，称为塑性约束系数 C。

$$C = \frac{\sigma_{ys}}{\sigma_s} \tag{7.85}$$

根据最大切应力理论，平面应力状态条件时：

$\sigma_3 = 0$，则有：$\sigma_{ys} = \sigma_1 = \sigma_s$，$C = 1$。

平面应变状态时，$\sigma_3 = 2\mu\sigma_1$，依据 $\sigma_1 - \sigma_3 = \sigma_s$，则有：

$$\sigma_{ys} = \frac{\sigma_s}{1 - 2\mu} \tag{7.86}$$

此时：$C = 1/(1 - 2\mu)$，取 $\mu = 1/3$，可得：$\sigma_{ys} = 3\sigma_s$，$C = 3$。

实际上平面应变状态下的有效屈服强度并没有那么大，对具有环形缺口的圆柱形试样进行拉伸试验，所得到的 σ_{ys} 为：

$$\sigma_{ys} = (2 \times 2^{1/2})^{1/2}\sigma_s = 1.7\sigma_s,\ C = 1.7 \tag{7.87}$$

最常用的塑性区的表达式如下：

$$r_0 = \frac{1}{2\pi}\left(\frac{K_I}{\sigma_s}\right)^2，\text{平面应力} \tag{7.88}$$

$$r_0 = \frac{1}{4 \times 2^{1/2}\pi}\left(\frac{K_{\text{I}}}{\sigma_s}\right)^2，平面应变 \tag{7.89}$$

7.3.11 等效裂纹模型与应力强度因子修正

线弹性断裂力学是以理想线弹性体为研究对象，而大多数金属材料，其裂纹尖端不可避免地会产生一个或大或小的塑性区，从而使线弹性断裂力学在应用上受到限制。当裂纹尖端塑性区尺寸较小时，在小范围屈服情况下，此时认为在产生屈服后，裂纹尖端的应力场中弹性应力占主导地位，裂纹尖端的应力场，仍然由弹性应力场控制。这样根据线弹性断裂力学计算得处的公式进行适当的修正后仍然可适用。即线弹性断裂力学仍然有效。当弹性应力超过材料的有效屈服强度 σ_{ys}，便产生塑性变形，使应力重新分布，其原始塑性区就是上面公式所表示的 r_0。在塑性区 r_0 范围内如果不考虑形变强化，其应力可视为恒定的，则高出 σ_{ys} 的部分将产生应力松弛。

由于裂纹尖端的应力松弛后塑性区的进一步增大，产生两种后果：

(1) 裂纹体的刚性下降，其效果相当于裂纹长度的增加。

(2) 裂纹尖端的应力场发生变化，因而裂纹尖端应力强度因子 K 也发生变化。

总的来说，塑性区的增加使裂纹体的裂纹长度增加了。应力松弛的结果，使原屈服区外周围弹性区的应力增大，相当于 BC 线向外推移到 EF 位置。应力松弛后的塑性区如图 7.27 所示。

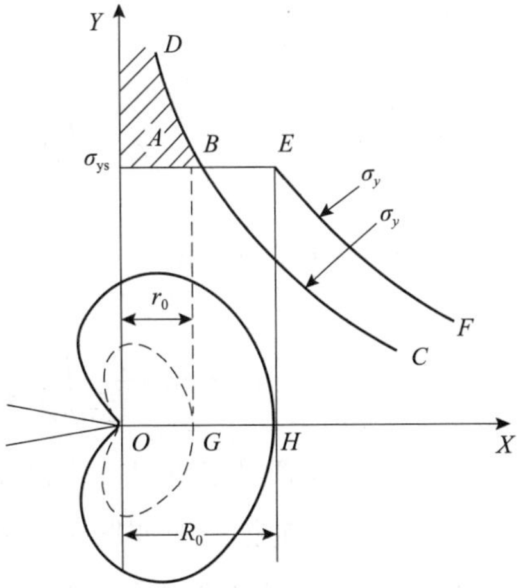

图 7.27 应力松弛后的塑性区

应力松弛的结果使塑性区从 r_0 扩大到 R，扩大后的塑性区 R 如何来计算，从能量的角度直观地看，阴影线面积 DBA = 矩形面积 $BGHE$，用积分的形式表示为：

$$\int_0^{r_0} \frac{K_{\text{I}}}{(2\pi r)_{1/2}} \mathrm{d}r = \sigma_{ys} R \tag{7.90}$$

平面应力状态下，将 r_0 的计算公式代入到式(7.91)可得：

$$R = \frac{1}{\pi}\left(\frac{K_{\text{I}}}{\sigma_{\text{s}}}\right)^2 = 2r_0 \tag{7.91}$$

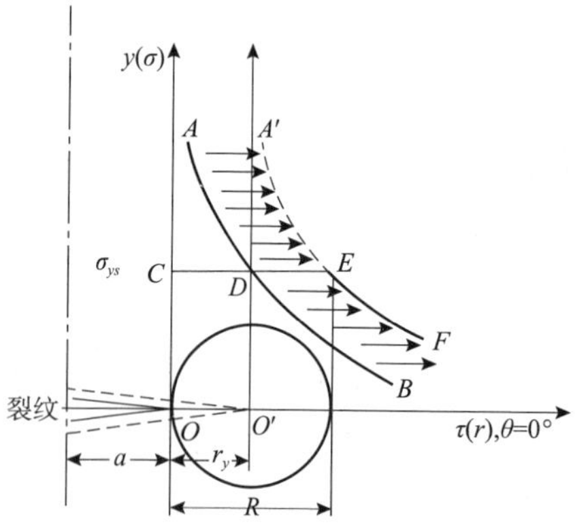

图 7.28 等效效裂纹模型

平面应变状态下，考虑应力松弛后，也同样得到扩大后的塑性区尺寸 R 为：

$$R=\frac{1}{2\times 2^{1/2}\pi}\left(\frac{K_{\mathrm{I}}}{\sigma_{\mathrm{s}}}\right)^{2}=2r_0 \quad (7.92)$$

裂纹原长为 a，增大到 $a_{\mathrm{eff}}=a+r_{\mathrm{s}}$。裂纹尖端由 o 点增长到 o' 点，如图 7.28 所示，这一模型称为 Iwrin 等效裂纹模型，a_{eff}为等效裂纹长度。

根据图 7.28 可得，E 点重合的条件：

$$\frac{K_{\mathrm{I}}}{\sqrt{2\pi(R-r_{\mathrm{s}})}}=\sigma_{ys} \quad (7.93)$$

可得：

$$\frac{K_{\mathrm{I}}}{\sqrt{2\pi(R-r_{\mathrm{s}})}}=\sigma_{ys} \quad (7.94)$$

平面应力状态下，$\sigma_{ys}=\sigma_{\mathrm{s}}$，$R=\frac{1}{\pi}\left(\frac{K_{\mathrm{I}}}{\sigma_{\mathrm{s}}}\right)^{2}$，可得：

$$r_{\mathrm{s}}=\frac{1}{\pi}\left(\frac{K_{\mathrm{I}}}{\sigma_{\mathrm{s}}}\right)^{2}-\frac{1}{2\pi}\left(\frac{K_{\mathrm{I}}}{\sigma_{\mathrm{s}}}\right)^{2}=\frac{1}{2}R \quad (7.95)$$

平面应变状态下，$\sigma_{ys}=\sqrt{2\sqrt{2}}\sigma_{\mathrm{s}}$，$R=\frac{1}{\pi}\left(\frac{K_{\mathrm{I}}}{\sigma_{\mathrm{s}}}\right)^{2}$，可得：

$$r_{\mathrm{s}}=\frac{1}{2\sqrt{2}\pi}\left(\frac{K_{\mathrm{I}}}{\sigma_{\mathrm{s}}}\right)^{2}-\frac{1}{2\pi}\left(\frac{K_{I}}{\sqrt{2\sqrt{2}}\sigma_{\mathrm{s}}}\right)^{2}=\frac{1}{2}R \quad (7.96)$$

从上面的计算可以看出，无论使平面应力状态还是平面应变状态，r_{s} 恰好使 R 的一半，即 r_{s} 为松弛时屈服区尺寸的一半。

得到 r_{s} 后，即可算出等效裂纹长度：

$$a_{\mathrm{eff}}=a+r_{\mathrm{s}} \quad (7.97)$$

相应的应力强度因子为：

$$K'_{\mathrm{I}}=Y\sigma\sqrt{\pi(a+r_{\mathrm{s}})} \quad (7.98)$$

这就是塑性区存在时，应力强度因子的修正式。

等效裂纹模型是一个近似模型，根据这一模型得出的应力分布规律与真实的应力分布规律由差别，其偏差随着裂纹尖端塑性区尺寸的增加而增加。当塑性区尺寸足够小时，两者非常接近。此时，可以采用下式表示塑性区外弹性应力场的分布：

$$\sigma_y(r,\ 0)=\frac{K_{\mathrm{I}}'}{\sqrt{2\pi r'}} \tag{7.99}$$

式中，r'为以 O'点为原点的极坐标，$r'=r-r_s$，用 K_{I}'表示裂纹尖端应力场强度，K_{I}'为等效应力强度因子。

在小范围屈服条件下，用来表示塑性区外弹性应力场强弱的等效应力强度因子仍然使决定裂纹能否扩展的控制参量。将 r_s 代入等效应力强度因子的表达式中，可得到塑性区修正后的等效应力强度因子 K_{I}'为：

$$K_{\mathrm{I}}'=M_p Y\sigma\sqrt{\pi a} \tag{7.100}$$

式中，$M_p=\dfrac{1}{\sqrt{1-0.5\left(\dfrac{Y\sigma}{\sigma_s}\right)^2}}$，平面应力；$M_p=\dfrac{1}{\sqrt{1-\dfrac{1}{4\sqrt{2}}\left(\dfrac{Y\sigma}{\sigma_s}\right)^2}}$，平面应变。

7.3.12 裂纹扩展能量释放率 *G*

1920 年 Griffith 通过对玻璃丝的实际研究提出：裂纹扩展时释放处的弹性应变能供给形成新裂纹所需要的能量。

G 准则是指从含裂纹体在裂纹失稳扩展的瞬间的能量转化平衡来研究断裂发生时应满足的关系。裂纹扩展过程中要消耗能量，如裂纹扩展，裂纹表面要增加，形成新表面后，裂纹表面能增加。金属材料，裂纹扩展前都要产生塑性变形，裂纹扩展需要消耗塑性功。裂纹扩展过程中外力对裂纹体做功及裂纹体内能要发生变化，因而可以根据裂纹扩展前后的能量变化对裂纹扩展进行研究。

有一厚度为 B 的裂纹体，其裂纹长度为 a，若其裂纹长度扩展了 $\mathrm{d}a$，则在此过程中载荷作用的外力功为 $\mathrm{d}w$，体系弹性应变能变化了 $\mathrm{d}U$，形成裂纹新表面需要的表面能增加 $\mathrm{d}\Gamma$，在裂纹扩展过程中需要消耗的塑性功为 $\mathrm{d}p$，假设裂纹扩展过程为绝热、静载过程，不考虑热量变化和裂纹扩展的功能，则根据能量转化和守恒定律，外力所做的功等于体系内能的变化，则有：

$$\mathrm{d}w=\mathrm{d}U+\mathrm{d}\Gamma+\mathrm{d}p \tag{7.101}$$

将 $\mathrm{d}U$ 移到等号的左边，可得：

$$\mathrm{d}w-\mathrm{d}U=\mathrm{d}\Gamma+\mathrm{d}p \tag{7.102}$$

式中，$\mathrm{d}w-\mathrm{d}U$ 表示裂纹扩展 $\mathrm{d}a$ 时系统释放的能量，即驱动裂纹扩展的动力。$\mathrm{d}\Gamma+\mathrm{d}p$ 表示裂纹扩展 $\mathrm{d}a$ 过程所需消耗的能量，即裂纹扩展的阻力，它由材料本身的韧性好坏决定。

裂纹扩展单位面积系统释放出来的能量称为裂纹扩展能量释放率(裂纹扩展力)，记为 G，若试样厚度为 B，裂纹长度为 a，则 $\mathrm{d}A = B\mathrm{d}a$

$$G = -\frac{\partial \pi}{B\partial a} = \frac{\partial W}{B\partial a} - \frac{\partial U}{B\partial a} \tag{7.103}$$

总势能为 $\pi = U - W$。或写成：

$$G = -\left(\frac{\partial U}{\partial A}\right)_{\delta} = -\frac{1}{B}\left(\frac{\partial U}{\partial a}\right)_{\delta} \tag{7.104}$$

裂纹扩展单位面积系统所消耗的能量称为临界裂纹扩展能量释放率或裂纹扩展阻力，记为 G_c或者 R。

$$G_c = \frac{\partial \Gamma}{B\partial a} + \frac{\partial p}{B\partial a} \tag{7.105}$$

裂纹的扩展条件可以写成：

$$G = G_c \tag{7.106}$$

以Ⅰ型裂纹为例，可以写成：

$$G_{\mathrm{I}} = G_{\mathrm{Ic}} \tag{7.107}$$

G_{Ic}和 K_{Ic}都是材料常数，与裂纹长度无关。由试验测定，这就是从能量分析出发得到的评定裂纹扩展的准则，即 G 准则。量纲为 N/m。

G 的计算涉及 U 随裂纹面积增加的变化，由弹性力学中的贝蒂倒易定理可知，第一系统的力对第二系统的位移所做的功等于第二系统的力对第一系统的位移所做的功。

$$\int \overrightarrow{Tu'}\mathrm{d}s + \int \overrightarrow{fu'}\mathrm{d}s = \int \overrightarrow{T'}\vec{u}\mathrm{d}s + \int \overrightarrow{f'}\vec{u}\mathrm{d}s \tag{7.108}$$

第一态和第二态利用贝蒂倒易定理有：

$$\int_{S_B} \overrightarrow{Tu}\mathrm{d}s = \int_{S_B} \overrightarrow{Tu'}\mathrm{d}s + \int_{\delta s} \vec{T}^{*}\vec{u}'\mathrm{d}s \tag{7.109}$$

式中，S_B 表面力 T 作用的外表面，$\vec{T}^{*} = \sigma_{ij}n_j$。

$$\delta U = \frac{1}{2}\int_{S_B} \vec{T}\vec{u}'\mathrm{d}s - \frac{1}{2}\int_{S_B} \overrightarrow{Tu}\mathrm{d}s = -\frac{1}{2}\int_{\delta s} \vec{T}^{*}\vec{u}'\mathrm{d}s \tag{7.110}$$

计算 δU，需要知道在新增的裂纹表面上原有的应力分量和扩展后的位移，没有必要计算整个应变能，这是一个重要的简化。

7.3.13 能量释放率 G 和应力强度因子 K 的关系

K 理论和 G 理论的出发点不同，但所研究问题的实质只有一个，是从不同角度对断裂这一问题的研究，因此，两者存在着某种联系。以Ⅰ型裂纹为例，假设两端固定，这样当裂纹扩展时，板的应变能就会降低，很显然，裂纹扩展时释放出来的应变能，在数值上应等于使扩展后的裂纹重新闭合倒原来状态所做的功。

设由以裂纹长度为 a 的裂纹，当裂纹扩展 b 后，裂纹扩展单位面积使弹性体释放出来的能量为 G_{I}，它等于裂纹扩展处的应力由开裂前的值降到开裂后的零值时所做的功。从另一个角度讲，当裂纹扩展 b 长度时所释放出的能量，应等于外力使裂纹闭合长度 b 时所做的功。

平面应变时：
$$G_{\mathrm{I}} = \frac{1-\mu^2}{E}K_{\mathrm{I}}^2 \tag{7.111}$$

平面应力时：
$$G_{\mathrm{I}} = \frac{1}{E}K_{\mathrm{I}}^2 \tag{7.112}$$

合写为：
$$G_{\mathrm{I}} = \frac{1}{E'}K_{\mathrm{I}}^2 \tag{7.113}$$

式中，$E' = \begin{cases} \dfrac{E}{1-\mu^2}，平面应变状态 \\ E，平面应力状态 \end{cases}$

对于Ⅱ型和Ⅲ型裂纹用同样的方法也可以推导出类似的关系：

$$G_{\mathrm{II}} = \frac{1}{E'}K_{\mathrm{II}}^2 \tag{7.114}$$

$$G_{\mathrm{III}} = \frac{1}{E'}K_{\mathrm{III}}^2 \tag{7.115}$$

式中，$E' = \begin{cases} \dfrac{E}{1-\mu^2}，平面应变状态 \\ E，平面应力状态 \end{cases}$

当裂纹达到失稳扩展临界状态时，K，G 将分别达到某一临界值（K_{C}，G_{C}），显然 K_{C}，G_{C}也应该满足 K，G 之间的关系，以Ⅰ型裂纹为例平面状态下有：

$$G_{\mathrm{Ic}} = \frac{1-\mu^2}{E}K_{\mathrm{Ic}}^2 \tag{7.116}$$

K 不仅表示裂纹尖端附近弹性应力场的强度，而且它的平方也确定了裂纹扩展时的能量释放率，所以研究线弹性断裂问题，采用 K 理论和 G 理论是等价的。

7.3.14 *K*主导区、线弹性断裂力学的适用范围

对于理想线弹性材料，裂纹尖端弹性应力场的强弱决定于裂纹是否开裂。在小范围屈服时，塑性区外广大弹性应力占主导地位，仍然是弹性应力场决定了裂

纹是否开裂，且认为塑性区外广大弹性应力场的分布规律与理想弹性情况相比，除作了一段平移外没有改变。塑性区尺寸很小时可以近似处理。

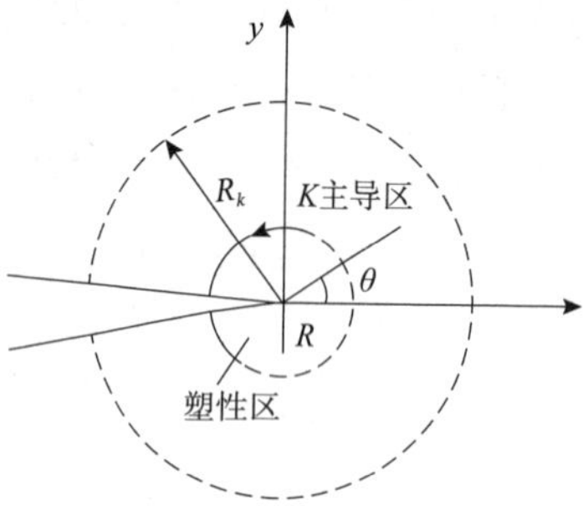

图 7.29　K主导区的示意图

在线弹性断裂分析中，裂纹尖端存在一个 K 主导区，在该区域内部的应力场是由主应力项决定，K 值是控制该主导区应力场强度的单一参量，只要裂纹尖端的屈服区在 K 主导区以内，线弹性断裂准则就仍然适用。K 主导区尺寸可由主应力项与准确应力场相比较，两者相差小于某一允许范围的最大尺寸就是 K 主导区尺寸 R_K。不同试件和不同载荷情况下 R_K 值不同，K 主导区的示意图如图 7.29 所示。

例如：无限大板，在 $\theta=0$ 截面应力的准确值和主应力项相比，$r/a=0.02$ 时，相差 2%，$r/a=0.05$ 时，相差 4%。

采用线弹性断裂准则 $K_{\mathrm{I}}=K_{\mathrm{Ic}}$ 时，在平面应变状态下，为测出稳定的断裂韧性 K_{Ic} 时，当试件厚度为 B，裂纹长度为 a 时，必须满足下面的条件：

$$B\geqslant 2.5\left(\frac{K_{\mathrm{Ic}}}{\sigma_{\mathrm{s}}}\right)^2,\ a\geqslant 2.5\left(\frac{K_{\mathrm{Ic}}}{\sigma_{\mathrm{s}}}\right)^2 \tag{7.117}$$

塑性区尺寸代入可得：

$$\frac{R}{B}\leqslant 0.04,\ \frac{R}{a}\leqslant 0.04 \tag{7.118}$$

若满足小范围屈服条件，要求屈服尺寸远远小于裂纹体的特征长度 B 和 a。

平面应力下塑性区尺寸为 $R=\dfrac{1}{\pi}\left(\dfrac{K_{\mathrm{I}}}{\sigma_{\mathrm{s}}}\right)^2$，平面应变下塑性区尺寸为 $R=\dfrac{1}{2\sqrt{2}\pi}\left(\dfrac{K_{\mathrm{I}}}{\sigma_{\mathrm{s}}}\right)^2$。代入 $K_{\mathrm{I}}=\sigma\sqrt{\pi a}$ 可得：

$$\frac{R}{a}=\left(\frac{\sigma}{\sigma_{\mathrm{s}}}\right)^2（平面应力） \tag{7.119}$$

$$\frac{R}{a}=\frac{1}{2\sqrt{2}}\left(\frac{\sigma}{\sigma_{\mathrm{s}}}\right)^2=0.354\left(\frac{\sigma}{\sigma_{\mathrm{s}}}\right)^2（平面应变） \tag{7.120}$$

若在 $R/a\leqslant 0.04$ 时，相应的应力水平该限制在：

$$\frac{\sigma}{\sigma_{\mathrm{s}}}\leqslant 0.2，平面应力 \tag{7.121}$$

$$\frac{\sigma}{\sigma_{\mathrm{s}}}\leqslant 0.35，平面应变 \tag{7.122}$$

若将 $R/a \leqslant 0.1$ 作为小范围屈服条件时，相应的应力水平该限制在：

$$\frac{\sigma}{\sigma_s} \leqslant 0.3，平面应力 \tag{7.123}$$

$$\frac{\sigma}{\sigma_s} \leqslant 0.5，平面应变 \tag{7.124}$$

只有在低应力下的断裂才能算小范围屈服的线弹性断裂。当发生断裂时的外加载荷低于全塑性屈服载荷大约一半时，线弹性断裂准则是可用的。

(1)对于高强度钢，屈服应力高，塑性尺寸小，容易发生小范围屈服的线弹性断裂。

(2)对于厚度大的平面应变情况属于小范围屈服的线弹性断裂，对于足够厚的中、低强度钢，也由可能属于这种情况。

(3)当裂纹长度 a 小时，断裂应力大，会超出小范围屈服的范围。当 a 大时，断裂应力小，容易属于小范围屈服的范围。

7.4　疲劳断裂基础

(1)交变应力

随时间作交替变化的应力是交变应力。火车轮轴的受力图和弯矩分别如图7.30所示。

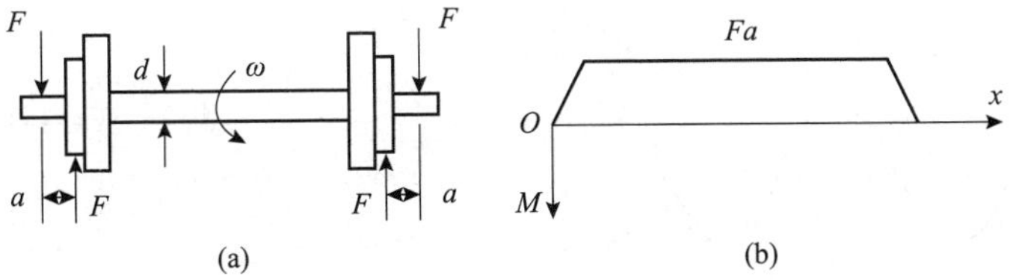

图7.30　火车轮轴的受力图和弯矩图

力 F 和弯矩不随时间变化，但因轴以速度 w 旋转，使其横截面上任一点 k 到 z 轴的距离为 t 的函数，如图7.31所示，k 点的正应力为：

$$\sigma_k = \frac{My}{I_z} = \frac{Fad/2}{I_z}\sin\ \omega\ t = \sigma_{max}\sin\ \omega\ t \tag{7.125}$$

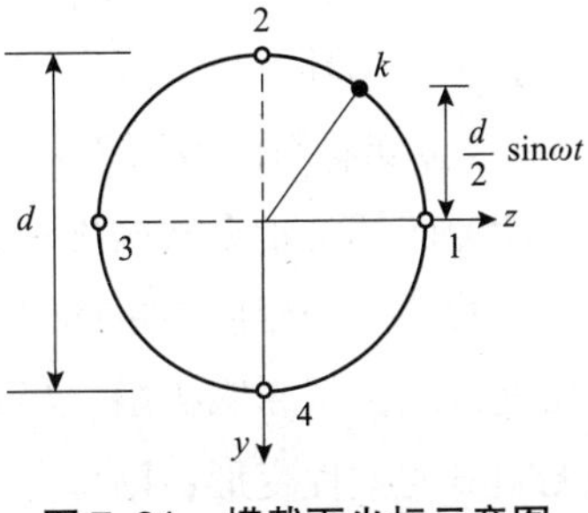

图7.31　横截面坐标示意图

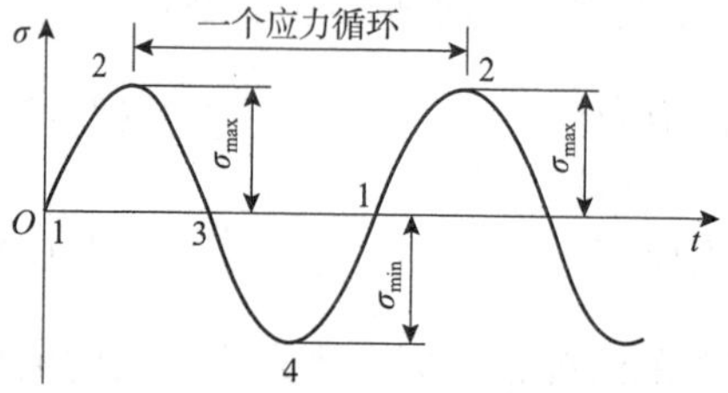

图 7.32　火车轮轴的受力应力谱

可见 σ_k 随时间 t 是按正弦规律变化的，如图 7.32 所示。

$\sigma-t$ 曲线称为应力谱。应力重复变化一次的过程，称为一个应力循环。应力重复变化的次数，称为应力循环次数。

(2)交变应力的基本参量

为了表示交变应力中应力变化的情况，引入几个基本参量。

①循环特征(应力比)。

$$r=\frac{\sigma_{min}}{\sigma_{max}}(\text{拉、压、弯曲}) \tag{7.126}$$

$$r=\frac{\tau_{min}}{\tau_{max}}(\text{扭转}) \tag{7.127}$$

②应力幅。

$$\Delta\sigma=\sigma_{max}-\sigma_{min}\Delta\tau=\tau_{max}-\tau_{min} \tag{7.128}$$

注意：最大应力和最小应力均带正负号。

特例：$r=0$，脉动循环($\sigma_{min}=0$)，如图 7.33 所示；$r=1$，静应力($\sigma_{max}=\sigma_{min}$)，如图 7.34 所示。

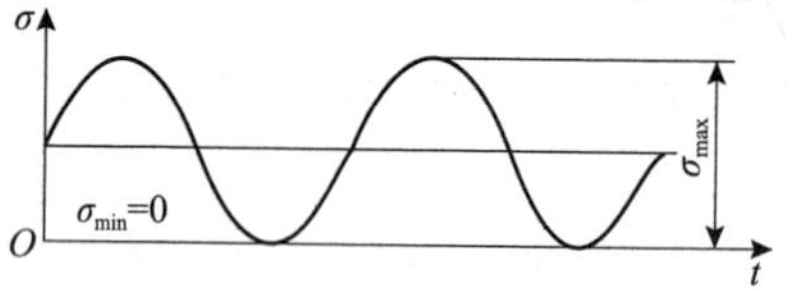

图 7.33　脉动循环的应力谱

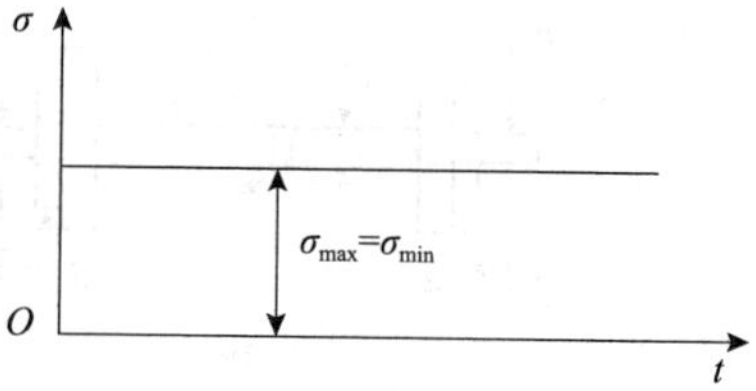

图 7.34　静应力的应力谱

对称循环：$r=-1$，$\sigma_{max}=-\sigma_{min}$；

非对称循环：$r\neq-1$。

(3)金属材料的疲劳破坏

疲劳破坏是指金属构件在长期交变应力作用下所发生的断裂破坏。疲劳破坏的主要特征：交变应力中的最大应力达到一定值，但最大应力小于静荷载下材料的强度极限甚至屈服极限，经过一定的循环次数后突然断裂；塑性材料在断裂前也无明显的塑性变形；断口分为光滑区和粗糙区。

疲劳破坏的过程如图7.35所示，主要包括三个阶段：

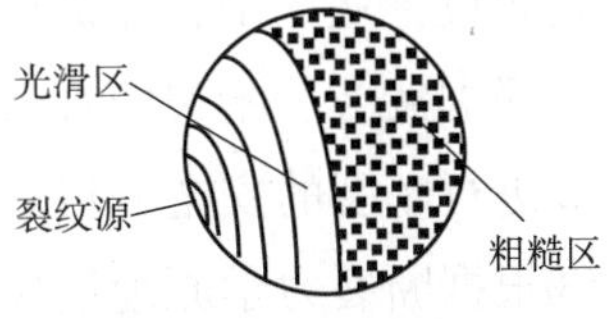

图7.35　疲劳破坏过程的示意图

第一阶段：疲劳裂纹的形成。

构件中的最大工作应力达到一定值时，经过一定的循环次数后，在高应力区形成微观裂纹—裂纹源。

第二阶段：疲劳裂纹的扩展。

由于裂纹的尖端有高度的应力集中，在交变应力作用下，微观裂纹逐渐发展成宏观裂纹，并不断扩展。裂纹两侧的材料时而张开，时而压紧，形成光滑区。

第三阶段：脆性断裂。

疲劳裂纹不断扩展，有效面积逐渐减小，当裂纹长度达到临界尺寸时，由于裂纹尖端处于三向拉伸应力状态，裂纹以极快的速度扩展从而发生突然的脆性断裂，形成粗糙区。

(4)材料的疲劳极限

试验表明：在同一循环特征下，交变应力中的σ_{max}越大，发生疲劳破坏所经历的循环次数N越小，即疲劳寿命越短。反之σ_{max}越小，N越大，疲劳寿命越长。经过无限次循环不发生疲劳破坏时的最大应力称为材料的疲劳极限。用σ_r表示，r代表循环特征。σ_r与材料变形形式，循环特征有关，用疲劳试验测定。

弯曲对称循环时，σ_{-1}的测定。

弯曲疲劳试验机一台，标准(规定的尺寸和加工质量)试样一组。记录每根试样发生疲劳破坏的最大应力σ_{max}和循环次数N。绘出σ_{max}—N曲线(疲劳寿命曲线)，又称为$S-N$曲线(S代表正应力σ或切应力τ)。40cr钢的σ_{max}—N曲线如图6.8所示。可见σ_{max}降至某值后，σ_{max}—N曲线趋于水平，该应力即为σ_{-1}。图中$\sigma_{-1}=590\text{MPa}$。

7.5　基于断裂力学和疲劳理论的石油化工装备管理

(1)指导设计

疲劳、断裂知识的普及与否直接影响到断裂力学及疲劳强度在压力容器中应用的广度和深度。这个问题已日益得到了广泛的关注。基于断裂力学的考虑，一些新的设计思想已经逐步为人们所接受。在设计时估算裂纹及断裂应力、疲劳寿命已成为一项非常重要的工作。

指导设计从三个方面进行：

①根据疲劳、断裂的观点建立新方法、新准则。

②进行断裂的安全分析。

③根据断裂力学原理指导选材和制定热处理工艺。

对于指导选材和制定热处理工艺。一般而言，材料的强度和韧性之间存在着矛盾，使用强度高的材料可以节省材料且减轻重量，但随之带来材料的韧性较低，易发生低应力脆断。目前，一些重要结构(如核容器)均采用强度不太高的材料。此外，材料的强度和韧性还需要通过热处理来调节，使用高强度钢时，往往可以通过热处理使其强度降低而韧性提高，看上去常规强度的安全系数下降了，但是低应力脆断的安全系数增加了。

(2)制造与验收

制造与验收从两个方面进行：

①对刚制造出来的容器制定制造验收标准，即容器的制造验收标准。

②对在役压力容器在使用过程中发现缺陷后制定缺陷验收标准，即压力容器的缺陷安全评定。

疲劳、断裂的成就在工程上得到了非常有价值的应用，它解决了许多常规理论不能解决的问题。大体上有两个方面的应用。

①确定断裂应力(载荷)。当已知结构中的裂纹尺寸时，可估计出发生低应力脆断的临界应力 σ_c，从而可以计算出相应的断裂载荷。以线弹性断裂力学为例，断裂应力的计算公式如下：

$$\sigma_c = \frac{K_I}{Y\sqrt{\pi a}} \tag{7.129}$$

②确定断裂时的临界裂纹尺寸。当已知操作压力时，可以计算出发生低应力脆断裂的临界裂纹尺寸 a_c。以线弹性断裂力学为例，临界裂纹尺寸的计算公式如下：

$$a_c = \frac{1}{Y^2\pi}\left(\frac{K_{Ic}}{\sigma}\right)^2 \tag{7.130}$$

若所选用的使高强度低韧性材料，由于 K_{Ic} 低，发生断裂的临界裂纹尺寸 a_c 就小。a_c 确定后，根据此确定无损探伤检验中必须达到的精度。

除了以上两方面的应用外，还包括结构在疲劳裂纹扩展众多寿命容限分析，其实质是计算出经过多少次循环后裂纹扩展到 a_c，即得到裂纹的疲劳寿命。

对于焊缝而言，对于石油化工装备的焊缝内有无缺陷要求过于保守，而对焊缝表面质量不合格的容器继续使用。对于石油化工装备的使用者和制造者来说，如何保证石油化工装备满足使用要求是最为关键的，如果不了解缺陷对安全性的影响，不能估算石油化工装备可能的破坏方式及疲劳寿命，又如何能保证容器的安全使用。

在石油化工装备的使用过程中会遇到如下问题：

一般焊缝经过二次返修后，仍残存超标气孔和点状夹渣，按《缺陷评定标准》焊缝中存在的缺陷是不允许的，但第三返修同样也不允许，怎么办？

石油化工装备经整体消应力退火后，发现有漏检或漏修缺陷，是返修，然后局部退火呢，还是保留缺陷？

角变形或错口超标是否需要返修或采取其他补救措施？

不作任何处理对安全性带来多大影响？

偶然发现个别钢板质量不合格，或性能偏低，或分层超标，此时钢板是否需要更换？

焊接过程中出现了偏离焊工艺要求的情况，如焊接线能量过大或过小，个别焊缝预热后，热温度不够，怎么办？

对在役压力容器发现有缺陷怎么办？

以上问题都可以采用疲劳、断裂的知识加以解决，即压力容器的缺陷评定。

石油化工装备的断裂分析和一般试件的断裂分析存在一些差异：容器与试件在几何上的差异，是曲面而不是曲线；当容器产生裂纹时，就会在裂纹处发生局部膨胀，该部分壳体中就存在局部的附加弯曲应力，称为鼓胀效应；缺陷部分的应力、应变计算是很复杂的，有如下：

一次应力（P）：由外载荷的作用在容器中产生的正应力或剪应力，必须满足力和力矩的平衡方程，包括总体薄膜应力和一次弯曲应力；

二次应力（Q）：由于容器部件自身的约束或相邻部件约束产生正应力或剪应力，满足变形协调条件。

峰值应力（F）：接管、小的圆角半径或者小孔边缘等局部处由于载荷或结构形状的突变引起的局部应力集中，在所研究的范围内具有最高的应力值。值得注意的是：峰值应力的基本特征是整个结构不产生任何的显著变形，它仅是疲劳破坏或脆性断裂的潜在根源，这往往比压力容器常规设计时的应力计算复杂得多。也就是说进行压力容器缺陷评定时，在断裂分析之前必须作复杂的应力分析计算。

(3)事故分析

疲劳断裂在工程上应用是对断裂事故进行事故分析，通过对断裂事故分析，指出破坏的性质，确定裂纹扩展机制，找出断裂发生的原因，从而提出事故预防的措施，为以后安全生产指明方向。

当事故发生后，应从何处着手：

①工作状态的调查。调查断裂结构的工作条件、事故本身的情况，为以后分析提供材料。

②断口分析。采用放大镜、电镜对断裂表面进行宏观和微观分析。根据断口特征可以初步确定断裂机制，即断裂源、断裂类型、裂纹扩展方向和途径等。由此可以掌握裂纹产生的区域以及产生破坏的原因，从而可进一步对破坏处进行性能和应力分析；

③性能分析和组织结构分析。材料的工作条件不同，要求要有不同的性能，性能的差异影响到结构的可靠性，因此，必须进行断裂结构材料的性能的测试。对关键部件，需进一步测定其纤维组织结构，以了解性能差异的原因。

④力学分析。分析结构的受力状况，设计是否合理，了解材料的加工过程。尤其是要搞清楚载荷及应力情况，判断介质由什么影响，在此基础上进行断裂力学评定，确定应力强度因子，估算断裂载荷和裂纹容限。

⑤断裂机理的研究。根据断裂机理分析，可最后确定结构断裂的原因。

⑥指出经验教训，制定改进措施。

(4)案例分析

①存在裂纹的压力容器疲劳断裂分析。

压力容器这一广泛应用于工程中的结构形式，在来自压力波动、开停工时的压力交变等荷载作用下，通常会发生疲劳破坏。目前，在对压力容器进行工程设计时，通常采用疲劳设计曲线进行设计，如美国的 ASME Ⅲ、ASME Ⅷ－2 与中国的《钢制压力容量—分析设计标准》(JB 4732—1995)等，其设计方法是根据试验得到材料疲劳失效的平均寿命曲线，再按虚拟应力幅和循环次数分别取安全系数为2 和20，取两者中平均寿命较短的作为分析材料的疲劳设计曲线。这种疲劳分析方法是以无缺陷光滑试样的疲劳试验为基础制定的，其寿命包括裂纹萌生和扩展直至断裂的各个阶段；然而实际构件很可能已存在初始缺陷裂纹或宏观裂纹，其寿命仅指疲劳裂纹扩展部分。断裂力学理论是用于研究裂纹的产生及扩展规律的科学，其假设材料内有初始缺陷裂纹，并根据材料在使用荷载下裂纹扩展性质估算疲劳寿命。利用断裂力学理论的分析方法更能准确地确定压力容器在不同裂纹尺寸和形式下的疲劳寿命。因此，基于断裂力学理论，利用裂纹断裂判据和裂纹扩展的 Paris 表达式，推导出存在初始缺陷裂纹的压力容器在交变荷载作用下的临界裂纹尺寸 a_c。和裂纹疲劳扩展寿命 N。

有一材质为16MnR的径向反应器，其直径 $D=6100\text{mm}$，壁厚 $t=14\text{mm}$，反应器工作压力为3.5MPa，工作循环压力为0～3.5MPa，16MnR钢在15℃时断裂韧度指标 $J_{Ic}=51.3\text{kJ}\cdot\text{m}^{-2}$，16MnR钢的屈服强度为 $\sigma_s=345\text{MPa}$，弹性模量 $E=2.08\text{MPa}$，泊松比 $\mu=0.3$，裂纹扩展速率 $\frac{da}{dN}=7.97\times10^{-10}(\Delta K)^{3.52}$。在小范围屈服条件下，16MnR钢的断裂韧度指标 $K_{Ic}=\sqrt{\frac{EJ_{Ic}}{1-\mu^2}}=3420\text{N}\cdot\text{mm}^{-3/2}$。压力容器的临界裂纹尺寸可以通过下式计算：

$$a_c=\frac{K_{Ic}}{\pi[1+2a_c'^2\times1.61/(DW)]^{1/2}\sigma^2} \tag{7.131}$$

利用式(7.132)可以得到压力容器存在不同缺陷尺寸时的临界裂纹尺寸，如表7.5所示。

表7.5　不同初始裂纹的临界裂纹尺寸

序号	1	2	3	4	5
a/b	0.1	0.2	0.3	0.4	0.5
φ	1.0148	1.0505	1.0695	1.1507	1.2111
a_c/mm	34.7	37.6	39.1	46.2	51.7
序号	6	7	8	9	10
a/b	0.6	0.7	0.8	0.9	1.0
φ	1.2764	1.3456	1.4181	1.4935	1.5708
a_c/mm	52.6	65.2	73.0	81.5	90.8

②换热器试运行期间管束焊缝发生疲劳断裂分析

由于换热器结构的复杂性和使用工况的多样性，常引发多种形式的失效。造成换热器管子与管板连接接头的失效原因是多方面的，如接头因高温应力松弛失效；管束在流体的冲击下产生振动，导致接头的疲劳破坏；操作不当使温度和压力频繁波动引起的循环载荷所导致的疲劳失效等。设备的失效与制造、安装和操作等都密切相关。设备在运行期间即发生失效尚少见，本例换热器管在试运行当天就发生断裂失效，具有典型性，分析、总结其断裂原因，对指导换热器的制造、运输和安装具有重要的实用价值。

失效的冷凝器管束为304L不锈钢，管板为16Mn复合304L不锈钢板，为固定管板式换热器。壳程介质为冷却水，工作压力0.7MPa，工作温度38℃；管程

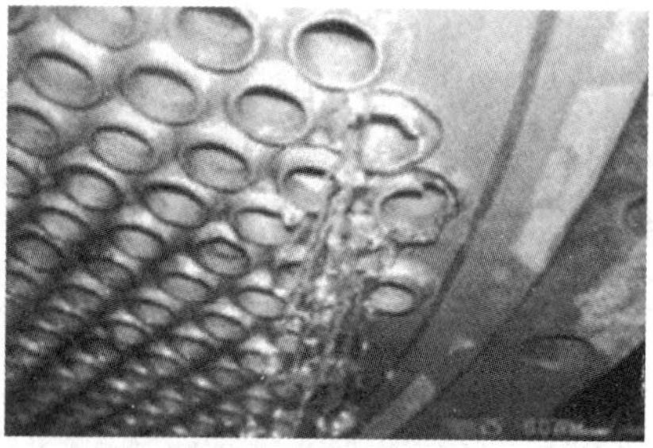

图 7.36　泄漏现场照片

介质为水蒸气 + 少量有机物，工作压力 -80kPa，工作温度 47℃。新设备安装后进行试运行，试运行期间壳程通入循环水，流量 $Q = 510m^3/h$。管内通入蒸汽，密度 $600kg/m^3$。但试运行发现壳程的真空度无法达到，同时发现管程的液位异常升高。打开设备发现有多根管子在焊缝处断裂并泄漏。从试运行到泄漏约 24h，如图 7.36 所示为泄漏现场照片。

通过对材料化学成分分析、断口分析和金相分析，304L 不锈钢管子与管板连接处的焊缝开裂是振动疲劳所致；振动的来源为换热器试运行期间循环水导致的管子振动频率与管子的固有振动频率接近而产生共振；胀接不合格、焊接缺陷加速了管束的疲劳失效。

思考题

1. 压力容器断裂事故的主要原因是什么？
2. 裂纹形成的机理是什么？
3. 裂纹源的判别方法有哪些？
4. 裂纹的类型有哪些，特点分别是什么？
5. *K* 准则的基本原理是什么？
6. 疲劳断裂的三个阶段是什么？
7. 断裂力学和疲劳理论的石油化工装备管理中的应用有哪些？
8. 石油化工装备事故分析的步骤有哪些？

第 8 章　石油化工装备的节能管理

8.1　石油化工装备节能管理的意义

随着我国经济的快速发展，能源消费需求和消耗也在不断变大。从 20 世纪末开始，我国已经从能源输出国变化成为能源进口大国，能源安全已经成为保障经济长远发展和国家安全的重要因素之一。如何节约和充分利用能源已成为首先要考虑的问题，过去我国在经济取得飞速增长的同时，付出很大的能源代价，经济的发展与能源的矛盾逐渐尖锐，这种情况与经济结构的不合理、增长方式过于粗放有直接关系。

在由中国石油和化学工业联合会主办的《石油和化学工业“十四五”发展指南》发布会上，石化联合会和 17 家企业及园区共同发出《中国石油和化学工业碳达峰与碳中和宣言》。《宣言》从推进能源结构清洁低碳化、大力提高能效、提升高端石化产品供给水平、加快部署二氧化碳捕集利用、加大科技研发力度、大幅增加绿色低碳投资强度等 6 方面提出倡议并做出承诺，号召全行业共同行动起来，助力我国稳步实现“碳达峰”“碳中和”目标任务。碳排放与能源消费息息相关。工业部门能源消耗占全球总能耗的 40%，石化和化工行业碳排放量约占工业总排放的 20%，碳达峰与碳中和目标的提出，石油和化学工业首当其冲地面临着严峻的碳减排压力。石油和化学工业将积极应对成本、技术、工艺、管理、替代能源竞争等诸多挑战，推动实现低碳化发展和碳中和目标。

国家能源安全战略举措保障之一就是工业节能。随着我国国家经济快速发展，特别是医药、化工行业的迅猛发展，石油需求将不断增长，供需矛盾会越来越大。如果不采取行之有效的措施加以控制，石油的供需将对我国经济安全带来负面影响。如何解决这个问题，编者认为，一方面要加强开源，不但要进口国外资源，而且要加大国内石油勘探，积极研发生物能源；另一方面，要提倡节约，利用新技术，提高利用效率，降低损耗。

石化企业不但是产能大户，同时又是能源消耗大户。对石化企业而言，如何在发展生产、追求效益最大化的同时，紧紧围绕节能目标，着力构建差异化能源管理体系，持续提高能耗利用效率，是迫切需要解决和深入研究的问题。

8.2　石油化工装备节能管理相关理论

(1)可持续发展理论

可持续发展是人类深刻反思和总结后提出的一种注重长远发展的经济增长模式，最早于1972年提出，主要关注的是环境影响。可持续发展的概念是指既满足当代人的需求，又不损害后代人满足其需求的能力。

中国推进可持续发展战略的指导思想：以科学发展为主题，以加快转变经济发展方式为主线，以发展经济为第一要务，以提高人民群众生活质量和发展能力为根本出发点和落脚点，以改革开放、科技创新为动力，全面推进经济绿色发展，社会和谐进步。中国推进可持续发展战略的总体目标：人口总量得到有效控制、素质明显提高，科技教育水平明显提升，人民生活持续改善，资源能源开发利用更趋合理，生态环境质量显著改善，可持续发展能力持续提升，经济社会与人口资源环境协调发展的局面基本形成。推进可持续发展战略的重要着力点是建设资源节约型和环境友好型社会。

传统发展观把工业增长作为衡量社会发展的唯一标准，把工业化水平和由此产生的工业文明作为实现现代化的标志，认为一个国家的国民生产总值高就代表这个国家是经济强国，而单纯片面地追求国民生产总值增长的发展战略导致发展难以持续，以牺牲资源和生态环境为代价的发展，将导致整个生态系统的失衡。传统发展观所表现的经济繁荣有很大的虚假性。目前，任何国家要增强自身的综合国力都无法回避资源问题，日益突出的资源和环境问题向人类社会提出了严峻的挑战，这些问题向经济、科技以及社会的发展提出了更高要求，可持续发展是科学发展观的基本要求之一，既要使经济得到发展，又要保护好人类赖以生存的生态环境和自然资源，使子孙后代能够永续发展。可持续发展与环境保护既有联系，又不完全相同，可持续发展的核心是发展，要求在严格控制人口数量、提高人口素质和保护环境资源的前提下进行经济和社会的发展，环境保护是可持续发展的重要方面，人是可持续发展的中心体，只有可持续长久的发展才是真正的发展。对于任何国家的可持续发展道路，世界上都没有现成的经验可循，更没有统一的模式。不同国家所处的发展阶段不同，面临的发展任务和资源环境禀赋各异，决定了可持续发展的模式也非一成不变。

我国石油化工行业经历了快速发展，也取得了一定的成绩，但随着国际石油化工行业竞争加剧，我国长期的粗放式发展导致该行业一些深层次的矛盾日益显现，我国石油化工行业国际竞争力与自主创新能力不强，特别是工艺技术和装备与国际水平相比仍落后十几年，行业的快速发展与资源短缺的矛盾，还有相当部分化工企业和地方政府对环境制约的严重性和紧迫感还缺乏足够认识，这些矛盾阻碍着我国石油化工行业可持续发展的进程。石油化工行业作为支柱产业，在我国社会和经济发展中占据十分重要的地位，实现石油化工行业的可持续发展是实现整个社会经济可持续发展目标的基本保证。

首先，加强法制建设，逐步建立和完善监管体制和执法监督体系，保障节能法律法规的实施，制定并适时修改节能的各项标准和相关规范，使石油化工企业可持续性发展有法可依。

其次，要推动技术创新和技术进步，优化和调整用能结构，实现有效利用各种能源资源，开展节能技术和产品的推广宣传，鼓励企业进行节能投资，加快先进技术的自主开发和产业化步伐，将企业的经济效益与社会效益、环境效益相结合，以实现可持续发展。

再次，企业基于可持续发展的理念，加强节能管理，建立能源管理体系，培育管理人才，促使企业全体员工加入节能管理，保证节能工作贯穿在企业生产经营的全过程。

(2)工业节能相关理论

节能就是应用技术上可行、经济上合理、环境和社会可以接受的方法来有效地利用能源。工业节能是节能的一个重要领域，即工业领域的节能减排。《中共中央关于制定十四五规划的建议》中明确指出：强化国土空间规划和用途管控，落实生态保护、基本农田、城镇开发等空间管控边界，减少人类活动对自然空间的占用。强化绿色发展的法律和政策保障，发展绿色金融，支持绿色技术创新，推进清洁生产，发展环保产业，推进重点行业和重要领域绿色化改造。推动能源清洁低碳安全高效利用。发展绿色建筑。开展绿色生活创建活动。降低碳排放强度，支持有条件的地方率先达到碳排放峰值，制定二〇三〇年前碳排放达峰行动方案。

工业企业的能源消费量占全国能源消费总量的70%左右，其中钢铁、石油、化工、有色、煤炭、造纸、电力、建材、纺织等9大重点耗能行业用电量占整个工业企业用电量的60%以上，但单位平均能耗却比国外先进水平高出40%，分析各个行业的能耗现状及浪费情况，合理选用相应的节能技术和产品，有效地降低工业能耗，以达到节能减排的目的。

石油化工是国民经济中的重要原材料工业。我国生产的化工产品中，有70%以上直接为农业、轻纺工业提供化肥、农药、配套原料和生活必需品，所以和国民经济各部门的发展以及人民生活水平的提高有极大关系。石油化工企业的节能途径主要包括结构节能、管理节能和技术节能。

管理节能又可以分为宏观调控层次和企业经营管理层次，企业的节能管理一般经历三个阶段：

第一阶段：节能工作的起步阶段。通过加强管理企业的相关部门及员工，减少和杜绝能源的“跑、冒、滴、漏”，杜绝能源浪费现象。

第二阶段：以节能减排为目的的节能技术改造阶段。由企业的管理人员、技术人员和生产操作人员对部分设备和装置进行节能减排的技术改造，同时加强改造实施及利用过程的管理，确保节能效益的实现，加强节能减排与企业经营活动的关系。

第三阶段：企业对设备和工艺进行全面或系统的改造阶段。随着技术的不断进步，要求在决策前进行可行性研究和必要的技术经济论证，并且在项目的审查、批注、组织实施、验收鉴定等一系列环节上都建立相应的保证措施，以确保节能减排的效果。

技术节能可以分为工艺节能、化工单元设备节能、过程系统节能以及控制节能，石油化工企业主要的节能技术有：

①选用高效电机。我国工业用电量占总用电量的70%左右，其中电机的耗电量约占企业总用电量的60%，如果我国工业现有电机能够达到世界先进水平或采用变频技术，则每年可节约电量近600亿kW·h。

②利用各种余热。例如，工业企业可以利用每天排放的火炬气作为锅炉的燃料，利用柴油机的高温排气供应余热锅炉产生蒸汽驱动辅助汽轮机发电，也可用于生活供暖，发电企业可利用余汽，使用气动设备增加发电量。

③废水重复利用。优化企业用水网络系统，采用循环用水系统、串联用水系统和回用水系统，外排废水、蒸汽冷凝水回收再利用，提高水的重复利用率。

④非常规水资源利用。海水和苦咸水淡化处理技术，有效利用非常规水资源，提高海水淡化的综合效益，以海水淡化处理为主，卤水制盐以及提取其他有用成分为辅的产业链技术。在沿海地区还可采用海水直流冷却和海水循环冷却技术，减少淡水的使用量。

⑤节能新技术的应用。高红外、等离子、远红外等高效加热新技术的应用，

环保节能制冷剂技术、新型密封技术、防腐蚀技术等高新技术。目前，我国石油化工企业已经大规模开展节能管理工作，只是不同的石油化工企业节能管理所处的阶段不一样，企业节能管理工作主要体现在以下几个方面：

①建立健全能源管理机构。加强能源的统一管理是实现能源统筹安排和合理使用的重要保证，为了有效落实节能工作，必须有一个相对稳定的管理团队，去管理和监督能源的使用，制定节能计划、落实节能措施以及保证企业节能工作持续有效进行。

②建立企业的能源管理制度。对于各种节能设备和工艺，必须制定详细的操作规程，对于节能项目的实施，必须有一套完整的实施流程，对于生产中的能源使用，应该建立起相应的考核标准，对于节约和浪费能源以及节能相关工作，必须有相应的奖惩制度。

③合理组织生产，开展节能挖潜工作。根据原料、能源和生产任务等相关情况，确定设备的合理负荷和能源的合理使用量，根据工艺对能源的要求，合理使用不同等级的能源，协调各工序之间的生产能力及供能与用能需求。

④加强能源计量管理。能源计量是取得可靠和完整数据的唯一途径，是能源统计分析的基础，通过采集能源计量数据并对其进行诊断、分析，能有效指导企业能源的利用，帮助建立科学合理的节能流程，由此达到节能降耗的目的。

8.3 石油化工装备节能管理措施

“技术是关键，管理是保证”是节能工作的精髓统计数据表明技术进步对节能的贡献约占40%～60%，而且新工艺新技术还需要得到相应管理措施的配套落实。从管理体制优化、操作运行优化入手，提出进一步优化措施，以达到节能目的，这是现今炼油企业节能降耗的一个方向。

8.3.1 结构节能

(1)建立科学的管理机构

在石化企业里建立节能管理长效体系，稳定开展节能管理工作的关键是要建立完善的组织管理和目标责任体系，为节能管理工作提供充分的组织保障。首先，建立由企业总经理负责、各处室、生产车间为组员的节能减排工作领导小组，设立第一责任人，各处室分类负责的管理机制，把节能指标分解至各专业处室，并纳入年度目标管理，作为对各装置负责人月度考核的重要内容，并与各基层单位年底评比挂钩。此外，对节能减排管理机构的进一步完善，以指标量化的办法，对车间、班组的节能减排负责人提出具体目标。以节能管理三环节理论为基础，组建由节能管理人员、装置技术员与现场操作工的节能管理程序，将节能减排工作落实到基层工段和班组，将节能指标层层分解到人，使每个人都参与到节能管理工作中，在这个节能管理网络中找到自己的位置，形成各司其职的流畅运行程序。

要贯彻节能管理不只是生产处室的事情，宣传，工会，后勤等各方面都要参与其中，都应当对本单位、专业的节能和减排工作负有责任，从总经理到处室负责人、车间主任、班组长班组成员均有职责和工作内容。

(2)建立、健全能源管理体系

保障节能管理工作程序化、规范化、制度化，要靠建立和完善石化企业节能减排责任体系来提供。节能管理是一项涵盖项目与工程、管理和技术、产业与产品、指标与考核等多方面内容的综合性工作，同时又涉及企业规章、行业标准、国家法律等内容，在企业节能管理工作全过程中都必须融入，要持续建立、健全相关管理规定和管理体系，从项目论证，设备采购，工程建设，现场应用的全过程培养参与者的节约意识，形成全员参与、全员思考、不断创新的良好局面。

根据目前所建立的各种规章制度的基础上，完善、细化节能管理负责制和考核办法；如图 8.1 所示，建立能耗实时监测系统，根据节能考核管理办法，依规进行兑现考核。通过建立“指标落实，职责明确，加强考核，奖惩分明”的节能管理体系，确保节能目标的完成。对生产全过程的能源采购、计量、统计、消耗的管理和定额考核等一系列的能源管理制度进行完善和细化，并按照国家标准《能源管理体系要求》(GB/T 23331—2009)建立能源管理体系，采用过程方法对产品实现中的能源因素进行识别、评价和控制，实现对能源消耗全过程的控制和持续改进。

(3)提高能源管理专业人员队伍素质

一是通过“走出去、请进来”方式不断学习节能新技术，聘请兄弟企业或从事能源管理方面的专家，对生产用能进行现场诊断与节能专题讲座。二是加强针对性的培养工作，做好专业技术人才队伍培训持续性，建立包括培训要求提报、培训计划制定、定期组织实施以及最终效果评估在内的整体培训方案流程，使培训的针对性和实效性进一步提高。加大“精一能二”型人才的培养，提高专业技术人才的自学能力、研究能力、实践能力，例如每月至少一次请各生产单位技术人员对能源管理专业人员从工艺、设备两方面进行培训，提高能源管理人员对现场装置工艺流程的熟悉度，便于开展工作。三是组织能源管理专业人员对国内节能管理先进企业、实地考察、学习，提高专业素质。四是制度市场化激励机制，提供更好的薪酬待遇、更优的人性关怀、更高的工作起点来引进高层次技术人才；以智力引进的方式，通过建立专家库、专业协会等手段积聚高层次人才；以项目合作的方式，通过合作课题研究、共同承担项目等，用好高层次人才。

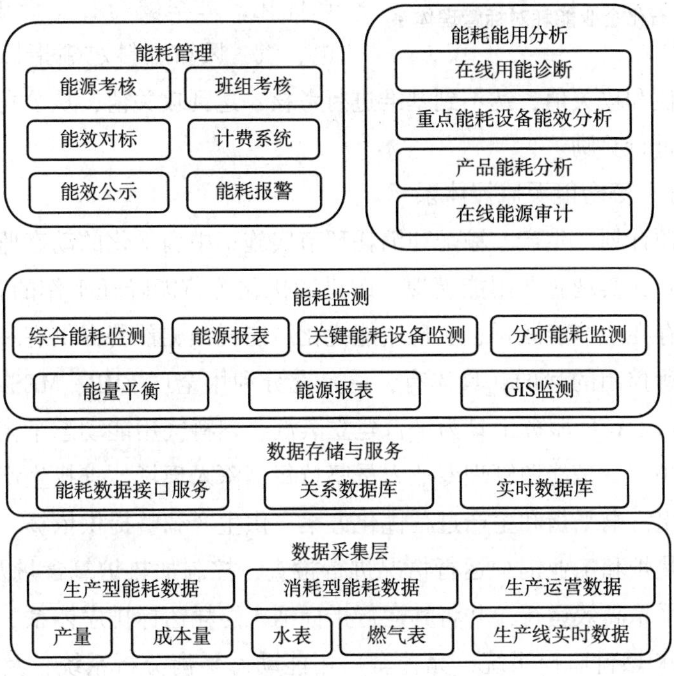

图8.1 石化企业节能管理系统

8.3.2 技术节能

(1)强化能耗对标管理

建立目标量化考核体系。每年初，根据地方政府及股份公司下达的节能目标，层层分解节能指标，与各责任单位签订《节能目标责任书》，建立年度目标量化考核体系，对不达标单位实行评先“一票否决”。制定《节能奖励考核办法》及相应考核标准，对节能管理取得明显成效的单位和个人给予奖励，促进节能工作开展。以各装置燃料、动力消耗和装置运行效能开展能耗对标，如图8.2所示，建立能耗对标排序体制，先进单位讲经验，落后单位找原因，根据能耗对标提出措施，依靠技术进步，实施用能优化，以持续推进能耗对标管理，为降低能耗提供有力支撑。为确保年度节能目标完成，促使各生产单位内部开展生产优化，每季度与各生产单位对接水、电、汽、风和燃料定额指标，确定指标时，分基准值和攻关值，达不到基准进行考核，达到攻关值，从公司能耗对标专项奖励基金进行奖励。

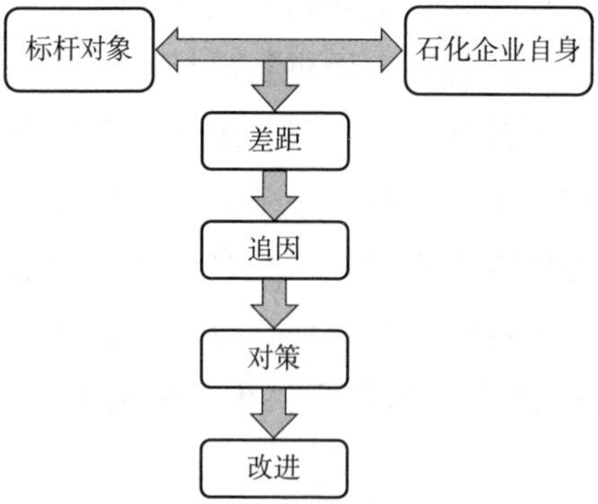

图8.2　石化企业能耗对标管理体系

(2)建立、健全能源监控体系

建立能源计划、生产、输配和消耗环节实施集中扁平化的动态监控和数字化管理提供平台，实现企业用能模拟、改进和优化等节能降耗工作的管控一体化，为及时找出存在的节能瓶颈、实现用能优化、能耗预测预警提供有利条件，达到能源消耗过程控制的目的。具体有，一是充分利用全厂ERP、MES、DCS数据，以EXCEL嵌入ACO服务工具为平台建立蒸汽、燃料气用能动态平衡系统，及时查找节能瓶颈。二是能源管理专业人员坚持每周深入现场，查找生产过程节能瓶颈，及时提出汽电平衡和生产过程优化方案，供生产调整提供依据。三是坚持每月对工艺加热炉和工业锅炉运行情况进行检查，控制加热炉氧含量及排烟温度，维持加热炉平稳高效运行，并将其运行指标纳入能耗达标排序体系。充分利用全厂DCS数据和燃料监控系统，完善全厂用能动态平衡分析系统，及时动态跟踪各生产装置燃动数据变化，分析异常数据，查找节能瓶颈，提出措施，落实到人。

(3)开展装置深度用能分析，挖掘节能潜力

运用能量优化“三环节”理论，从能量利用、回收、转化三个方面，争取每月至少开展一套生产装置和系统装置深度能分析，从工艺上找出优化用能方向，找出存在的优化潜力和节能瓶颈，提出优化措施。能源消耗分析三环节模型如图8.3所示。

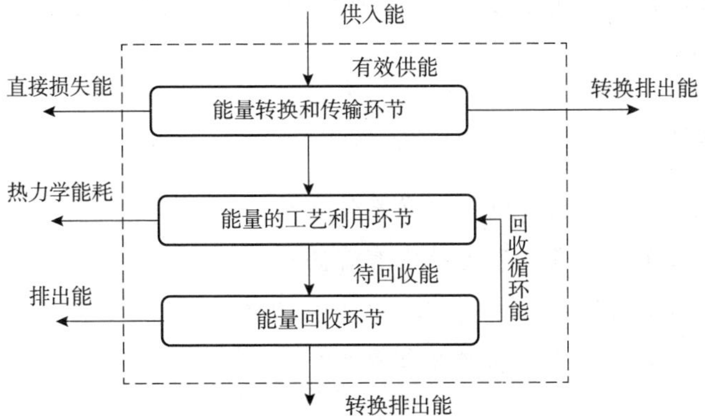

图 8.3 石化企业能量三环节模型

8.3.3 管理节能

(1)加强对节能相关法律法规的研究

节能工作，从源头抓起。要对国家的相关优惠政策进行充分解读和贯彻执行，充分利用规则进行合理避税，改变现有的物资采购模式，首先应在计划、采购和招标等环节，优先考虑节能产品，并确认其节能效果；对于节能产品进厂验收，应确认具有节能标识、节能认证或其他证明材料；所有相关材料应统一归档到信息中心档案室集中管理，方便调阅。

(2)开展合同能源，保证资金投入

一是做好节能项目的论证分析，积极做好向总部申请专项资金，用于专项节能技术改造。二是引入合同能源管理机制，通过对节能项目进行效益测算，对一些有较好收益，而暂时又无资金投入的项目，引入第三方资金进行投资，积极推动合同能源项目进程，实现企业节能。三是积极争取国家、当地政府和总部的节能支持资金，保障节能项目的顺利实施

(3)加强节能宣传，营造节能氛围

充分利用厂电视台、厂内报纸、厂内局域网等媒体，报道节能动态，大力宣传节能典型，加强日常宣传和舆论监督，宣传先进、曝光落后、普及知识，崇尚勤俭节约、反对奢侈浪费，推动节能，倡导节约、绿色、低碳生产方式和消费模式，开展节能“金点子”征集活动；动员全公司职工积极想办法，提建议，全面提高全员的节能意识。

编制节能生产工具手册和清洁生产教材，针对管理人员、技术人员和普通员工，多频次、多样式开展有针对性的节能生产培训班。同时，引进和吸收节能生

产领域中新的分析、管理方法，如：能源管理师，生命周期分析等，促进节能生产在全厂的推行。

思考题

1. 石油化工装备节能管理的意义是什么？
2. 石油化工企业主要的节能技术有哪些？
3. 石化业节能管理工作主要体现哪几个方面？
4. 石油化工装备节能管理措施有哪些？

第9章　石油化工装备的完整性管理

9.1　石油化工装备完整性管理的内涵

随着科学技术的发展以及世界能源危机的加剧，现代石化企业设备的设计与管理必须服从经济性和可持续发展的原则。这导致了石油化工装备向着高温、高压、大型化和集约化发展，以提高企业的效益和资源的利用率。石油化工装备工艺及操作越来越复杂，生产原料、中间介质以及产品的危险性不断增高，使得石油化工装备对安全可靠行的要求也越来越高。

石油化工装备主要包括换热器、反应器以及安全阀等，它们属于设备中最为关键的部件。而要确保设备的完整性就需要在能够保障设备的物理属性获得完整的基础上，让设备处于一种可以把控的状态。通过对进设备的管理工作落实能够实现对设备的一体化管理目标，增强其所具有的完整性。随着对石油化工装备管理工作的落实和完善，管理工作也会呈现出一定的特征：

①由于这种设备具有一定的特殊性，因此其参数和使用等内容必须要符合法律法规的要求。

②依据风险评估标准，对使用的设备部件进行评估、辨别和损伤等级排序，并依次参照标准对部件进行报废。

③从设备的设计、制造、安装、生产运行以及后期维护到最终报废整个阶段开展全寿命管理模式。

④综合管理模式，将管理工作和技术应用结合起来，确保静设备安全稳定运行的前提下，以整合的角度来开展维护工作，从而提升管理的品质。

⑤管理工作不能脱离生产需要。

⑥利用信息化的技术实现管理工作信息化的目的。

⑦不断提升管理技术水平，使管理工作得到有效优化。因此，可以看出对进设备进行管理不仅要用到计算机技术、PBI 风险进行评估，而且要在此基础上不断对管理措施和技术进行完善和优化，以此来提升其管理技术的完整性能。

9.2 石化化工装备完整性管理理论

(1)工艺安全管理

工艺安全管理(PSM)是指通过识别、理解和控制工艺危害的方式，来对危险物质的操作进行管理控制，使工艺和设备处于完好状态，满足设计和安全要求，从而消除与工艺有关的伤害和事故。1992 年美国职业安全卫生管理局(OSHA)制定了旨在保护生产区内工作人员的法规《高度危害化学品处理过程的安全管理》。为更好满足 PSM 的要求，各企业依据单位的特定条件制定出实施 PSM 法规的具体方案，其中杜邦公司安全管理系统具有较强的代表意义，杜邦公司安全管理系统定义的工艺安全管理(PSM)包括 14 个关键要素，分别为工艺安全信息、工艺危害分析、投产前安全检查、操作程序、设备完整性、培训、员工参与、动火作业许可、承包商、事故调查、应急预案与应急响应和商业机密。

(2)石油化工装备完整性管理

石油化工装备完整性管理是指石化企业为了达到策略计划，对石油化工装备在整个生命周期内通过技术改进和加强管理相结合的方式，进行优化管理、功能管理、风险管理和成本(效益)管理等。石油化工装备完整性管理作为工艺安全管理体系(PSM)的工艺技术、人员培训及设备设施安全管理三大模块之一，与质量保证贯穿工艺设备整个生命管理周期如图 9.1 所示。

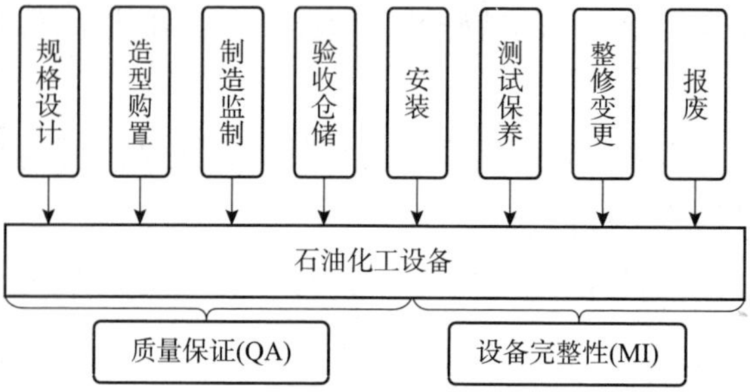

图 9.1 石油化工装备生命周期

《化工企业工艺安全管理实施导则》(AQ/T 3034—2010)中涉及设备设施完整性管理的要素包括：工艺设备信息、机械完整性(新设备的安装、预防性维修、设备报废和拆除、机械完整性相关的培训、变更管理)等 1、2 级多个要素，涉及技术和管理两个层面。

质量保证是在机械设备安装之前，包括设备规划、设计、选型、购置、制造、验收、仓储及安装等过程。质量保证确保设备能符合设计规范和生产要求，为实现石化生产的本质安全建立基础。

石油化工装备完整性是石油化工装备投入使用后，保证石油化工装备完好的重要手段。设备的完整性管理是一个动态的管理过程，贯穿于设备的整个运行周期，涵盖了对设备安装、使用、维护、修理、检验、变更、报废等各个环节的管理。在设施初始安装直至拆除的整个使用期间，要确保涉及危害物质的设备系统的完整性得以保持，一个全面的设备完整性系统是很有必要的。设备完整性问题是员工直接面对的安全问题，直接关系到员工的健康和生命安全。油田企业设备完整性管理不仅可以大大减少石油化工装备事故发生率，而且可以避免不必要和无计划的设备及部件的维修和更换，从而获得巨大经济效益和社会效益。

(3)预防性维护

预防性维护是指企业建立预防性维护标准并实施预防性维护程序，对关键的工艺设备进行有计划的测试和检验，及早识别工艺设备存在的缺陷，并进行修复或替换，以防止小缺陷和故障演变成灾难性的设备故障，酿成严重的工艺安全事故。

设备预防性维护在提高系统的可靠性、减少石油化工装备设施不必要零部件更换造成的成本损失、缩短设备停机时间以及合理管理零件库存量等方面具有重要意义。对石油化工装备维护可以防止石油化工装备在运行使用过程中有可能出现的问题，从而避免因为故障的发生而影响正常使用或者因为错误操作而使设备使用寿命缩短。定期对石油化工装备进行预防性维护可以充分发挥石油化工装备的运行效率，从而使设备获得最大的边际效益。石油化工装备的安全管理是一个长期的过程，预防性维护相对常规维护来说具有更重要的意义。

(4)石油化工装备变更

美国化学工程师学会化学品过程安全中心将变更定义为“对现有工艺的不属于同类替换的修改、改变或调整，即工艺系统的技术、设施和相关人员发生变化，并且需要改变相应的工艺安全信息”。在石油化工装备安全管理的过程中，人们往往会把“变更管理”与“同类替换”相互混淆，易造成生产安全事故。“同类替换”是指型号相同的石油化工装备主附件替换，要能够保证置换物不会对物件或相关物件的功能或安全产生不利影响。而设备在发生变更时，容易将新的风险引入到工艺操作流程中。

石化企业在进行石油化工装备变更管理时应考虑变更的技术基础，是否需要修改操作规程、变更的适当时间以及变更操作计划等。企业应建立设备变更管理程序，确保由于变更而引入石油化工装备管理系统的风险能得到很好地控制，同时及时更改完善设备工艺安全信息。涉及工艺安全中的设备变更主要包括：操作工艺变更、设备程序变更、设备工艺参数变更和设备操作人员变更。

9.3　石油化工装备完整性管理方法

(1)关键技术应用

检验技术：RBI 技术是石油化工装备在完备性管理过程中所用到的核心技术，是确保技术应用安全性以及稳定性的主要方式和方法，能够在确保设备安全稳定运行的同时减少石油化工装备在运行过程中的费用支出，而且能够对设备潜在的风险系数以及可能造成的影响进行分析和判断，并可以给予相应的风险排序，找到石油化工装备完备性管理中的薄弱点，从而更好地完善管理技术，具体的检验技术见图 9.2。

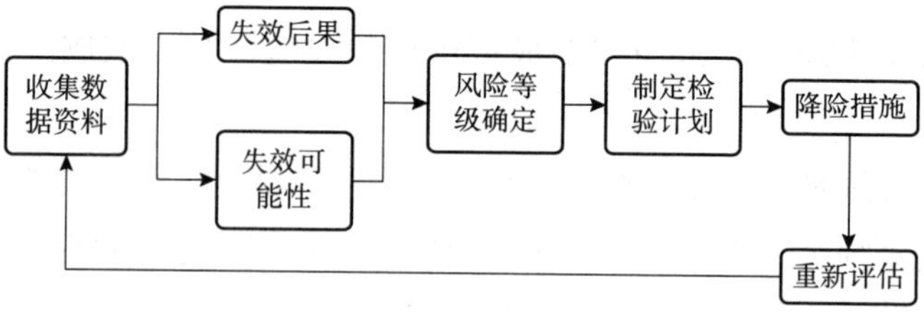

图 9.2　RBI 技术流程

(2)完整性评价技术

一般情况下会使用三级评定的技术方式。具体可见表 9.1。

表 9.1　评定准则

评定准则	评定级别
平面缺陷的简化评定	一级
	二级
	三级
平面缺陷的常规评定	一级
	二级
	三级
平面缺陷的分析评定	一级
	二级
	三级

对于石油化工装备在剩余使用寿命方面的判定则主要是依据石油化工装备使用的损伤机理作为依据，主要包括设备的受腐蚀度、高温侵蚀程度、运行疲劳的状态等。而依据相关的技术理论和检测技术是确保对石油化工装备进行寿命预测的关键。

(3)防护技术

降低石油化工装备防腐蚀的技术就是降低设备所面临的风险，切实有效提升安全性能的主要方式。对静设备进行防护技术的应用主要包括：对腐蚀的监测和检测、设备的防腐技术应用、防腐工艺的应用以及对设备所受腐蚀程度的评估。针对静设备受腐蚀的监控和检测技术能够帮助技术人员了解石油化工装备受腐蚀的情况，一般情况下会设计为在线和离线两种形式，通常情况下会采用大量的离线定点测厚技术，而对于一些重要的、关键性的部位则会采用在线检测系统并在旁边设置监测系统。实现石油化工装备防腐的功效主要需要通过对石油化工装备所用材料、结构改造、内部涂料以及阴极保护等方式，目前所用到的工艺防腐主要是为了调节工艺应用手段，最为常见的就是“一脱三注”的技术。对石油化设备腐蚀进行技术评估是实现腐蚀防护的关键参考因素，只有对腐蚀程度进行准确的判断才能选择最有效地防护措施才能够对现有的措施提出改进方法。

(4)石油化工装备的完整性设计

完整性设计是在危害分析基础上，一方面研究设备保证过程安全的设计要求；另一方面研究化工过程的偏离对设备完整性的影响。完整性设计的定义如下。

①实现化工装置功能是完整性设计的基本要求。需满足工艺功能及其他使用功能等，且要功能稳定。

②应遵从政府的监管，遵守法律法规及条例，符合国家能耗要求。

③基于化工介质、化工过程和自然条件的危害分析，按照正确适用的安全规程和技术标准的完整性设计。常用的危害分析方法包括“失效模式和影响分析(FMEA)”“危险与可操作性分析(HAZOP)”“保护层分析(LOPA)”等。在设备完整性设计中一般采用FMEA和HAZOP配合使用，并分析保护层控制危害后果在可接受的范围。危害分析的结论等同强制性条文须严格执行。

④基于化工装置安全人机工程研究的完整性设计，易于操作、保养和维修。

⑤设计阶段应提供完整的技术文件，包括但不限于下述内容：

①工程设计文件、说明书、安装验收技术要求、开工和生产操作指导书等。

②设备采购双方确定的技术协议。技术协议约定的内容不仅要满足工程设

计、施工的需要，还要满足设备使用、保养、维修的需要。

9.4 石油化工装备完整性管理体系

(1)石油化工装备完整性管理流程

为满足石油化工装备完整性管理的基本要求，达到确保储罐安全可靠、经济合理运行的目的，现将石油化工装备完整性管理方法与石油化工装备安全管理技术相结合，提出石油化工装备完整性管理要求，按照数据收集、危害识别和评价单元划分、风险评价、完整性评价、维修维护和效能评价等6个环节展开。石油化工装备完整性管理的流程如图9.3所示。

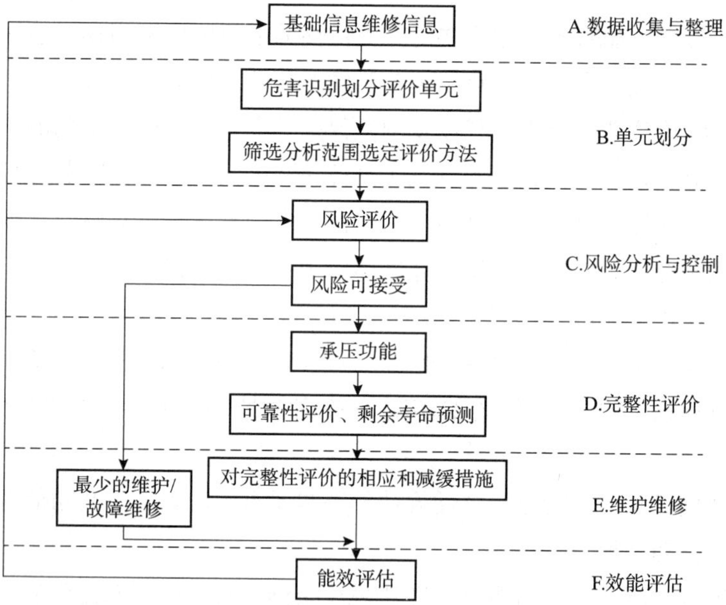

图9.3 石油化工装备完整性管理的流程

A. 数据采集：石油化工装备完整性管理以数据为核心，数据的流动贯穿于整个流程的始终，因此管理的第一步就是管理数据的采集。石油化工装备完整性管理数据的采集应当系统而全面，需要覆盖到储罐的设计、建造、运行、检修等方方面面；采集的数据应明确，尽量避免假设性数据，对储罐的关键参数以实测结果为主，对无法测量的数据实施量化处理时，采用的方法要合理恰当；要注重数据的实时更新，对检测到的变化数据要及时更新，决策响应后的数据要实时补充，以保证完整性管理信息的全面性和准确性。

B. 危害识别和评价单元划分：危害识别是开展完整性管理的基础工作之一，

只有识别出石油化工装备运行和管理中的危害因素，找准这些危害因素存在的部位，划分合理的评价单元，才能开展有针对性地分析计算，进一步制定出有效的事故控制措施。石油化工装备危害的识别主要通过对石油化工装备数据和资料进行总结及现场的观察分析来完成，石油化工装备的危害因素一般可分为以下几类：一是储罐的不安全状态，指不符合石油化工装备建设规范并可能导致事故的设计缺陷、工艺缺陷、设备缺陷等；二是人员的不安全行为，包括不规范使用石油化工装备、误操作、未按规定采取安全防护措施等；三是存储介质的危害性，主要是指油料的易燃、易爆、有毒、腐蚀性强等可能带来石油化工装备失效和重大事故的物理、化学性质。对这些因素按照发生的频率、存在的部位等进行分类处理，一般情况下，结合石油化工装备的结构特点，可按顶部、底部等方式来划分评价单元，以提高分析计算的准确性和合理性。

C. 风险评价：风险评价是对石油化工装备运行中的风险因素进行识别，对风险发生的可能性及后果进行评价，通过划分风险等级，判断风险的可接受性，并为决策响应提供直接依据。对储罐实施风险分析，首先应明确引起石油化工装备完整性降低和失效的因素，腐蚀、疲劳、机械损伤和脆性断裂等是导致石油化工装备事故发生的常见诱因，两种以上因素共同起作用的情况也时有发生。在对这些因素识别的基础上，计算失效的可能性和后果值，通过计算二者的乘积获得风险值，并进行风险排序确定风险等级及风险分布情况，以此为据制订出对应的风险管理策略，达到规避或减小风险的目的。

①失效可能性。失效可能性值是用来衡量石油化工装备各部位泄漏频率的数值，可通过计算基本失效频率与修正因子的乘积获得，其中基本失效频率由石油化工装备材料和结构特点决定，可通过查阅统计资料获得；修正因子与石油化工装备的状态、损伤机理、运行操作、检修策略、执行情况等有关，可通过专家打分的方法获得相关系数。

②失效后果。失效后果是指失效发生后造成的人员、环境、商业三种类型损失值总和。石油化工装备的风险后果主要由以下因素决定：储存介质的类型；介质泄漏的总量；外部条件对泄漏的阻抗；泄漏介质所处的环境等。对于具体的石油化工装备，其存储介质类型短期内不会发生改变，外部条件对泄漏的阻抗表现在对泄漏速率的影响上，泄漏总量受泄漏最大可能量影响较大，而对周围环境和人员的影响受泄漏发生的位置影响不大，因此对失效后果值的评定可简化为对泄漏速率和最大可能泄漏量两个方面。

③风险等级。风险等级是对风险频率评价和风险后果评价的一种综合表征，

确定风险等级的方法有两种，即风险值法和风险矩阵法。其中风险值法是根据失效频率与失效后果乘积所得的风险值对储罐进行风险排序，风险矩阵法是将失效频率与失效后果按照一定规则转化为标准值，进而编制风险矩阵来确定风险等级。风险值法更精确，但计算量大、效率低，风险矩阵法在精度上与风险值法有一定差距，但操作简单，能快速获得评价结果，且对风险状况表达得直观易懂。

D. 完整性评价：完整性评价是根据风险评价结果，对风险等级较高的构件实施完整性检测，以确定失效可能发生的位置及类型，并采取一定的评估方法对缺陷的适用性进行评估和预测。石油化工装备的完整性评价由两部分组成：一是完整性检测，该部分是对完整性管理数据的补充和完善，检测数据的准确与否直接影响着评估结果的准确性。二是完整性评估，该部分是完整性评价的核心环节，采用一定的评估模型，将检测数据转化为直观的结果，以此为依据制定出对应的响应对策。

①石油化工装备的完整性检测。石油化工装备检测对象的确定以风险评价结果为依据，一般情况下包括石油化工装备的各部件，主要采用检测形式有三种：一是例行检查，通过目测或简单的测量仪器，对石油化工装备是否存在缺陷进行直观检查。二是在线检测，在石油化工装备正常运行的情况下，采用漏磁测厚、超声波测厚等方法对石油化工装备各部位实施检测。三是开机检测，石油化工装备倒空后，检测人员进入设备内部采用多种方式对石油化工装备各部位实施全面检测。

②石油化工装备的完整性评估。石油化工装备完整性评估主要包括石油化工装备的变形评估、剩余强度计算、可靠性评价、剩余寿命预测等工作，通过计算得出完整性评价结论，以此为据制定出石油化工装备新的运行计划和维修保养措施。

石油化工装备变形评估是在受力分析的基础上，对石油化工装备已发生的变形量展开计算确定石油化工装备易发生变形的部位，并计算这些部位的应力分布，依据强度设计规范对这些变形进行安全评定，以判定变形和应力是否可以接受；剩余强度评价是根据缺陷评价方法，计算缺陷存在的情况下石油化工装备规定工况下的极限腐蚀深度；可靠性评价是采用数理统计的方法对检测的腐蚀数据实施可靠度计算，以确定石油化工装备的安全系数；剩余寿命预测是在对腐蚀速率进行预测的基础上，对未来腐蚀行为和影响进行预测，以确定石油化工装备再检测的周期和方法。

E. 完整性决策响应。完整性决策响应是在对风险评价和完整性评价结果系统分析的基础上，结合工艺、任务要求，制定风险减缓措施和运行、检修计划等。完整性决策响应按照响应时间可分为即响应、计划响应和监控响应；按照响应措施类型可分为维修措施、预防措施及监测措施等。完整性决策响应措施和计划的制定应紧密结合评价结果，做到主次分明、重点突出，合理配置检修资源，以确保完整性管理的效益。

F. 效能评价。效能评价是单周期内石油化工装备完整性管理的最后一个环节，以一定的评价标准对该周期内各个阶段工作的有效性进行验证，以完善石油化工装备完整性管理措施程，为持续改进石油化工装备的完整性提供依据。作为完整性管理流程的重要组成部分，效能评估能够有效保证管理工作的规范化、程序化，最终达到保障整个石油化工装备系统结构和功能完整的目的。

(2)石油化工装备完整性管理体系的构建

如图9.4所示，完整性管理体系是一个由体系文件、标准文件、系统平台、支持技术和实施应用构成的完整系统，它贯穿于完整性管理的每个环节，为完整性管理的各项工作提供技术方法、标准规范、实现平台，确保完整性各项工作的有效落实。

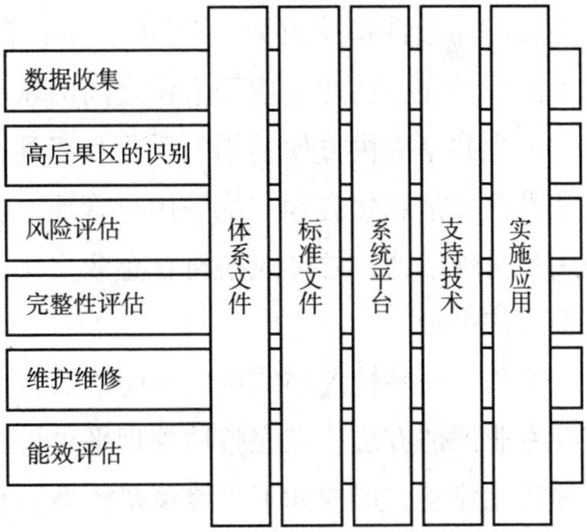

图9.4　石油化工装备完整性管理体系

体系文件是一组规定石油化工装备完整性管理基本内容、基本程序和基本流程等内容的文档，对应分为管理手册、程序文件和作业规范三级，其中管理手册总述完整性管理的目标和内容，是纲领性文件；程序文件规定管理过程中的具体工作内容和管理人员的职责；作业规范规定了管理过程中应采用的技术方法和实施流程。

标准文件是完整性管理活动的指导性文件，为各阶段工作提出具体要求，包含了行业标准和石油化工装备运营者自身制定的标准。

系统平台是实现石油化工装备完整性管理的信息化平台，包含了完整性管理数据库、分析软件和决策系统三部分，其中数据库为各个环节产生的数据提供储存单元，并为各环节数据间的交互作用提供场所；分析软件和决策系统为实现评估及决策能化的功能模块，为管理效率的提高提供技术支持。

支持技术是与各个环节工作配套的技术手段的集成系统，即包含了引进的先进技术，也有企业根据工作实际形成的技术方法。

实施应用是监督各个环节落实和进行效果评价的系统，可以及时反馈管理信息，实现管理过程的持续改进、不断提高。

9.5 石油化工装备完整性管理信息化系统

(1)石油化工装备完整性管理软件技术

①先进的门户(Portal)技术。将采用先进门户技术实现对石油化工装备设施完整性管理各个子系统的整合、单点登录、信息搜索查询、文件发布管控、统计分析、沟通协作、知识共享和个性化工作平台。通过门户技术将实现：统一内部设备设施完整性相关数据/信息的产生、存储、处理、交换和使用各环节；建立相关岗位与完整性业务应用系统之间的联系；为石油化工装备设施完整性相关的各类信息共享提供方便易用的手段和工具；整合完整性相关各类信息系统，推进完整性业务信息化进程；统一用户管理，确保数据安全性；实现统一的、高质量的用户呈现形式，总体风格符合企业文化；为员工提供一个可以个性化设置的完整性工作平台。

②基于完整性评估结论的预防维护技术。设备设施完整性专项中包括很多完整性专业评估方法，在完整性管理平台设计开发课题中，将针对各类维修策略进行抽象化建模，形成如下维修策略模型：在完整性业务流程子系统中，支持此维修策略模型，能够将完整性评估所得的全部结论存储于维修策略库中。同时，在完整性业务流程子系统中设计开发维修策略执行功能模块，能够对具体石油化工装备的维修策略实例化，形成预防性维修计划，实现维修计划周期性自动执行，以此实现完整性专业评估结论的落地执行。

③基于状态监测的预测维护技术。在完整性管理平台设计开发中，将充分利用完整性检验和监测数据。具体应用如下：利用关键设备开停机信号，实现设备关键运行指标的计算以及剩余寿命报警，形成石油化工装备预防维护清单；利用静设备壁厚监测数据，实现薄厚和腐蚀速率报警，并展示壁厚数据发展趋势；利用对设备状态的监测，自动生成设备运转台账，标识石油化工装备运行状态。

(2)石油化工装备完整性管理信息化系统的功能

①石油化工装备故障的闭环管理。系统解决了工单提报复杂、缓慢的问题，当巡检人员在现场发现故障时即可通过系统提报故障，使得巡检人员在提报故障时只需选择就可精确定位到具体部位。专业工程师对巡检人员提报的故障进行审核确认，审核通过后的故障信息自动进入系统形成维修工单，工程师进入系统维

护工序、物料等信息后进行工单下达，下达后将工单号回写到石油化工装备预防性维修系统，以便于用户对工单的执行情况进行查询跟踪。工单下达后的执行、关闭等操作将在系统中原有的流程中执行，从而完成故障的闭环管理。

②故障的精确定位。巡检人员在现场提报故障的数据质量对故障的快速处理和故障的数据统计至关重要，但长期以来巡检人员提报的故障信息五花八门，难以统计，为了解决这一问题，构建了故障分类体系。通过该体系，巡检人员在提报故障时只需一层层选择，专业工程师看到精确的故障信息后即可给出针对性的处理意见。同时由于所有故障数据都是通过选择进行提报，这就确保了数据的一致性，为系统的故障统计、石油化工装备的稳定性分析提供了数据支撑。

③实时数据与静态数据相结合。系统整合了石油化工装备实时状态数据和设备管理过程中的数据，设置了灵活的预警机制，如在安全阀管理中，通过实时状态数据判断安全阀的现场状态，通过OA系统中的审批状态判断安全阀现在应处于的管理状态，通过以上两个状态和安全阀对应的石油化工装备所规定的最小安全阀数量来判断石油化工装备的安全状态，若设备处于非安全状态则进行报警，工程师确认故障情况后自动形成故障单，进而形成维修工单进入故障处理环节。此外，将石油化工装备的静态数据与动态数据相结合同时也避免了用户到多个系统操作的问题，使得用户在一个系统中即可完成所有操作。

④大检修计划库的建立。分析大检修中的各项数据，找出大检修的规律，将每次大检修的实际数据形成标准知识库，随着大检修次数的增多，知识库的精确性也逐渐提高。通过标准知识库，在制定年度大检修计划时，企业可以通过标准模板快速完成大检修计划的制定，同时极大提高了大检修计划的质量和针对性。

⑤标准化数据模板制定。系统出于提高用户使用过程中的便利性，模板中几乎包含了所有数据收集所需要的条件，如数据录入规则的指导、数据关系的关联等。用户只需在系统中导出所需的标准模板，便可在线下完成绝大部分的工作。例如装置检修计划中的模板中项目工序物料的关系的建立，项目及其相关信息的选择范围的约束，其他信息合法性的验证，录入数据的指导和部分数据的自动生成。用户只需一些简单的必要操作便可准确的完成检修计划数据的录入工作。

⑥设备主数据审核的闭环管理。除了上述⑤描述的标准化模板制定之外，系统还设置了数据审核功能，对于由标准化模板导入的数据，首先由专业工程师进行初步审核，审核通过的数据进入ERP系统进行第二轮审核，最后将ERP系统审核通过的数据再回写到本系统，既保证了设备主数据的质量，又保证了系统与ERP系统的一致性。

⑦实现管线和储罐定点测厚的图形化展示。系统提供测厚点的维护功能，用户可以将测厚点维护到装置图形上的对应位置，定期导入测厚数据，系统结合历史数据自动计算腐蚀速率，对于腐蚀速率超标的测点报警提示。在该功能设计时采用了将静态图片和动态数据相关联的方式。用户只需线下用任意的一个绘图工具绘制符合要求大小的图片上传到服务器，我们就可以在这个静态图上动态的添加腐蚀测厚点并维护其测点信息进行维护。这样能够灵活改变任意一张测点图，使工作量更容易分配且更容易展示更加绚丽的效果。

(3)信息管理平台的创新化管理

①创新内容。实现各主题"一站式"全生命周期管理，通过 Portal 技术与一站式服务架构的建设，实现了设备管理全生命周期数据整合与集成监控。将传统的信息管理模式转变为更加敏捷、符合公司业务需要的"集成化、一站式"管理构架。实现设备故障异常感知与闭环管控，构建故障分类体系，建立了设备类别、设备名称、故障部位、故障现象、故障原因的数据库。由于所有故障数据都是通过选择进行提报，这就确保了数据的一致性。系统解决了 SAP 工单提报复杂、缓慢以及 SAP 账号短缺的问题，将工单的提报与故障提报进行了整合，当巡检人员在现场发现故障时即可通过系统提报故障，实现大检修计划快速编制功能。深度分析大检修中的各项数据，找出大检修的规律，将每次大检修的实际数据形成标准知识库，随着大检修次数的增多，知识库的精确性也逐渐提供。通过标准知识库，在制定年度大检修计划时，企业可以通过标准模板快速完成大检修计划的制定，提高大检修预算的准确性。跨技术平台的数据整合，通过集成为生产信息化的管理提升提供了可能。

②技术指标对比。设备完整性管理系统以设备为主题，把生产执行管理(MES)、LIMS、状态监测系统、ERP 及 HSE 系统集成在一起，打通模块间的关联关系，为用户提供更加全面准确的管理数据。系统地实施消除了生产层的信息孤岛，最大限度发挥了数据综合的价值，技术方案在国内设备管理软件应用开发领域具备先进性。

9.6 石油化工装备完整性管理机构设置

经过分析调研国际石油化工装备完整性管理先进经验，一个完整的石油化工装备完整性管理体系内大体上包括以下 9 大要素：公司策略、组织架构与人员构成、变更管理、运行控制与流程、应急管理、报告与内外沟通、审核与持续改进、信息与数据管理、完整性管理流程。石油化工装备完整性管理机构的架构如

图9.5所示。

(1)完整性管理手册

管理手册：最高层次的文件，规定了石油化工装备完整性管理总体方针，描述石油化工装备完整性管理体系的各项要求，是纲领性文件，见表9.2。

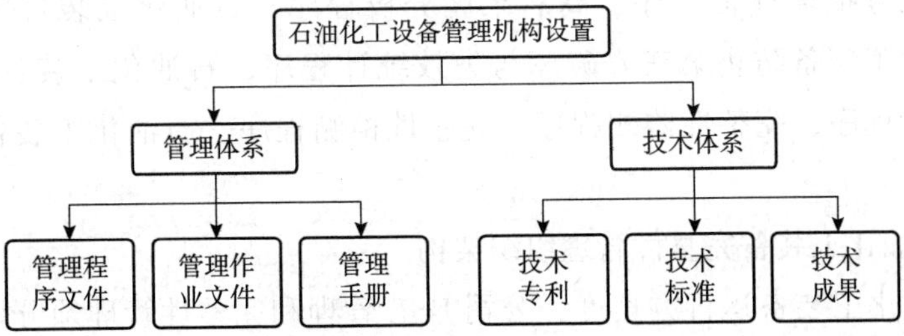

图9.5　石油化工装备完整性管理机构设置架构图

表9.2　石油化工装备完整性管理程序架构

章节	标题	内容简介
1	总体	
1.1	程序目的	
1.2	程序架构	
1.3	适用范围	
1.4	管理目标	
1.5	管理方法	
2	组织机构	
3	程序编制、评审和更新	
4	计划制定	
4.1	检测计划	
4.2	维护计划	
5	维修计划	
5.1	实施方法	
5.2	检测方法	包括：内检、外检、监测和计量等。
5.3	维护方法	包括：清管方法、化学药剂选择方法等。
5.4	维修方法	
5.5	风险分析方法	
6	附件	

(2)完整性管理程序文件

管理程序文件：它是管理手册的支持性文件，对各项有关活动进行描述。程序文件描述部门或部门之间的业务流程，主要包括：防腐有效性评价程序、石油化工装备缺陷数据采集与管理程序、石油化工装备缺陷评估程序、石油化工装备第三方损坏评估程序、高后果区分析程序、石油化工装备风险控制程序、石油化工装备防止第三方破坏与失效统计程序、石油化工装备修复程序、完整性评价程序、完整性监测程序、完整性检测程序、石油化工装备风险评价程序。

(3)石油化工装备完整性管理组织架构

从石油化工装备运行方角度，公司 HSE 管理和完整性管理须分别由两个相互独立的部门经理负责，HSE 的管理和管道的完整性管理已经成为欧美石化企业日常管理的重要内容。两者把员工和公众、环境以及石油化工装备的保护作为研究对象，均采用风险分析评价方法以期在日常的生产作业中，把对第三者的影响和损害降到最低，只是侧重点不同，HSE 管理侧重于人员的安全管理、监护管理、作业之中的操作管理，而管道完整性管理侧重于设备技术管理、预防性维护、保障石油化工装备的安全可靠性来保障健康、安全、环境和质量要求，两者相互补充。某石化企业石油化工装备完整性管理组织架构如图 9.6 所示。

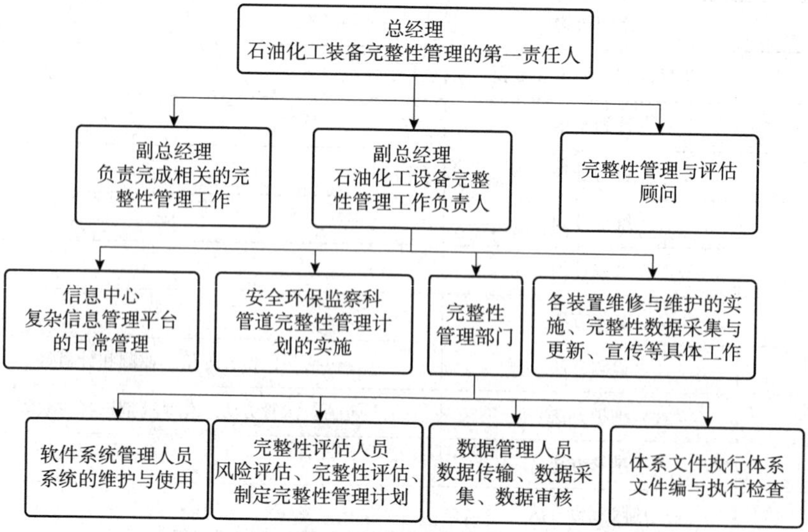

图 9.6　某石化企业石油化工装备完整性管理组织架构

9.7 石油化工装备完整性管理对策

石油化工设备完整性管理包括关键设备的识别和分类、检测试验与预防性维护保养、设备异常管理、质量保证、作业程序文件化、培训等要素。很多石化企业在长期开展石油化工设备管理的基础上，发展出契合自身实际情况的石油化工设备完整性管理程序或规程。

(1)成立石油化工设备完整性管理推进小组

集中学习石油化工设备完整性相关知识，建立职责分工，制定工作目标。推进小组可由分管设备副总兼任组长，日常工作由石油化工设备部门负责开展，成员由石油化工设备设备、工艺、安全、质量、采购、维修等部门组成。

(2)确认企业关键石油化工设备，建立台账

关键石油化工设备的选择是石油化工设备完整性要素运行的基础工作，可以和风险管理中的工艺安全风险信息收集同步进行。关键石油化工设备选择通常考虑4个方面：

①工艺危险分析(PHA)明确要求列入的在役石油化工设备。

②含有危险有害物质(易燃、易爆物、有毒物质和腐蚀性介质)的加压石油化工设备。

③防护和减灾系统－火灾探测系统和消防灭火系统，可燃/有毒气体泄漏检测报警系统(GDS系统)，照明及通风系统等。

④安全及关键仪器仪表和所设计的安全仪表系统(SIS)中的部分仪器、仪表。

至少应该包括：压力容器和储罐、管道系统(包括管道附件和阀门)、泄放和排放装置(火炬、安全阀、水封、呼吸阀等)、紧急切断系统(紧急切断阀、SIS等)、自动控制系统(包括监视和测量装置和传感器、报警和联锁装置)、转动设备(包括机泵、压缩机、鼓风机)、消防控制系统和通风系统、静电接地系统等。

(3)收集石油化工设备基础数据

建立设备档案或数据库基础数据至少包括以下几个方面：

①石油化工设备制造商提供的设备厂家、型号、设计压力、温度、材料、壁厚、容积等参数。

②工艺设计文件和流程图中调取的物料组分、操作温度、操作压力等数据。

③安全保护装置的设置、维护信息、压力容器和压力管道历次的检验数据。

④关键石油化工设备的历次改造信息，并与原设计比对，记录改造过程。

⑤关键设备的失效和故障情况。

(4)确定每个关键石油化工设备的检验、测试和预防性维修方法和频次

这是石油化工设备完整性的关键步骤之一。根据每个关键石油化工设备的不同情况，应制定不同的检验、测试和预防性维修方法和频次。如：

①联锁回路测试频次。

②爆破片外观检查和整体更换的频次。

③在线仪表的校验频次。

④特种设备法定检验外的自检频次。

⑤防雷接地的测量频次等。

每种测试均应该明确测试方法、测试人员的能力要求、合格标准等。企业不具备检验测试能力的项目，可由第三方机构协助完成。如基于风险的检验技术(RBI)、以可靠性为中心的维修技术(RCM)、安全完整性水平分析技术(SIL)等。

(5)实施测试项目，记录测试结果

建立单台石油化工设备检查测试记录表，记录测试的结果，纳入设备技术档案。对于首次实施石油化工设备完整性管理的石化企业，此步骤是初始步骤；已经长期坚持进行测试的石化企业，可以将最近一次的数据直接录入。

(6)分析测试结果，确定预防性维修策略

此步骤是石油化工设备完整性管理的重要步骤，用以确定设备可靠性。主要过程：将测试的数据与实际操作数据、石油化工设备设备历史数据、石油化工设备设备供应商数据进行对比分析，找出需要纠正的潜在问题，制定纠正措施。腐蚀速率加快、设备故障频繁等问题可以通过制定预防措施来纠正；有些专业方法如故障模式与影响分析(FEMA)、故障树分析(FTA)等，可以委托第三方，或逐步培养石化企业自身的技术力量；对故障后果严重、产生故障的可能性最大、实际故障率最高的石油化工设备，则要进行更高频次的测试与分析。

(7)实施并记录预防性维修策略，并将其文件化

通过建立、落实预防性维修制度，对关键的石油化工设备进行有计划的检验和测试，可以尽早识别石油化工设备存在的缺陷，并及时进行修复和替换，以防止小缺陷或小故障的忽视，导致灾难性事故。如：

①基于监测系统，对设备进行监测，根据振动等评价进行检修。

②检测压力容器和储罐、校验安全阀等相关附件、清理阻火器、更换爆破片。

③测试消防给排水系统、测试紧急切断阀功能。

④根据泵密封件的平均寿命，提前进行更换。

(8)故障石油化工设备的管理

针对在测试过程中出现隐患的设备，要根据不同的状况，制定停用、修复、采取措施后监控运行等控制措施进行管理。如发生泄漏后无法停车，可采取的措施有：

①夹具或其他封闭泄漏的方式。

②新管道系统旁路。

③使用临时设备。

④部分维修。

(9)质量保证

质量保证指的是确保石油化工设备的制造、安装等满足工艺的要求。在设备制造生产过程中，石化企业需要确认制造商有生产资质和质量保证系统，并且应派人参与监督石油化工设备的关键制造步骤和环节。任何针对石油化工设备设计规格的改变，都需要经过审查，并且有可能需要遵守变更管理程序。确保按照设计规格和制造商提供的指南正确安装设备。安装过程中需要检查工程安装承包商是否安排合格的安装人员，特别是焊接人员是否按照正确的程序完成安装，是否误用其他规格的材料，如法兰、弯头、阀门、垫片、螺栓、润滑油和焊条等。

项目完成后，企业需要检查接收设备的竣工图、压力容器的相关证书、施工材质的检验证书等，并将它们归档保存。

石化企业还应确保使用的维修材料、备品、备件以及设备符合工艺要求，要管控工艺设备的备品备件的采购、验收、仓库保管和使用，防止错误使用。

(10)培训、变更、启动前安全审查

良好的机械完整性表现近乎一个完整的体系运行，涉及到的培训、变更、启动前安全审查，也应该按照过程安全管理的相关要素要求执行。

9.8　应用实例

(1)红外热成像技术在 LNG 储罐整性管理中的应用

①LNG 储罐的结构。LNG 储罐是接收站储运过程中的重要设备，其结构型式有球罐、单容罐、双容罐、全容罐及膜式罐等。单容罐的外罐由普通碳钢制成，不能承受低温的 LNG，总图布置要求有较大的安全距离和作业区域，并需设

置防火堤，由于其安全性相对其他形式的储罐低，近年来已很少生产和在接收站使用；双容罐具有耐低温的金属材料或混凝土外罐，内筒发生泄漏时，气体会发生外泄，但液体不会，其安全性较单容罐高，一般不需设置防火堤，但需较大的安全防护距离；全容 LNG 罐主要由内罐、碳钢内衬、混凝土外罐和顶盖组成，内罐主要起储存 LNG 作用，外罐主要起气密作用，可使内筒泄漏的 LNG 及气体不发生外泄，安全防护比较容易实施

通常情况下全容 LNG 储罐操作压力为 5 ~ 25kPa，内罐操作温度约为 -160℃，材质为 9% Ni 低温钢，直径 80m，高度 35m，底板厚度 5mm；外罐由钢筋混凝土承台、预应力混凝土墙体、钢筋混凝土罐顶组成，钢筋混凝土承台与预应力混凝土墙体、预应力混凝土墙体与钢筋混凝土罐顶连接处均采用混凝土刚性连接；内、外罐之间夹层(环形空间)的厚度为 1m，填充 300mm 弹性毡和 700mm 膨胀珍珠岩粉末的保冷层，弹性毡紧贴内罐壁板，具有一定的弹性，用来吸收内罐运行时珍珠岩对内罐的挤压力，膨胀珍珠岩粉末填充至钢筋混凝土穹顶下方，以保证环形空间及悬浮吊顶处的保冷效果。LNG 储罐保温结构如图 9.7 所示。按照设计要求，座储罐 BOG 日蒸发率不大于 0.05%。

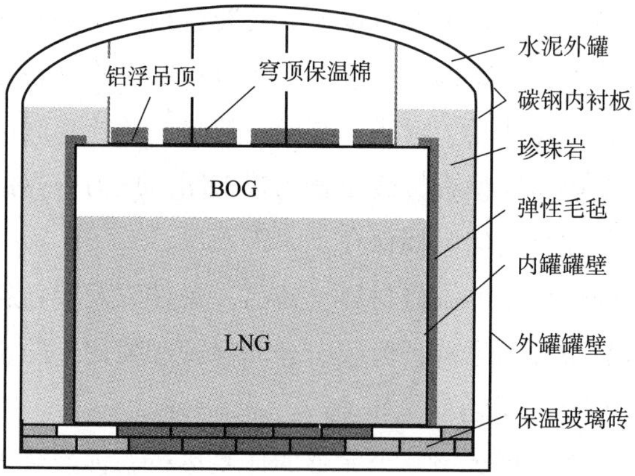

图 9.7 LNG 储罐保温结构示意图

②全容 LNG 储罐保冷效果降低原因分析及表象特征。随着运行时间的累积、操作状态的变化，会出现储罐保冷效果降低的情况，其主要原因：

一、储罐珍珠岩自然沉降原因导致；

二、储罐压力频繁快速波动导致珍珠岩不断压实；

三、液位的波动、内罐的冷缩变形，导致珍珠岩分布不均匀；

四、罐内设备启停及卸料引起的震动等导致储罐珍珠岩出现不同程度的不均

匀下沉；

五、原始填充时珍珠岩未夯实导致储罐运行后出现局部缺失；

六、原始填充时珍珠岩干燥程度、发泡质量等不合格导致保冷效果降低；

七、罐内弹性毛毡松动脱落等导致储罐保冷效果降低；

八、储罐内部出现结构性损坏导致保冷效果降低。储罐保冷效果降低后会出现一些表象特征，如：储罐部分外表面出现不均匀结露；部分区域出现青苔；储罐 BOG 蒸发量明显增加，出口管道 BOG 温度升高；储罐内部部分温度监测点出现异常变化等不正常的现象。

③红外热成像监测储罐状态技术。

LNG 储罐监测机理：LNG 储罐内存有约 -160℃的 LNG，外壁与自然环境接触为常温，由于罐壁内外温差巨大，有明显的热传递现象，如果保温层不均匀或存在缺失现象，如图 9.8 所示，会形成罐壁表面热量传递快慢的差异。保温效果差的区域，热量传递速度较快，表面温度低，对外辐射的红外线能量少；保温效果好的区域，热量传递速度较慢，表面温度高，对外辐射的红外线能量多，保温层状况的差异性形成罐壁表面温度分布的差异。检测过程中，先确定储罐表面的辐射率(可参考常见材料辐射率或现场检测实际辐射率)，然后根据现场相对湿度、大气湿度确定储罐与红外热像仪的距离，拍摄储罐罐壁表面的红外辐射能量，显示出其温度分布状况，形成罐壁表面的具有温度分布信息的红外热图像照片。通过分析红外热图像照片，判断和评估储罐罐壁内部的保温层状况。

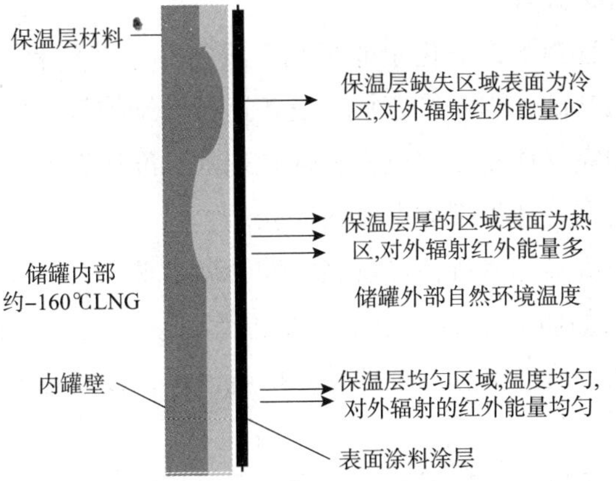

图 9.8 LNG 储罐红外检测机理

监测过程步骤：LNG 储罐红外热成像主要测试步骤如下：

步骤 1：现场环境踏勘，确定最合适拍摄红外照片位置；

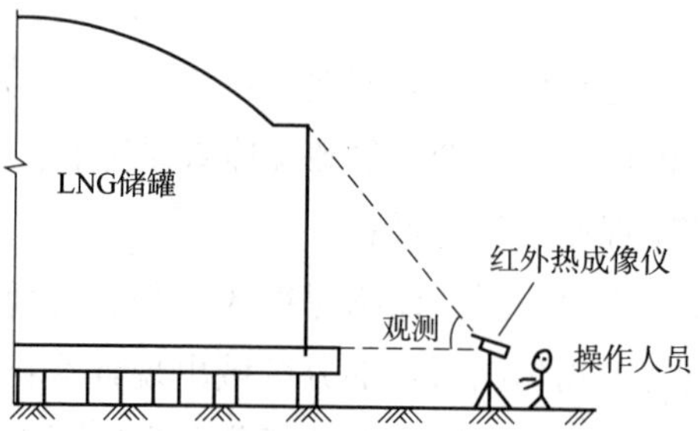

图 9.9　LNG 储罐现场红外检测示意图

步骤 2：在选定的位置点进行红外拍摄，并对监测点进行定位，如图 9.9 所示；

步骤 3：选择适当时间，在储罐高高液位或低低液位时对储罐外壁表面进行全面红外热监测；

步骤 4：对需要红外拍摄勘察的罐壁外立面进行目视检测和红外检测；

步骤 5：借助与高精度红外成像仪配套的成像分析软件进行分析；

步骤 6：结合储罐实际运行监测情况进行对比分析，编制最终检测报告。

(2)往复压缩机完整性管理体系的建立

建立往复压缩机完整性管理体系是实施完整性管理的前提。只有明确了体系，才能为后续各项工作的顺利开展和进行提供依据及保证。体系架构包括 4 部分，分别是管理文件、评价标准、管理平台和数据库。

管理文件包括程序文件，作业规程和管理标准。其策略目标由企业的决策层来制定，应符合石化企业的商业和 HSE 策略目标。遵循完整性管理的原则，管理体系文件内容具体应涵盖：往复压缩机完整性管理规程；往复压缩机数据管理作业规程；往复压缩机可靠性评价作业规程；往复压缩机维修维护管理规定等。

评价标准应涵盖：往复压缩机设备运行操作标准、危害识别标准、维修维护标准、完整性评价标准等。

在具体生产过程当中，石化企业可结合现行相关执行标准、手册执行工作，也可以现有标准为基础，制定符合特定设备运行、维护等工作要求的企业执行标准，以不断丰富和完善往复压缩机完整性管理的标准体系。

①往复压缩机完整性管理数据库的建立。

结合往复压缩机实际运行特点及完整性管理要求，需要收集的数据涵盖往其部件全寿命周期内的所有信息，包括：基础信息、运行状态信息、检测检验信息、缺陷统计信息、故障信息、维护维修措施信息、设备更换信息、设计变更信息、报废信息等。

考虑到往复压缩机各类数据繁多，为实现规范化信息管理，全面、准确掌握其运行状态，建立往复压缩机完整性管理数据库。利用该数据库，数据录入人员能不断完善历史数据及更新现有数据，决策人员能快速了解设备情况从而有效指导生产。

②往复压缩机状态监测与故障诊断。

往复压缩机的曲柄连杆机构在运行中产生的变向冲击和变载冲击，以及活塞对气缸的横向冲击，阀片对阀体密封面的冲击、脉动气流对管道的冲击和管道的机械振动等，所有这些振动交织在一起，导致往复压缩机故障种类繁多，给故障诊断带来相当大的难度。

除日常维护中经常采用的依靠手摸、眼看、耳听的实际经验诊断法之外，还需结合往复压缩机的结构特点，对重点部位采用必要的状态监测手段以提高故障诊断的能力。状态监测与故障诊断方法包括：振动法（适用于监测不正常振动中的各种异常因素）；声发射法（适用于监视裂纹的发生和发展）；油样发射光谱分析技术（适用于监测机组润滑油系统）等。

基于完整性管理的往复压缩机状态监测与故障诊断，满足体系文件要求，采用符合要求的监测方法，明确采集数据信息分析、故障诊断步骤、周期和相关操作人员要求。

③往复压缩机关键部位完整性评价。

依据往复压缩机监测数据及其运行工况，对所关心的往复压缩机关键部件进行完整性评价，分析其力学特性，获得其结构强度、变形、剩余寿命等各类信息，从而对设备性能有更直观的认识，亦能为关键部件优化起到一定的指导作用。

④往复压缩机维修维护。

目前，石油、石化用往复压缩机的日常维护和保养通常采用“三级保养”策略。这种维护与维修策略缺乏适用性，往往会造成资源浪费，而且影响设备使用寿命。基于完整性管理的往复压缩机维修维护采用以可靠性为中心的维修（RCM）。

RCM本身不是一种维修类型，而是一种分析方法。RCM按照系统、部件、故障模式的层次，针对每个故障模式进行分析，通过对故障模式的分析结果指导维护活动。在对故障模式的分析过程中，通过逻辑决断选择合适的维护方式，如定时更换、定时保养、状态监测、事后更换等。此外，RCM对故障模式进行分析的时候，不仅考虑了每个故障的发生对部件自身的影响，还考虑了对其他部件以及系统的影响。兼顾系统与部件，为每一种故障模式找到合适的维护方式与维护周期，使得维修工作更具有科学性。

⑤往复压缩机完整性管理效能评估。

石化企业应每年对往复压缩机故障缺陷情况、维检修开展情况进行统计分析。基于分析结果，一方面能够优化维检修管理，组织修订备件储备定额，对设备选型提出建议；另一方面对往复压缩机维检修、缺陷进行分级，能有效减少基层员工工作量，提高其工作效率，同时增强数据可用性。

(3)换热器管束完整性评价技术研究

对于石化企业来说，换热管的完整性评价通常与检测一起，在换热器检修时进行，其目的主要有两个：一是明确当前情况下换热管能否安全可靠运行、换热效果是否满足工艺要求，即换热管剩余强度评价；二是剩余强度满足要求情况下，给出换热管还能继续服役的时间以及下次检测周期，从而得到当前换热管能否安全可靠地运行到下一个检修周期，即换热管剩余寿命评估。若某根换热管的评价结果为剩余强度不足或者剩余寿命无法坚持到下个检修周期，则在本次检修时将该换热管堵上，以免运行周期内该管发生泄漏。完整性评价技术按照“合乎使用”原则，在广度和深度两个方面均发展越来越完善，在工程应用方面，也越来越广。

①换热器管束剩余强度评价技术。换热管失效位置主要有3处：

一、换热管与管板连接处，该处容易出现裂纹和松动，引起换热器内漏；

二、换热管与折流板的配合处，该处换热管容易被折流板撞破；

三、U型管弯管处，该处存在较大拉应力，容易出现疲劳腐蚀或者冲刷腐蚀破坏。

根据缺陷种类划分，主要有裂纹型缺陷、局部腐蚀减薄缺陷、片状腐蚀及弥散点腐蚀缺陷。现有完整性评价技术主要根据缺陷类型划分，因此上述缺陷根据缺陷类型可划分为：

第一，平面型缺陷，如裂纹；

第二，体积型缺陷，包括局部腐蚀、片状腐蚀缺陷；

第三，弥散损伤缺陷，如弥散点腐蚀缺陷。

对于平面型缺陷(裂纹)的剩余强度评价，主要有断裂力学评定方法、塑性极限载荷评定方法以及双判据失效评估图方法。目前包括美国API579、欧洲SINTAP、英国BS 7910以及我国的GB/T 19624，都采用双判据失效评估图方法。该方法兼顾了脆性断裂失效和塑性失稳失效，实际上是断裂力学评定方法和塑性极限载荷评定方法的结合。其失效评定曲线从原先的基于COD理论理想弹塑性材料窄带屈服模型和线弹性断裂力学，发展为目前基于J积分方法推导了FAC。由于评定参数具有不确定性，如无损检测数据与实际尺寸总有差别、材料性能数据也有分散性等，目前双判据评估方法正将概率断裂力学引入到断裂评定中，但没有形成标准性文件。

对于体积型缺陷的评定，其基本方法是将体积型缺陷通过一定的等价关系转化为裂纹型缺陷，然后通过断裂力学方法评定，目前形成了以 ASME B31G 和 CAN/CSA Z144 为代表的评价标准和规范。为避免 B31G 方法的过分保守性，国际上对局部腐蚀缺陷的评定方法又开展了大量研究工作，并颁布了新的标准和方法，包括 DNV RP F101(1999)和 API RP 579(2000 年)等。其中 API 579 采用的基本方法也是以尺寸(特别是壁厚)和应力分析法来评判缺陷的可接受性。BS 7910—2005 中，保守做法是将缺陷看成等深和等长的平面缺陷(裂纹)，或者采用其附录 G 的许用应力法。GB/T 19624—2019 并没有给出压力容器局部减薄和点蚀缺陷的安全评定方法，只是针对压力容器壳体表面的凹坑缺陷、壳体中的气孔和夹渣推荐了安全评价方法。由于换热管的局部减薄和片状缺陷绝大部分是由腐蚀引起的，因此其评价标准可参考 SY/T 6151—2009《钢质管道管体腐蚀损伤评价方法》。其评价方法主要有两种：第一种是根据缺陷的尺寸，包括深度、沿管体轴向长度和沿管道轴向 3 个尺寸来评价缺陷的严重程度；第二种是根据腐蚀区域最大工作压力的大小来评价缺陷的严重程度。

在弥散型缺陷评价方面，APIRP 579 中第 6 章给出了广布(弥散)点腐蚀损伤的评定方法，但评定过程，尤其是缺陷的定量化过程太复杂，工程上难以操作和应用，其他未见适用的评价方法。

②剩余寿命评估技术。对于换热管裂纹性缺陷的剩余寿命评价，根据裂纹形成和扩展的机理不同，主要有疲劳裂纹扩展、应力腐蚀开裂扩展和腐蚀疲劳裂纹扩展三种机制，涉及的缺陷发展速率类型有亚临界裂纹扩展速率、腐蚀速率等。剩余寿命预测的方法大体分为两种：一是基于现场检测和监测积累的数据进行预测，该方法主要针对腐蚀缺陷，利用内外腐蚀检测技术定期进行管道的缺陷检测，从而获得缺陷的动力学发展规律。二是在实验室内模拟管道服役环境进行缺陷增长规律试验，通过模拟试验获得缺陷的动力学发展规律，该方法主要针对疲劳裂纹扩展规律。

目前研究较为成熟的是疲劳裂纹扩展的剩余寿命预测。当构件主要受变载荷作用产生循环应力时(腐蚀因素可以忽略)，就会发生裂纹因疲劳而扩展。裂纹扩展的每一次增量都与应力循环某一增量相关。根据疲劳断裂扩展规律，在使用的应力强度范围内，线弹性断裂力学(LEFM)提出的裂纹按照周期进行扩展的关系是有效的。最简单和最常用的疲劳裂纹扩展规律是 Paris 方程，Paris 公式目前被大多数标准采用，包括 API 579、BS 7910 和 GB/T 19624。

对于应力腐蚀开裂(SCC)，其成因由应力(一般为静应力或者残余拉伸应力)和腐蚀两个因素造成，通常是腐蚀并不严重而应力又不大的情况下发生的金属脆性断裂，其扩展速率远大于纯腐蚀减薄但远小于纯应力下的断裂速度。目前，应力腐蚀开裂进一步的发生机理并不十分清楚，在规律上，通常应力腐蚀开裂开始时为加速发展直至达到一个近似均匀的速度，目前典型的应力腐蚀开裂公式如下：

$$\frac{da}{dt}=C_1K^{n_1} \tag{9.1}$$

$$\frac{da}{dt}=C_2K^{n_2} \tag{9.2}$$

$$\frac{da}{dt}=C_3 \tag{9.3}$$

式中，a 表示裂纹长度；t 表示时间；$\frac{da}{dt}$表示裂纹扩展速率；C_1，C_2，C_3，n_1，n_2 表示与材料或者环境相关的常数；K_{th}表示应力强度因子门槛值，在平面应变为主的条件超过该值时应力腐蚀开裂将萌生和扩展；K_{IC}表示考虑环境影响的材料韧性；K 表示实际应力强度因子。

对于腐蚀疲劳开裂，其成因是材料或构件在交变应力与腐蚀环境共同作用下产生的脆性断裂。腐蚀疲劳比单纯交变应力造成的破坏或单纯腐蚀造成的破坏严重得多，而且有时腐蚀环境不需要有明显的侵蚀性。腐蚀疲劳的 S－N 曲线与纯力学疲劳 S－N 曲线形状不同，且不存在疲劳极限。腐蚀疲劳与应力腐蚀开裂也不同，SCC 通常发生在敏感材料与特定的环境条件下，而腐蚀疲劳没有选择性，只要存在腐蚀介质，纯金属也发生腐蚀疲劳。对于疲劳腐蚀的扩展规律，研究难度较大，尚未有较为公认的表达式，在现有标准中，没有针对该种裂纹的剩余寿命预估公式。

③换热管堵管准则。换热器内漏(换热管的泄漏)是造成换热器紧急停车抢修的主要原因。由于换热管处于换热器壳体内部，在日常运行和监测时，只能发现换热器的泄漏量，除非临时停车，否则无法采取防治措施，故需要在换热器停工检修期内，通过堵管或者整体更换管束的方法来治理换热管的泄漏。通常在不影响换热效率的情况下，堵管成为常用的手段。于是，应用中关心的一个问题是，检修时采用什么样的堵管准则可以确保换热器能够安全运行到下一个检修周期。

按照堵管机理可分为当前堵管准则和提前堵管准则。当前堵管是指含缺陷换热管剩余强度不足而采取堵管；提前堵管是指换热管当前剩余强度足够而预期到下个检查周期时其强度不够，为了避免运行周期内换热器的紧急停车而在当前检修期内堵管。与剩余强度、剩余寿命评估相比，堵管准则建立需要考虑更多的现实工况因素，仅以现场挂片试验、实验室裂纹扩展试验所得数据为基础的剩余寿命评估不足以得到准确甚至正确的堵管准则。堵管准则的建立应更多地考虑管束历史检修检测数据、理论缺陷发展机理、实际工艺参数、运行周期等因素。堵管准则与换热管检测结果、下次检查的时间间隔，构成换热器运行评估的基本要素，必要时，根据运行评估结果应采取纠正行动，以证明完整性性能准则能得到满足。

思考题

1. 石油化工设备完整性管理的内涵是什么？
2. 石油化工装备完整性管理的原理是什么？
3. 石油化工装备变更的含义是什么？
4. 石油化工装备的完整性设计的基本内容有哪些？
5. 石油化工装备完整性管理流程是什么？
6. 石油化工装备完整性管理体系的内容有哪些？
7. 石油化工装备完整性管理组织架构是什么？
8. 石油化工装备完整性管理对策有哪些？

参考文献

[1]杨启明，马廷霞，王维斌．石油化工设备安全管理[M]．北京：化学工业出版社，2008.

[2]朱建民，杨锋，王建军．石油化工设备完整性管理[M]．北京：中国石化出版社，2020.

[3]贺石中，冯伟．设备润滑诊断与管理[M]．北京：中国石化出版社，2017.

[4]李宁会．油田设备管理[M]．北京：中国石化出版社，2012.

[5]余锋．机电设备管理[M]．北京：北京理工大学出版社，2013.

[6]黄伟．机电设备维护与管理[M]．北京：国防工业出版社，2011.

[7]高志坚．设备管理与点检维护[M]．北京：机械工业出版社，2013.

[8]中国设备管理协会．设备润滑技术与管理[M]．北京：中国计划出版社，2008.

[9]周学良．润滑油[M]．北京：化学工业出版社，2007.

[10]黄志坚．现代密封技术应用[M]．北京：机械工业出版社，2008.

[11]王旅东，唐在林．节能减排[M]．北京：化学工业出版社，2016.

[12]黄素逸．节能概论[M]．武汉：华中科技大学出版社，2008.

[13]张晓敏，万玲，严波，张培源．断裂力学[M]．北京：清华大学出版社，2012.

[14]程靳，赵树山．断裂力学[M]．北京：科学出版社，2006.

[15]朱鹏，张益，丁玮．事故管理与应急处置[M]．北京：化学工业出版社，2018.

[16]郑小平．事故预测理论与方法[M]．北京：清华大学出版社，2010.

[17]王金刚．石化装备流体密封技术[M]．北京：中国石化出版社，2007.

[18]孙爱萍．石油化工设备安装[M]．北京：化学工业出版社，2013.

[19]中国石油天然气集团公司 HSE 指导委员会．石油化工 HSE 风险管理[M]．北京：石油工业出版社，2002.

[20]秦文杰．石油化工企业电气设备及运行管理手册[M]．北京：化学工业出版社，2015.